所想

Stable Diffusion AI绘画实战教程

新镜界 编著

中国水利水电出版社
www.waterpub.com.cn

内容提要

本书是一本全面介绍 Stable Diffusion AI 绘画技术的教程，从基础概念入手，逐步引导读者深入了解 Stable Diffusion 的原理和应用，并通过大量的练习实例和综合实例帮助读者提高将理论知识转化为实践应用的能力，从而快速精通 Stable Diffusion AI 绘画实战技术。

全书共 9 章，具体内容包括 Stable Diffusion 新手入门、文生图、图生图、AI 视频生成、模型的下载与使用、模型训练、提示词的用法与语法格式、ControlNet 与热门扩展插件、AI 绘画实战等，帮助读者全面掌握 Stable Diffusion 的应用技巧，便于读者在实际应用中发挥更强的创造力，展现 Stable Diffusion AI 绘画技术的无限可能。

本书赠送了同步的学习资源：120 分钟同步教学视频、本书的 AI 绘画提示词、素材文件和效果文件。

本书内容讲解精辟、实例风趣多样、图片精美丰富，不仅适合 AI 绘画爱好者、AI 画师、AI 绘画训练师，以及游戏角色原画师、插画师、设计师、电商美工人员、新媒体运营人员、影视制作人员阅读，还可作为相关培训机构、职业院校的参考教材。

图书在版编目（CIP）数据

画你所想：Stable Diffusion AI 绘画实战教程 / 新镜界编著 .—北京：中国水利水电出版社，2024.5（2024.12 重印）.

ISBN 978-7-5226-2425-9

Ⅰ. ①画… Ⅱ. ①新… Ⅲ. ①图像处理软件 Ⅳ. ① TP391.413

中国国家版本馆 CIP 数据核字 (2024) 第 075137 号

书　　名	画你所想：Stable Diffusion AI绘画实战教程 HUA NI SUO XIANG: Stable Diffusion AI HUIHUA SHIZHAN JIAOCHENG
作　　者	新镜界　编著
出版发行	中国水利水电出版社 （北京市海淀区玉渊潭南路1号D座 100038） 网址：www.waterpub.com.cn E-mail：zhiboshangshu@163.com 电话：（010）62572966-2205/2266/2201（营销中心）
经　　售	北京科水图书销售有限公司 电话：（010）68545874、63202643 全国各地新华书店和相关出版物销售网点
排　　版	北京智博尚书文化传媒有限公司
印　　刷	河北文福旺印刷有限公司
规　　格	170mm×240mm　16开本　14.25印张　320千字
版　　次	2024年5月第1版　2024年12月第2次印刷
印　　数	3001—5000册
总 定 价	89.80元

前　言

本书是初学者全面自学 Stable Diffusion AI 绘画技术的经典畅销教程，从实用角度出发，对 Stable Diffusion 进行了详细解说，可帮助读者全面掌握 AI（Artificial Intelligence，人工智能）绘画技术。通过学习本书，读者可以掌握一门实用的技能并提升自身的能力。

本书共 9 章，在介绍软件功能的同时，还精心安排了 76 个具有针对性的实例，帮助读者轻松掌握软件使用技巧和具体应用场景，以做到学以致用。同时，本书的全部实例都配有同步教学视频，以及演示案例的详细制作过程。

本书特色

1. 由浅入深，循序渐进。本书先从 Stable Diffusion 的入门基础学起，再学习文生图、图生图等基本的 AI 绘画技术，最后学习 Stable Diffusion 的实战技巧。本书内容简单易学，读者只要熟练掌握基本的操作，开拓思维，就可以在现有的内容基础上取得一定的成果。

2. 语音视频，讲解详尽。本书中的操作技能实例，全部录制语音讲解视频，时间长达 120 分钟，重现书中的所有实例操作。读者可以结合书本，也可以独立观看视频演示，像看电影一样进行学习，让学习更加轻松、高效。

3. 实例典型，轻松易学。本书从“安装部署 + 绘画功能 + 模型训练 + 提示词 + 扩展插件”等多个方面，全面介绍了 Stable Diffusion 的用法，配合 76 个实操案例进行讲解，让读者更加深入地了解 Stable Diffusion 的应用技巧和绘图方法。

4. 精彩栏目，贴心提醒。本书安排了大量的“技巧提示”“知识拓展”“专家提示”等栏目，这些栏目将提供额外的实用技巧、解释、补充说明等，帮助读者更好地掌握和应用所学知识。

5. 应用实践，随时练习。本书大部分章节提供了“练习实例”“综合实例”“课后习题”等内容，以便让读者通过实践来巩固所学的知识和技巧，同时做到举一反三，为进一步学习 AI 绘画技术做好充分的准备。

本书资源及获取方式

为了帮助读者更好地学习与实践本书知识，本书附赠了丰富的学习资源，包括本书的 120 分钟的同步教学视频、96 组 AI 绘画实例提示词、全书素材文件、效果文件和本书的课后习题答案。

另外，为了拓展读者的视野，增强实战应用技能，本书额外赠送 10 大类 5200 例 AI 绘画实例及其提示词，帮助读者轻松学习和拓展 AI 绘画应用。

读者使用手机微信扫一扫下面的公众号二维码，关注后输入 A2425 至公众号后台，即可获取本书资源的下载链接。将该链接复制到计算机浏览器的地址栏中（一定要复制到计算机浏览器的地址栏中），根据提示进行下载。 读者也可加入本书的读者交流圈，与其他读者学习交流，或查看本书的相关资讯。

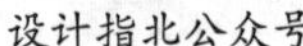

设计指北公众号

读者交流圈

特别提醒

提醒 1：本书虽然是基于编写时的 Stable Diffusion 页面截取的实际操作图片，但因其从编写到出版需要一段时间，所以 Stable Diffusion 的功能和页面可能会有变化，请读者在阅读时，根据书中的思路结合软件实际进行学习（注意，本书使用的 Stable Diffusion 版本为 1.6.1）。

提醒 2：在 Stable Diffusion 中进行 AI 绘画时，模型和插件的重要性远大于提示词，用户只有使用对应的大模型、VAE 模型、Lora 模型和相关插件，才能生成想要的图像效果。

提醒 3：提示词也称为关键词或“咒语”，Stable Diffusion 支持中文和英文提示词，但建议读者尽量使用英文提示词，以使出图效果更加贴近创作意图。同时，Stable Diffusion 对于提示词的语法格式有严格的要求，具体内容书中有介绍。

提醒 4：即使是相同的提示词，Stable Diffusion 每次生成的图像效果也会有差别。这是软件基于算法与算力得出的结果，是正常的。所以大家会看到书里的截图与视频有区别，包括大家用同样的提示词制作时，生成出来的效果也会有差异。

提醒 5：在使用本书进行学习时，读者需要注意实践操作的重要性，只有通过实践操作，才能更好地掌握 Stable Diffusion 的应用技巧。

提醒 6：在使用 Stable Diffusion 进行创作时，需要注意版权问题，应当尊重他人的知识产权。另外，读者还需要注意安全问题，应当遵循相关法律法规和安全规范，确保作品的安全性和合法性。

关于作者

本书由新镜界组织编写，参与编写的人员还有苏高、胡杨等人，在此表示感谢。由于编者知识水平有限，书中难免有疏漏之处，恳请广大读者批评、指正。

编　　者

目　录

第01章 Stable Diffusion 新手入门

Stable Diffusion 是一个热门的 AI 图像生成工具，但对于初学者来说，掌握 Stable Diffusion 却是一项具有挑战性的任务。本章将分享一些新手入门技巧，帮助读者快速认识 Stable Diffusion，并熟悉 Stable Diffusion 的 WebUI 页面。

本章要点

- 走进 Stable Diffusion 的世界，感受 AI 绘画的魅力
- 超详细的 Stable Diffusion 安装手册
- Stable Diffusion 的 WebUI 页面详解
- 综合实例：使用 Stable Diffusion 绘制一张效果图片

1.1 走进 Stable Diffusion 的世界，感受 AI 绘画的魅力

Stable Diffusion（简称 SD）不仅在代码、数据和模型方面实现了全面开源，而且其参数数量适中，使得大部分用户可以在普通显卡上进行绘画，甚至精细调整模型。

毫不夸张地说，Stable Diffusion 的开源对生成式人工智能（artificial intelligence generated content，AIGC）的繁荣和发展起到了巨大的推动作用，因为它让更多的用户能够轻松上手进行 AI 绘画。本节将深入讲解 Stable Diffusion 的概念以及原理，帮助读者初步认识 Stable Diffusion。

1.1.1 Stable Diffusion 简介

Stable Diffusion 是一种基于深度学习技术的模型，其最基本的形式是实现文本到图像的转换。当输入一个文本提示词（prompt）时，该模型能够生成与文本内容相匹配的图像作为输出，如图 1.1 所示。

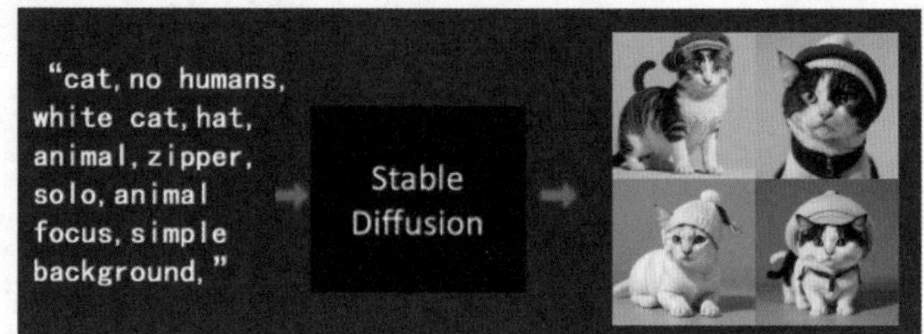

图 1.1 Stable Diffusion 将文本提示词转换为图像的示例

Stable Diffusion 是扩散模型这一类深度学习模型的代表。这类模型属于生成模型，其核心目标在于生成与训练数据类似的新数据。对于 Stable Diffusion 来说，其生成的数据主要是图像。Stable Diffusion 之所以被称作扩散模型，是因为其数学原理与物理学中的扩散现象相似，具体原理将在 1.1.3 小节介绍。

【知识拓展】Stable Diffusion 中的几个重点名词

❶ diffusion model：扩散模型，是一款支持文本生成图像的算法模型，目前市面上主流的 Dall–E、Midjourney、Stable Diffusion 等 AI 绘画工具都是基于此底层模型开发的。

❷ latent diffusion model：潜在扩散模型，是在扩散模型的基础上研制的更高级模型，而且图像的生成速度更快，同时对计算资源和内存的消耗需求更低。

❸ stable diffusion 模型：简称为 SD 模型，其底层模型就是潜在扩散模型，之所以叫这个名字，是因为其研发公司名为 Stability AI。

1.1.2 Stable Diffusion 的作用

学习 Stable Diffusion 可以帮助读者更好地理解和应用深度学习技术，同时也可以在图像生成、图像处理、特征提取等领域发挥重要的作用。

❶ 图像生成：Stable Diffusion 可以根据文本描述生成相应的图像，这使得它在创意设计、艺术创作等领域具有广泛的应用价值。同时，它也可以在娱乐、创意产业等领域发挥作用，如虚拟现实、游戏设计等。

❷ 图像处理：Stable Diffusion 可以用于图像处理，如平滑图像、去噪、边缘检测等任务，因此在信号处理、计算机视觉等领域具有重要的应用价值。

❸ 特征提取：在机器学习和计算机视觉领域，Stable Diffusion 可以用于特征提取和降维。通过对特征进行扩散处理，Stable Diffusion 可以减小特征之间的差异，从而实现特征的平滑和降维等效果，这有助于提高机器学习和计算机视觉任务的性能。

专家提示

在机器学习技术中，当遇到具有大量特征的数据集（如特征数量达到几千甚至几万维）时，训练模型所需的时间会显著增加。为了解决这个问题，需要对特征进行降维处理，去除次要的特征，只保留主要特征，然后使用这些主要特征来训练分类或聚类模型。降维处理可以降化模型的复杂性，提高训练效率，同时能够更好地捕捉数据中的主要特征，提高模型的分类或聚类效果。

❹ 可视化解释：Stable Diffusion 的决策过程可以被解释，这有助于避免生成有害内容。同时，它还可以用于可视化解释，帮助用户更好地理解模型的行为和决策过程。

❺ 灵活性：Stable Diffusion 是一种开源技术，用户可以自由地使用和修改它。同时，Stable Diffusion 还提供了微调模型的选项，使用户能够生成更符合自己需求的图像。

【知识拓展】Stable Diffusion 相对于 Midjourney 的优点

与另外一个主流的 AI 绘画工具 Midjourney 相比，Stable Diffusion 的优点如下。

❶ 免费开源：Midjourney 需要登录 Discard 平台使用，并且需要付费；Stable Diffusion 则有大量的免费安装包，用户无须付费即可下载并一键安装，而且将其安装到本地后，生成的图片只有用户自己可以看到，保密性更高。

❷ 拥有强大的开源模型和插件：由于其开源属性，Stable Diffusion 拥有大量免费且高质量的外接预训练模型和扩展插件，如提取物体轮廓、人体姿势骨架、图像深度信息的 ControlNet 插件，可以让用户在绘画过程中精确控制人物的动作姿势、手势和画面构图等细节。此外，Stable Diffusion 还具备 inpainting（图像修复）和 outpainting（输出绘画）功能，可以智能地对图像进行局部修改和扩展，而某些功能目前 Midjourney 是无法实现的。

1.1.3 Stable Diffusion 的核心技术

Stable Diffusion 是一种利用神经网络生成高质量图像的模型，基于扩散过程，能够在保持图像特征的同时增强图像的细节。该模型由 3 个主要部分组成：VAE（variational autoencoders，变分自编码器）、U-Net（U 形网络）和 CLIP（contrastive language-image pre-training，对比语言 - 图像预训练），详细介绍如下。

❶ VAE：一种神经网络结构，主要用于生成模型，通过学习数据的潜在空间表示来生成新的数据。在 Stable Diffusion 中，VAE 被用作概率编码器和解码器。VAE 通过将输入数据映射到潜在空间进行编码，然后将编码的向量与潜在变量的高斯分布进行重参数化，这样可以直接从潜在空间中进行采样。

❷ U-Net：一种基于卷积神经网络的图像分割模型，具有特殊的 U 形结构，使得输入的图像分辨率逐渐减小，而输出的图像分辨率逐渐增加。在 Stable Diffusion 中，U-Net 能够提取图像的部分特征，并在解码过程中对生成的图像进行重构，以获得高质量的生成结果。

❸ CLIP：一种神经网络算法，用于实现"文本 - 图像"的匹配，可以将输入的文本和图像进行语义相关性匹配，从而实现对图像内容的理解。在 Stable Diffusion 中，CLIP 不仅用于评估生成的图像，还可以指导数据的采样方式，以提高生成图像的多样性和相关性。

具体来说，Stable Diffusion 在训练模型时会将原始图像通过不断的随机扩散和反向扩散进行变形处理，将图像的细节信息逐渐压缩到低频区域。这样，Stable Diffusion 不仅能够提取图像的潜在空间表示，而且能够将图像的噪声和细节等信息分离出来。图 1.2 所示为前向扩散过程，能够将图像转换到低维潜在空间。

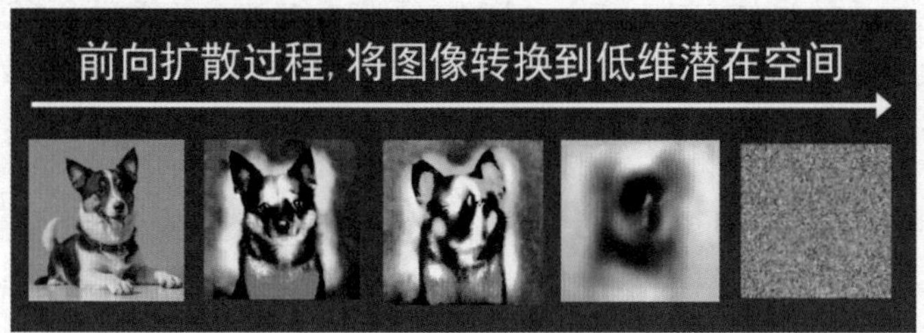

图 1.2 前向扩散过程

逆概率沿扩散（inverse probability flow along diffusion）是用于 Stable Diffusion 模型的逆模型。这个模型是一个自回归模型，可以根据当前帧的噪声和之前帧生成的图像预测下一帧的噪声。通过逆概率沿扩散，Stable Diffusion 可以生成高质量的图像，如图 1.3 所示。

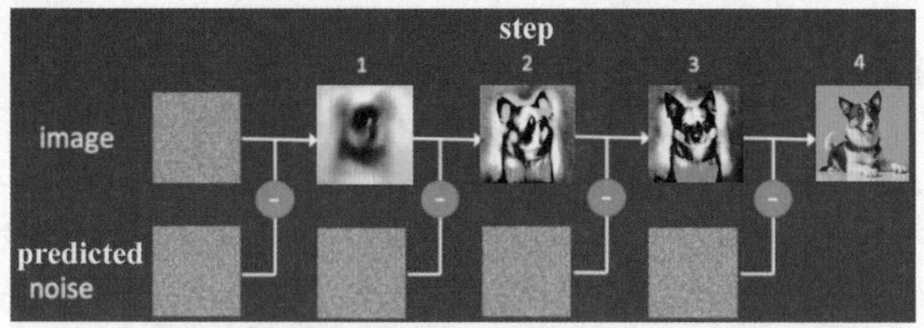

图 1.3 逆概率沿扩散通过逐步减去图像中的预测噪声生成图像

专家提示

在图 1.3 中，Step 是指步骤，image 是指出图效果，predicted noise 是指预测噪声。在 Stable Diffusion 中，predicted noise 是指通过噪声预测器（noise predictor）预测出来的噪声。这个过程发生在去噪步骤之前，首先在潜在空间中生成一张完全随机的图片，然后噪声预测器会估计图片的噪声，并将预测的噪声从图片中减去。这个过程会重复多次，最后得到一张干净的图片。这个去噪过程也称为采样，因为 Stable Diffusion 在每一步中都会生成一张新的样本图片。采样器决定了如何进行随机采样，不同的采样器会对图像生成结果产生不同的影响。

1.1.4 Stable Diffusion 的推理过程

Stable Diffusion 有两种绘图模式：通过文本生成图像（文生图）和通过图像生成图像（图生图）。Stable Diffusion 中的文生图是指通过输入文本描述（提示词），利用扩散过程生成与之相关的图像。这种技术基于扩散模型，将文本编码器的输出与噪声相结合，然后通过解码器生成图像。

图 1.4 所示为 Stable Diffusion 文生图的推理过程。首先，使用文本作为输入信息，通过文本编码器（text encoder）提取文本嵌入，即编码文本（encoded text）。同时，通过随机数生成器（random number generator，RNG）初始化一个随机噪声，即图 1.4 中的 64 × 64 initial noise patch（潜在空间上的噪声，512 × 512 图像对应的噪声维度为 64 × 64）。然后，将文本嵌入和随机噪声送入扩散模型（diffusion model）U-Net 中，生成去噪后的潜在空间。最后，将生成的潜在空间送入自编码器中的解码器模块（decoder），并生成相应的图像。

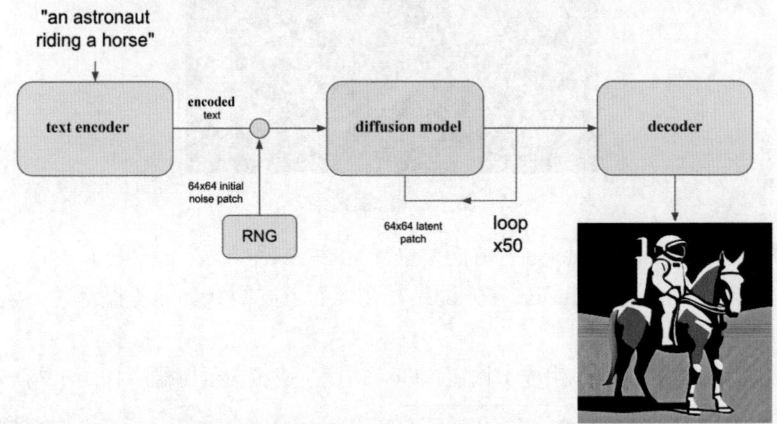

图 1.4　Stable Diffusion 文生图的推理过程

专家提示

在图 1.4 中，64 × 64 latent patch 是指潜在空间中的一个 64 × 64 像素的区域，它被用作 U-Net 结构的输入。潜在空间是指在去噪步骤之前，从完全随机的图片中通过噪声预测器预测出来的潜在图片。这个潜在图片可以看作是输入文本描述在潜在空间中的一种表示，而 64 × 64 latent patch 则是从这个潜在图片中提取出来的一个区域。

loop × 50 是指在生成图像的过程中，使用 U-Net 结构进行 50 轮的扩散过程。通过多轮的扩散过程，图像可以更加平滑、细节也更加丰富。

Stable Diffusion 的整体操作流程非常简单，共分为 4 个步骤：选择模型、输入提示词（或上传原图）、设置生成参数和单击“生成”按钮。最终的图像效果是由模型、提示词（或原图）和生成参数三者共同决定的。其中，模型主要决定图像的画风；提示词（或原图）主要决定画面内容；生成参数则主要用于设置图像的预设属性。通过这个流程，用户可以轻松地使用 Stable Diffusion 生成符合自己要求的各种图像。

1.1.5 练习实例：使用 Stable Diffusion 官方网站进行绘图

扫一扫，看视频

Stable Diffusion 官方网站是一个非常直观且功能丰富的网站，主要提供了基于 Stable Diffusion 技术的服务和产品，同时还提供了在线 Stable Diffusion 绘图功能，用户可以试用和体验 Stable Diffusion 的绘图效果，如图 1.5 所示。

图 1.5　绘图效果

下面介绍使用 Stable Diffusion 官方网站进行绘图的操作方法。

步骤 01 进入 Stable Diffusion 官方网站，在页面下方的 Prompt（提示词）输入框中输入提示词，如图 1.6 所示。

步骤 02 单击 Generate（生成）按钮，即可快速生成相应的图像，如图 1.7 所示。

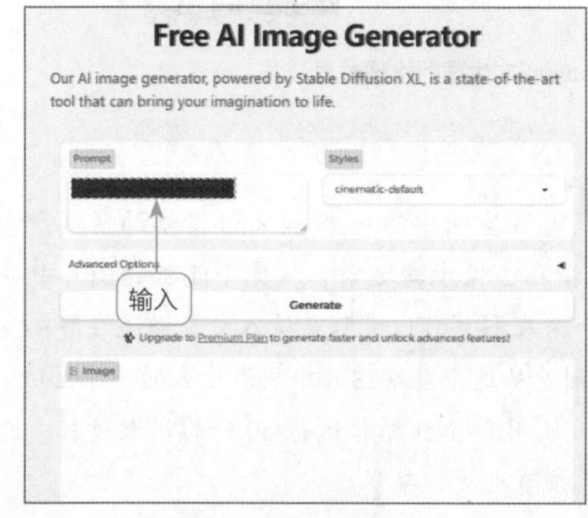

图 1.6　输入提示词

图 1.7　生成相应的图像

1.2 超详细的 Stable Diffusion 安装手册

Stable Diffusion 是一个开源的深度学习生成模型，能够根据任意文本描述生成高质量、高分辨率、高逼真度的图像效果。为了帮助读者快速入门并充分利用这个功能强大的 AI 绘画工具，本节将详细介绍 Stable Diffusion 的安装条件、安装流程和部署方法等内容。

1.2.1 Stable Diffusion 的安装条件

如果用户有兴趣学习和使用 Stable Diffusion，则需要检查自己的电脑配置是否符合安装条件，因为 Stable Diffusion 对电脑配置的要求较高。不同的 Stable Diffusion 分支和迭代版本可能会有不同的要求，因此需要检查每个版本的具体规格。

Stable Diffusion 的基本安装条件如下。

❶ 操作系统：Windows、MacOS。

❷ 显卡：不低于 6GB 显存的 N 卡（NVIDIA 系列的显卡）。

❸ 内存：不低于 16GB 的 DDR4 或 DDR5 内存。DDR（double data rate）是指双倍速率同步动态随机存储器。

❹ 硬盘安装空间：12GB 或更多，最好是 SSD（solid state disk 或 solid state drive，固态硬盘）。

这是 Stable Diffusion 的最低配置要求，如果用户想要获得更好的出图结果和更高分辨率的图像，则需要更强大的硬件，如具有 10GB 显存的 NVIDIA RTX 3080 显卡，或者更新的 RTX 4080、RTX 4090 等显卡，它们分别有 16GB 和 24GB 的显存。图 1.8 所示为 2023 年 11 月的桌面显卡性能天梯图，其中越往上的显卡性能越好，价格也越贵。

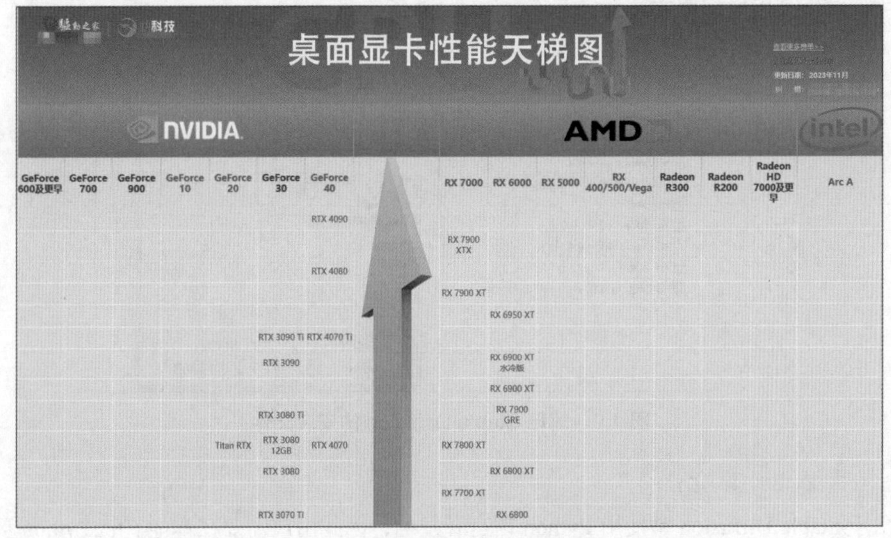

图 1.8　2023 年 11 月的桌面显卡性能天梯图（部分显卡）

虽然 Stable Diffusion 的官方版本并不支持 AMD（advanced micro devices，超威半导体公司）和 Intel（英特尔公司）的显卡，但是已经有一些支持这些显卡的分支版本，不过安装过程比较复杂。当然，如果用户没有高性能的 GPU（graphics processing unit，图形处理器），也可以使用一些网页版的 Stable Diffusion，其没有任何硬件要求。

专家提示

要流畅运行 Stable Diffusion，推荐的电脑配置如下。

1. 操作系统：Windows 10 或 Windows 11。
2. 处理器：多核心的 64 位处理器，如 13 代以上的 Intel i5 系列或 Intel i7 系列，以及 AMD Ryzen 5 系列或 Ryzen 7 系列。
3. 内存：32GB 或以上。
4. 显卡：NVIDIA GeForce RTX 4060TI（16GB 显存版本）、RTX 4070、RTX 4070TI、RTX 4080 或 RTX 4090。
5. 安装空间：大品牌的 SSD 硬盘，500GB 以上的可用空间。
6. 电源：建议选择额定功率为 750W 或以上的大品牌电源。

1.2.2 Stable Diffusion 的安装流程

随着 AI 技术的不断发展，许多 AI 绘画工具应运而生，使绘画过程更加高效、有趣。Stable Diffusion 是其中备受欢迎的一款，它使用有监督深度学习算法来完成图像生成任务。下面以 Windows 10 操作系统为例，介绍 Stable Diffusion 的安装流程。

1. 下载 Stable Diffusion 程序包

首先需要从 Stable Diffusion 官方网站或其他可信的来源下载该软件的程序包，文件名通常为 Stable Diffusion 或者 sd–×××.zip/tar.gz，××× 表示版本号等信息。下载完成后，将压缩文件解压到用户想要安装的目录下，如图 1.9 所示。

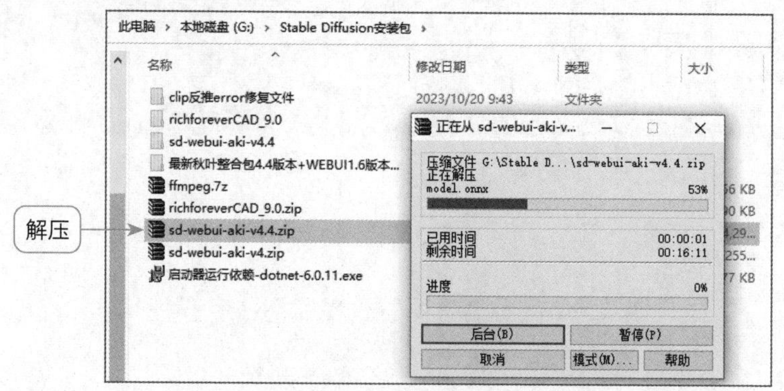

图 1.9　解压 Stable Diffusion 的安装文件

2. 安装 Python 环境

由于 Stable Diffusion 是使用 Python 语言开发的，因此用户需要在本地安装 Python 环境。用户可以从 Python 的官方网站下载 Python 解释器，如图 1.10 所示，并按照提示进行安装。注意，

Stable Diffusion 要求使用 Python 3.6 以上的版本。

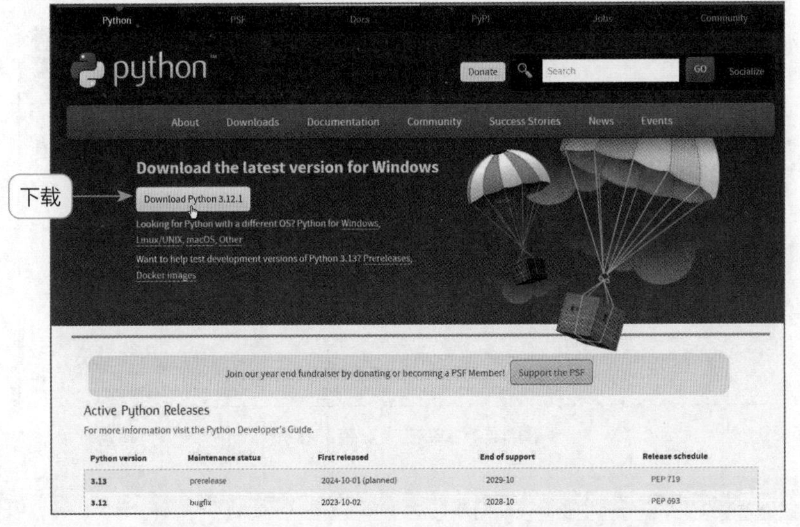

图 1.10　从 Python 的官方网站下载 Python 解释器

3. 安装依赖项

依赖项是指为了使 Stable Diffusion 能够正常运行，需要安装和配置的其他相关的软件库或组件，这些依赖项可以是编程语言、框架、库文件或其他软件包。在安装 Stable Diffusion 之前，用户需要确保下列依赖项已经正确安装。

❶ PyTorch：PyTorch 是一个开源的 Python 机器学习库，提供了易于使用的张量（tensor）和自动微分（automatic differentiation）等技术，这使其特别适合于深度学习和大规模的机器学习等项目。

❷ numpy：numpy 是 Python 的一个数值计算扩展，它提供了快速、节省内存的数组（称为 ndarray），以及用于数学和科学编程的常用函数。

❸ pillow：pillow 是 Python 的一个图像处理库，可以用来打开、操作和保存不同格式的图像文件。

❹ scipy：scipy 是一个用于数学、科学、工程领域的数学计算库，可以处理插值、积分、优化、图像处理、常微分方程数值解的求解、信号处理等问题。

❺ tqdm：tqdm 是一个快速、可扩展的 Python 进度条库，可以在长循环中添加一个进度提示，让用户知道程序的运行进度。

在安装这些依赖项之前，用户需要确保电脑中已经安装了 Python，并且可以通过命令行运行 Python 命令。用户可以使用 pip（Python 的包管理器）来安装这些依赖项，具体安装命令为：pip install torch numpy pillow scipy tqdm。

当然，用户也可以使用由 B 站（bilibili，哔哩哔哩）“大咖”秋葉 aaaki 分享的“秋葉整合包”，一键实现 Stable Diffusion 的本地部署，只需运行“启动器运行依赖 -dotnet-6.0.11.exe”安装程序，然后单击“安装”按钮即可，如图 1.11 所示。执行操作后，等待出现“控制台”窗口，不必在意“控制台”窗口中的内容，保持其打开状态即可。稍待片刻，将会出现一个浏览器窗口，表示 Stable Diffusion 的基本软件已经安装完毕。

图 1.11　单击“安装”按钮

专家提示

在安装 Stable Diffusion 的过程中，用户还要注意以下事项。

❶ 由于 Stable Diffusion 是一个复杂的模型库，因此安装和运行时可能需要较高的系统资源，如内存、显存和存储空间等，用户需要确保电脑硬件配置满足要求。

❷ 确保关闭其他可能影响 Stable Diffusion 安装的程序或进程。

❸ Stable Diffusion 的安装目录尽可能不要放在 C 盘，同时安装位置所在的磁盘要留出足够的空间。

1.2.3　练习实例：一键启动 Stable Diffusion

扫一扫，看视频

运行 Stable Diffusion 的方式取决于用户使用的具体软件版本和安装方式。下面以“秋葉整合包”为例，介绍一键启动 Stable Diffusion 的操作方法。

步骤 01 打开 Stable Diffusion 安装文件所在目录，进入 sd-webui-aki-v4.4 文件夹，找到并双击“A 启动器 .exe”图标，如图 1.12 所示。

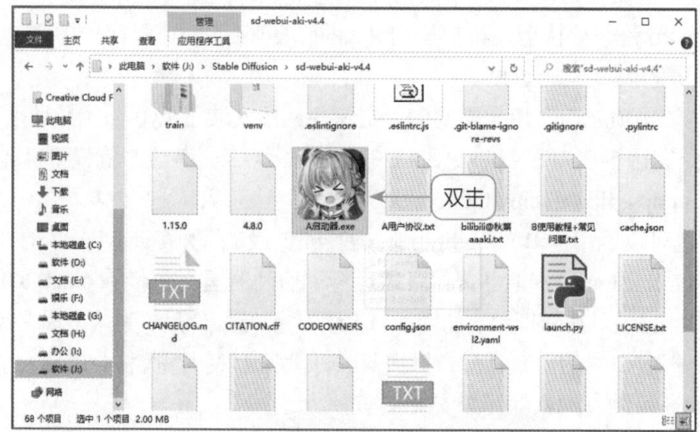

图 1.12　双击“A 启动器 .exe”图标

步骤 02 执行操作后，即可打开“绘世”启动器程序，在主界面中单击“一键启动”按钮，如图 1.13 所示。

图 1.13　单击“一键启动”按钮

步骤 03 执行操作后，即可进入“控制台”界面，界面下方会显示各种依赖项的加载和安装进度，让它自动运行一会儿，耐心等待命令运行完成，如图 1.14 所示。

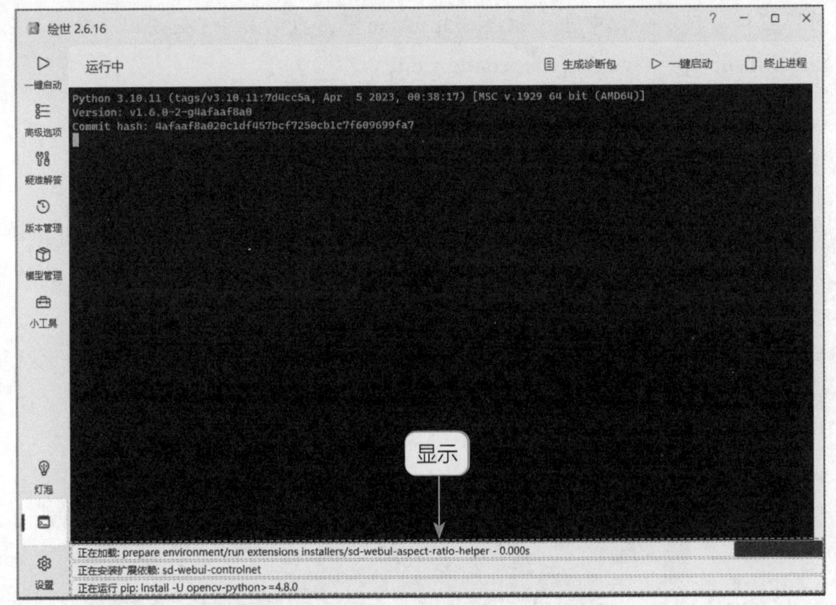

图 1.14　显示各种依赖项的加载和安装进度

步骤 04 稍等片刻，即可在浏览器中自动打开 Stable Diffusion 的 WebUI 页面，如图 1.15 所示。如果在启动过程中出现错误提示，用户也可以进入“绘世”启动器的“疑难解答”界面查看具体的问题。

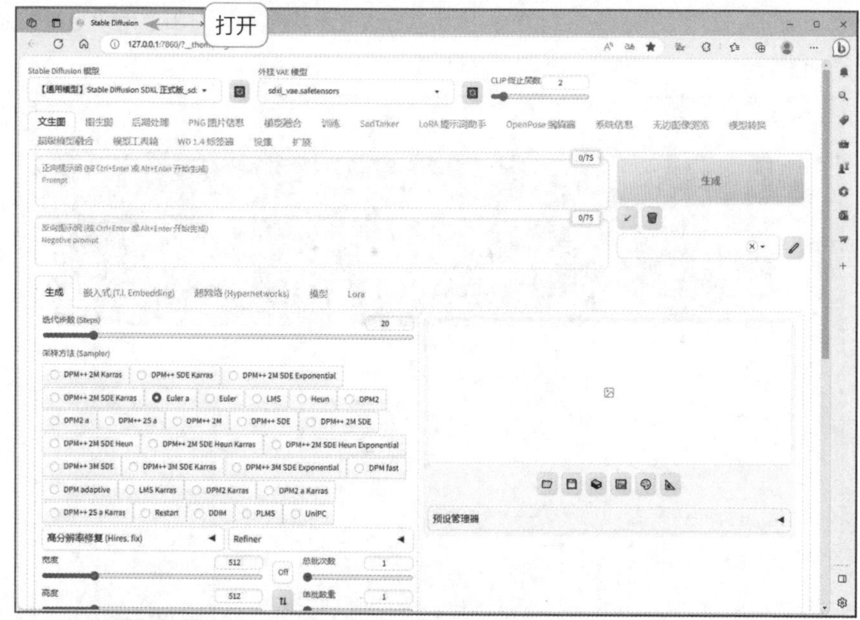

图 1.15　自动打开 Stable Diffusion 的 WebUI 页面

【技巧提示】原版 Stable Diffusion 的启动方法

如果用户安装的是原版 Stable Diffusion，可以在系统中按 Win + R 组合键，运行 cmd 命令，或者在开始菜单的“Windows 系统”列表框中选择“命令提示符”选项，即可打开“命令提示符”窗口。在命令行中进入 Stable Diffusion 程序包的目录，使用以下命令运行程序：python run_diffusion.py --config_file=config.yaml。

1.2.4　练习实例：将 Stable Diffusion 升级为最新版本

扫一扫，看视频

新版本的 Stable Diffusion 在计算效率、图像生成效果、训练速度等方面都有显著的提升，能够为用户带来更好的使用体验。下面以“绘世”启动器为例，介绍将 Stable Diffusion 升级为最新版本的操作方法。

步骤 01　打开“绘世”启动器程序，在左侧单击“版本管理”按钮，如图 1.16 所示。

图 1.16　单击“版本管理”按钮

专家提示

SD WebUI 是 Stable Diffusion WebUI 的缩写，大家习惯将其简称为 WebUI，它是一个使用 Stability AI 算法制作的开源软件，让用户可以通过浏览器来操作 Stable Diffusion。这个开源软件不仅插件齐全、易于使用，而且可以随时得到更新和支持。WebUI 的运行环境基于 Python 语言，因此需要用户具有一定的编程知识才能进行操作。

步骤 02 执行操作后，进入“版本管理”界面，在“稳定版”列表中选择最新的版本，如 1.6.1 版，单击右侧的“切换”按钮，弹出信息提示框，单击“确定”按钮，即可成功升级为最新版本（“切换”按钮会自动隐藏），如图 1.17 所示。

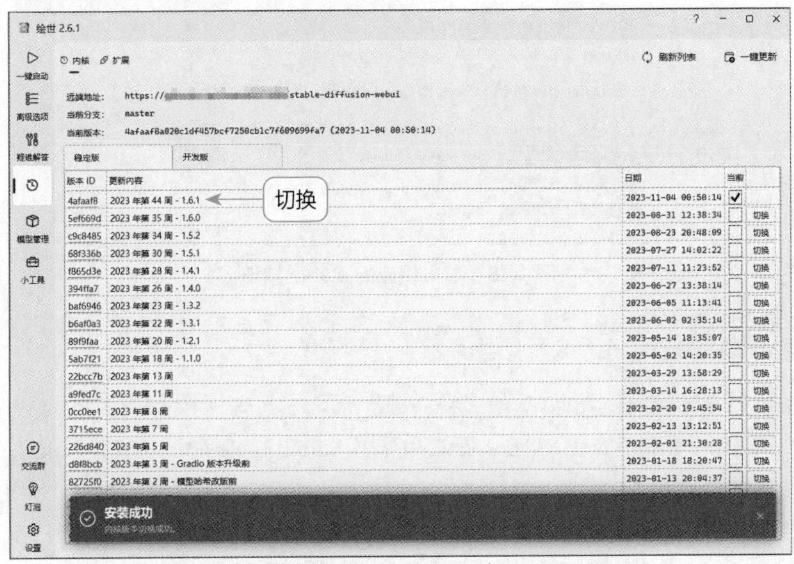

图 1.17　将 Stable Diffusion 升级为最新版本

1.2.5　通过云服务器部署 Stable Diffusion

随着云计算技术的发展，将 Stable Diffusion 部署到云端成为了可能，使得更多的用户能够享受到这个 AI 绘画工具带来的便利。用户可以在飞桨、阿里云、腾讯云、Google Colab 等常用的云服务器平台上部署 Stable Diffusion，这样只需在云端输入自己的文本描述，即可得到 AI 生成的图像。

例如，Google Colab 是谷歌推出的一个在线工作平台，可以让用户在浏览器中编写和执行 Python 脚本，最重要的是，它提供了免费的 GPU 来加速深度学习模型的训练。在 Google Colab 的 GitHub 仓库（Github 上存储代码的基本单位）的 README（有关项目的基本信息）文件中，已经为用户准备了不同模型的 .ipynb 文件。用户只需按照它的教程进行操作，即可轻松实现在 Google Colab 上一键部署 Stable Diffusion。

【知识拓展】.ipynb 文件是什么

.ipynb 是一种可以进行计算的特殊笔记本文件格式，也可以将其视为交互式笔记本，就像传统的笔记本一样，但它是在计算机上运行的。这种特殊的笔记本允许用户编写代码、运行代码并记录笔记。

更重要的是，用户可以直接在 Google Colab 上运行 .ipynb 文件。用户使用 Google Colab 来安装和使用 Stable Diffusion 时，都是通过 .ipynb 文件完成的。

在 Google Colab 中有一个专门用来部署 Stable Diffusion 的 fork 项目（fork 项目是指从原有项目中分离开来，形成新的分支），名称为 Stable Diffusion WebUI Colab。在 GitHub 中打开 Stable Diffusion WebUI Colab 页面后，在下方的 README.md（项目的说明和介绍）选项区中可以看到三个按钮，单击相应的 stable（稳定）按钮，如图 1.18 所示。

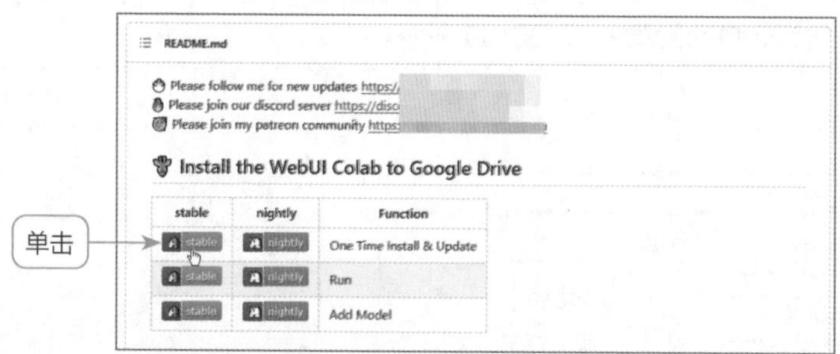

图 1.18　单击相应的 stable 按钮

专家提示

图 1.18 中表格内的三个选项的主要功能如下。

❶ One Time Install & Update：安装和更新 Stable Diffusion WebUI Colab，分为稳定版和测试版两个版本。

❷ Run：启动 Stable Diffusion WebUI Colab。

❸ Add Model：添加模型。

执行操作后，跳转到 Google Colab 主页，单击“复制到云端硬盘”按钮，如图 1.19 所示，即可将文件保存到云服务器的硬盘中。

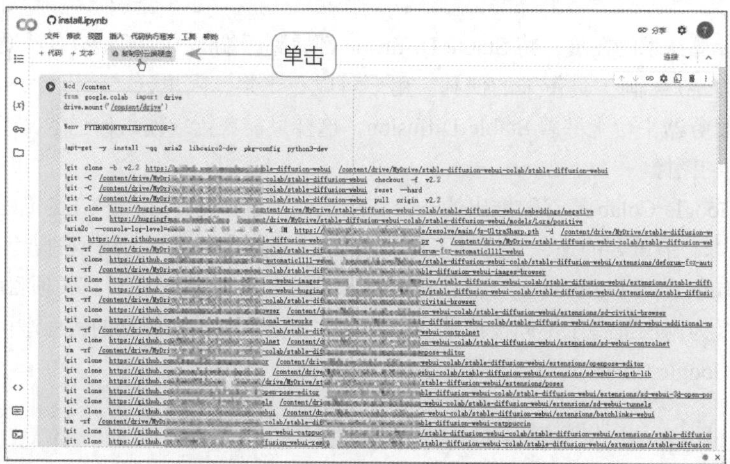

图 1.19　单击“复制到云端硬盘”按钮

文件复制完成后，单击“运行单元格”按钮▶，如图 1.20 所示，即可在云端硬盘中安装 Stable Diffusion。

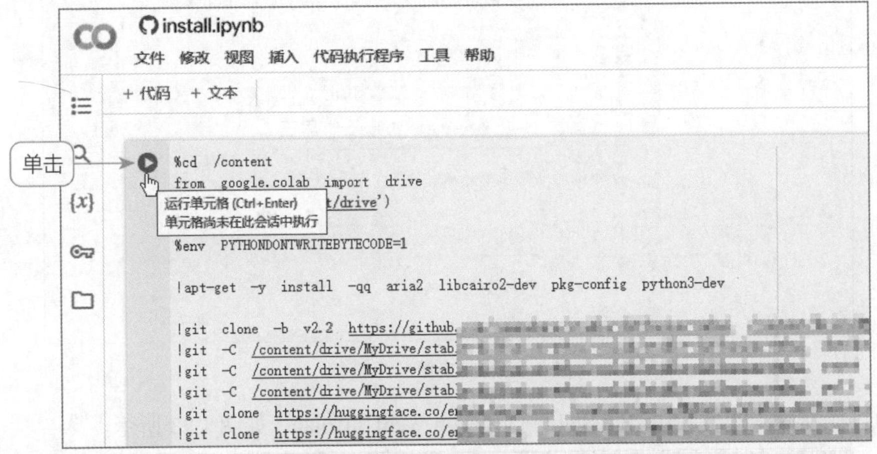

图 1.20 单击“运行单元格”按钮▶

稍等片刻，当看到页面下方的命令行中显示 Installed（安装）时，说明 Stable Diffusion 已经安装成功了，如图 1.21 所示。

```
Installing requirements for Web UI
Installing Deforum requirement: av
Installing Deforum requirement: pims

Installing requirements for CivitAI Browser

Installing sd-webui-controlnet requirement: mediapipe
Installing sd-webui-controlnet requirement: svglib
Installing sd-webui-controlnet requirement: fvcore

Downloading pose_landmark_full.tflite...
Downloading pose_web.binarypb...
Downloading pose_solution_packed_assets.data...
Downloading pose_solution_simd_wasm_bin.wasm...
Downloading pose_solution_packed_assets_loader.js...
Downloading pose_solution_simd_wasm_bin.js...

Installing pycloudflared

Installing rembg
Installing onnxruntime for REMBG extension
Installing pymatting for REMBG extension
Installed
```

显示

图 1.21 Stable Diffusion 安装成功

专家提示

在 Stable Diffusion WebUI Colab 的 GitHub 仓库中，准备了不同模型的 .ipynb 文件，供用户参考和使用。用户只需遵循 GitHub 仓库中的教程，即可轻松实现在 Google Colab 上一键部署 Stable Diffusion WebUI Colab。

此时，用户可以返回 Stable Diffusion WebUI Colab 页面，在 README.md 选项区中单击 Run 栏中的 stable 按钮，跳转到 Google Colab 主页，再次单击“复制到云端硬盘”按钮，显示相应脚本，然后单击“运行单元格”按钮▶。等待一段时间，当脚本运行成功后，即可在其中看到几个可访问的链接，单击第一个链接，如图 1.22 所示。

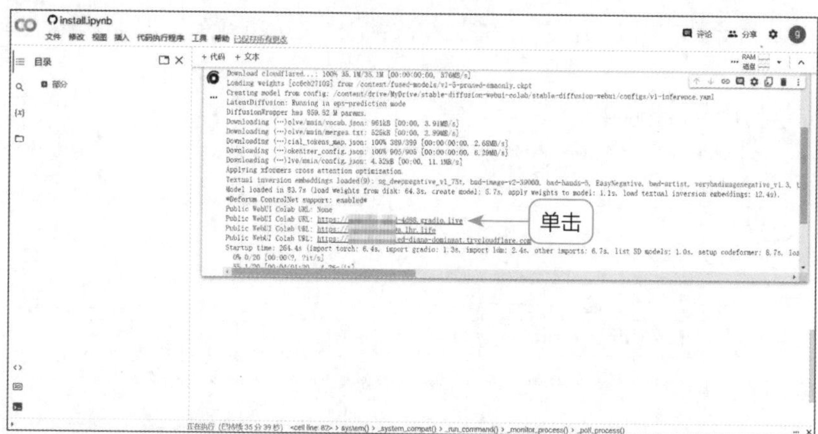

图 1.22　单击第一个链接

执行操作后，即可成功访问 Stable Diffusion WebUI Colab，如图 1.23 所示。

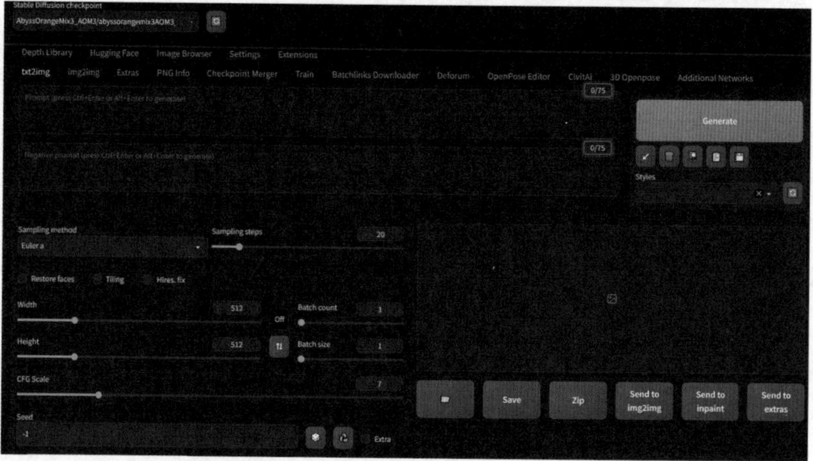

图 1.23　成功访问 Stable Diffusion WebUI Colab

1.3　Stable Diffusion 的 WebUI 页面详解

简单来说，Stable Diffusion WebUI 就像一间装满了先进绘画工具的工作室，用户可以在这里尽情发挥自己的创作灵感，创造出一件件令人惊艳的艺术作品。本节将介绍 Stable Diffusion 的常用 WebUI 页面，如"文生图"页面、"图生图"页面和"设置"页面等。

1.3.1　认识"文生图"页面

Stable Diffusion WebUI 的"文生图"页面基本布局如图 1.24 所示。其中，大模型可以理解为让 Stable Diffusion 学习的数据包，只有给它学习过的内容，它才能够根据提示词画出来。

每个大模型都有其独有的特点和适用场景，用户可以根据自己的需求和实际情况进行选择。图片生成区域用于显示生成的图片，可以看到生成过程中每一步的迭代图像。其他区域将在后面章节（如生成参数在第 2 章、模型在第 4 章、提示词在第 6 章）中进行具体介绍。

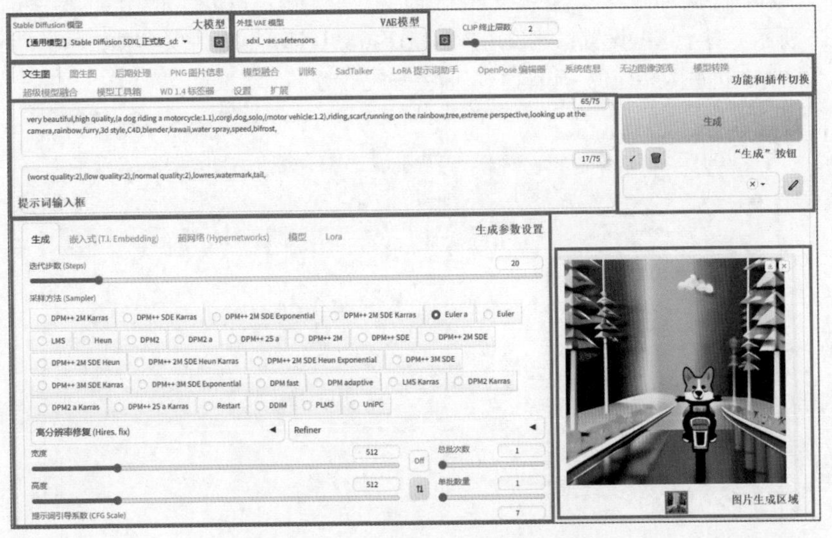

图 1.24　“文生图”页面基本布局

1.3.2　认识“图生图”页面

图 1.25 所示为 Stable Diffusion WebUI 的“图生图”页面，基本布局与“文生图”页面一致，只是中间多了一些图片生成功能，具体包括“图生图”“涂鸦”“局部重绘”“涂鸦重绘”“上传重绘蒙版”“批量处理”，这些功能将在第 3 章具体介绍。

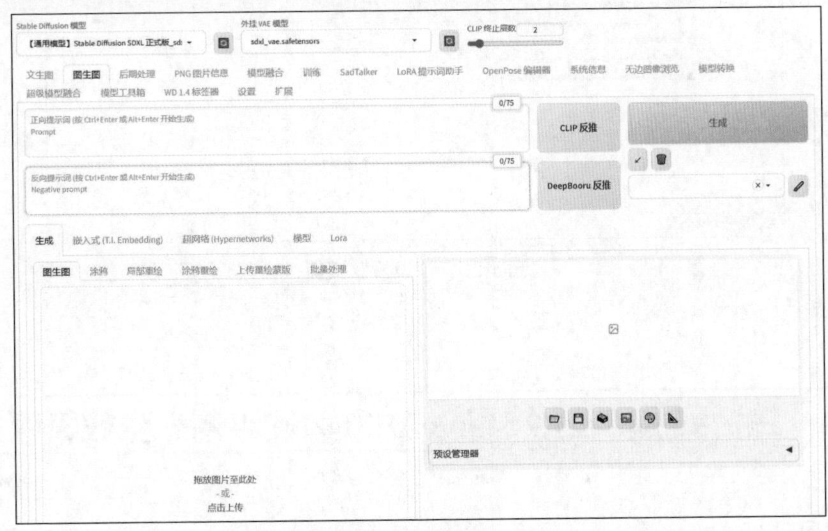

图 1.25　“图生图”页面

此外，用户还可以在 Stable Diffusion WebUI 的“图生图”页面中上传参考图，并结合提示词来引导 AI 生成更符合需求的图像效果。

1.3.3 认识“设置”页面

进入 Stable Diffusion WebUI 的“设置”页面，可以看到各种设置选项，如“图像保存”“保存路径”“放大”“面部修复”“系统设置”“训练”等，用户可以单击相应的标签进行切换，如图 1.26 所示。对于这些设置，建议用户尽量保持默认即可，除非某些特定的插件或功能无法正常运行时，再进入相应的“设置”页面去修改参数。

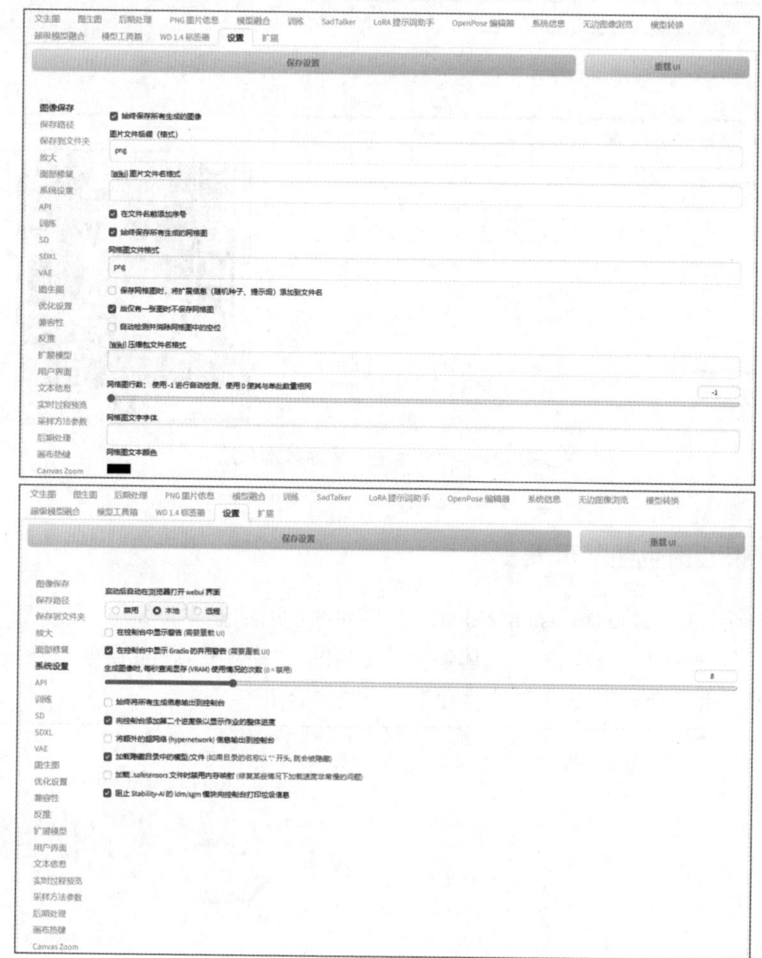

图 1.26 “设置”页面

1.4 综合实例：使用 Stable Diffusion 绘制一张效果图片

扫一扫，看视频

使用 Stable Diffusion 可以非常轻松地进行 AI 绘画，只要用户输入一个文本描述，它就可以在几秒内生成一张精美的图片。下面通过一个简单的案例介绍如何使用 Stable Diffusion 快速生成一张图片，效果如图 1.27 所示。

图 1.27　效果展示

步骤 01 进入 CIVITAI（简称 C 站）主页，在 Images（图片）页面中找到一张自己喜欢的图片，单击图片右下角的按钮，如图 1.28 所示。

图 1.28　单击图片右下角的按钮

专家提示

CIVITAI 是一家专注于 AI 生成内容的创业公司，旗下自主研发的 Diffusion 模型可以进行多模态的图像、视频等内容的生成。除了公共模型外，CIVITAI 还支持用户上传数据进行模型微调和优化，以提升图像的生成质量。

步骤 02 执行操作后，弹出一个包含图片信息的面板，单击 Prompt 右侧的 Copy prompt（复制提示词）按钮，如图 1.29 所示，即可复制正向提示词。

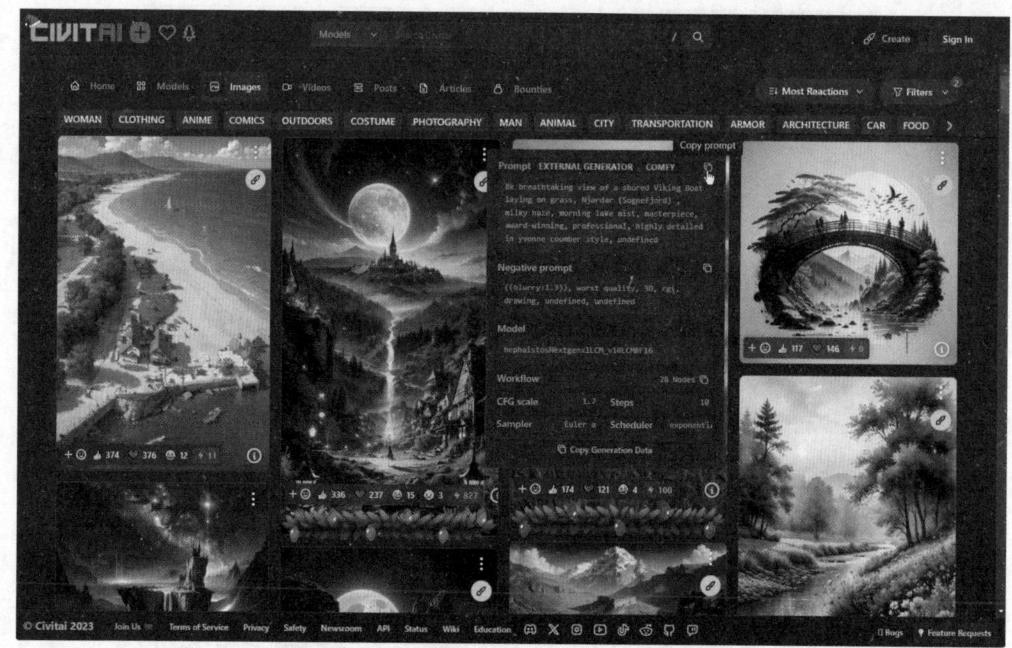

图 1.29　单击 Prompt 右侧的 Copy prompt 按钮

步骤 03 将复制的提示词填入 Stable Diffusion 的“正向提示词”输入框中，使用同样的操作方法，复制 Negative prompt（反向提示词）并将其填入 Stable Diffusion 的“反向提示词”输入框中，同时根据图片信息面板中的生成数据对文生图的相应参数进行设置，如图 1.30 所示。

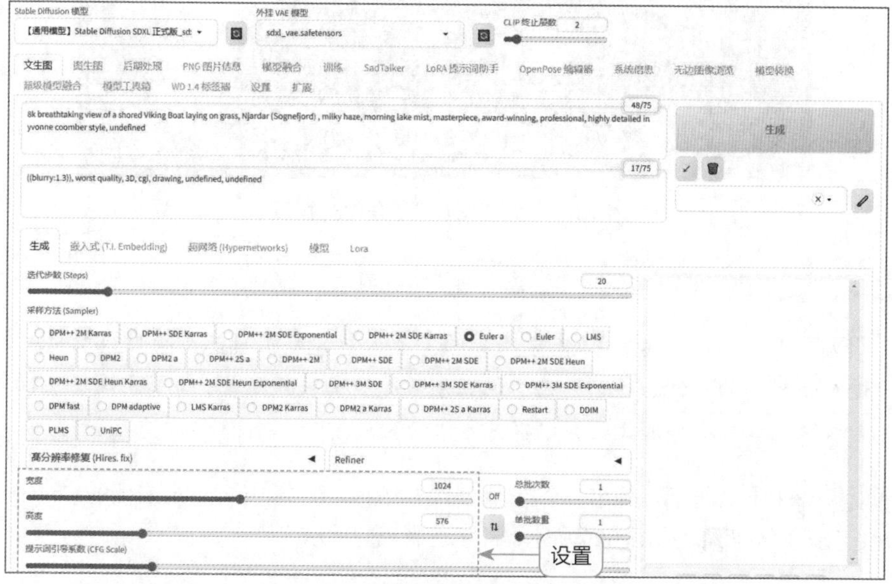

图 1.30　填入提示词并设置文生图参数

步骤 04 单击“生成”按钮，即可快速生成相应的图像，效果如图 1.27 所示。由于使用了不同的主模型，因此出图效果会有些差异。

本章小结

本章主要介绍了 Stable Diffusion 的一些新手入门知识，具体包括 Stable Diffusion 的概念、核心技术、推理过程、安装条件、安装技巧、云端部署方法、WebUI 页面详解等基础内容，以及使用 Stable Diffusion 官方网站进行绘图、一键启动 Stable Diffusion、将 Stable Diffusion 升级为最新版本、使用 Stable Diffusion 绘制第一张效果图片等实操技巧。通过对本章的学习，读者能够更好地认识 Stable Diffusion。

课后习题

1. 使用 Stable Diffusion 官方网站在线生成一张风景图片，效果如图 1.31 所示。
2. 使用 Stable Diffusion 生成一张动物图片，效果如图 1.32 所示。

扫一扫，看视频

图 1.31　风景图片

扫一扫，看视频

图 1.32　动物图片

第02章 Stable Diffusion 文生图

Stable Diffusion 作为一款领先的 AI 生成模型，其强大的图像生成能力让许多用户对这个领域充满无限遐想。特别是它的文生图功能，只需通过简单的文本描述即可生成精美、生动的图像效果，这为用户的创作提供了极大的便利。

本章要点

- Stable Diffusion 常用采样方法
- Stable Diffusion 文生图基本参数大揭秘
- 综合实例：生成唯美的油画风格图像

2.1 Stable Diffusion 常用采样方法

采样就是对图片执行去噪的方式，Stable Diffusion 中的 30 种采样方法（Sampler，又称为采样器）就相当于 30 位画家，每种采样方法对图片的去噪方式都不同，生成的图像风格也就不同。下面简单总结常见采样器的特点。

❶ 速度快：Euler 系列、LMS 系列、DPM++ 2M、DPM fast、DPM++ 2M Karras、DDIM 系列。

❷ 质量高：Heun、PLMS、DPM++ 系列。

❸ tag（标签）利用率高：DPM2 系列、Euler 系列。

❹ 动画风：LMS 系列、Euler 系列、UniPC。

❺ 写实风：DPM2 系列、DPM++ 系列。

采样器技术为 Stable Diffusion 等生成模型提供了更加真实、可靠的随机采样功能，从而可以生成更加逼真的图像效果。Stable Diffusion 中常用的采样器有 3 种，分别为 Euler a、DPM++ 2M Karras 和 DDIM。本节将介绍这 3 种采样器的使用技巧。

2.1.1 练习实例：使用 Euler a 绘制二次元图像

扫一扫，看视频

Euler a 的采样生成速度最快，但在生成高细节图并增加迭代步数时，会产生不可控的突变，如人物脸部扭曲、细节扭曲等。Euler a 采样器适合生成 ICON（图标）、二次元图像或小场景的画面，效果如图 2.1 所示。

图 2.1 效果展示

下面介绍使用 Euler a 绘制二次元图像的操作方法。

步骤 01 进入“文生图”页面，选择一个二次元风格的大模型，输入相应的提示词，指定生成图像的画面内容，如图 2.2 所示。

图 2.2　输入相应的提示词

步骤 02 在页面下方设置“采样方法”为 Euler a、“宽度”为 768、“高度”为 512，如图 2.3 所示。这种采样器适用于简单的图像生成场景。

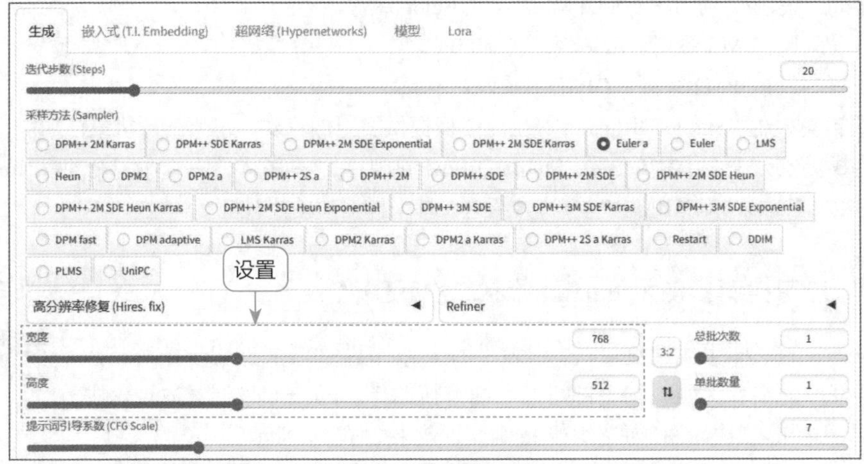

图 2.3　设置相应参数

步骤 03 单击“生成”按钮，即可通过 Euler a 的采样方法生成二次元图像，效果如图 2.1 所示。

专家提示

Euler a 是一种基于欧拉插值技术的采样方法，其中 a 代表“原始”，强调这种方法在保持原始数据的完整性和真实性方面的优势。

与传统的 Euler 采样器相比，Euler a 采样器使用了一种改进的扩散器，使得它在处理图像时能够更精确地捕捉到图像的细节和纹理信息，从而提高了图像的质量。

然而，尽管 Euler a 采样器在图像质量上有所提升，但它仍然可能存在一些品质损失的问题。这是因为 Euler 插值方法本身就存在一定的近似性，而这种近似性可能会导致图像的某些细节信息丢失或失真。

扫一扫，看视频

2.1.2　练习实例：使用 DPM++ 2M Karras 绘制写实人像

DPM++ 2M Karras 采样器可以生成高质量图像，适合生成写实人像或刻画复杂场景，而且步幅（迭代步数）越高，细节刻画效果越好。使用 DPM++ 2M Karras 采样器生成图片时，不仅生成速度快，而且出图效果好，效果如图 2.4 所示。

下面介绍使用 DPM++ 2M Karras 绘制写实人像的操作方法。

图 2.4　效果展示

步骤 01 进入“文生图”页面，选择一个写实类的大模型，输入相应的提示词，指定生成图像的画面内容，如图 2.5 所示。

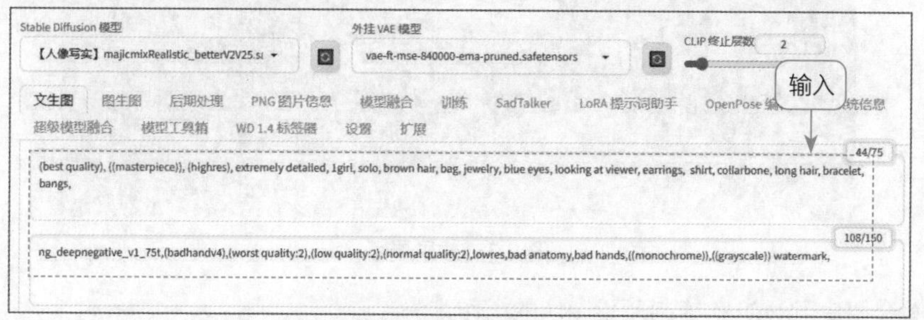

图 2.5　输入相应的提示词

步骤 02 在页面下方设置“采样方法”为 DPM++ 2M Karras、“总批次数”为 2，如图 2.6 所示，使得采样结果更加真实、自然。

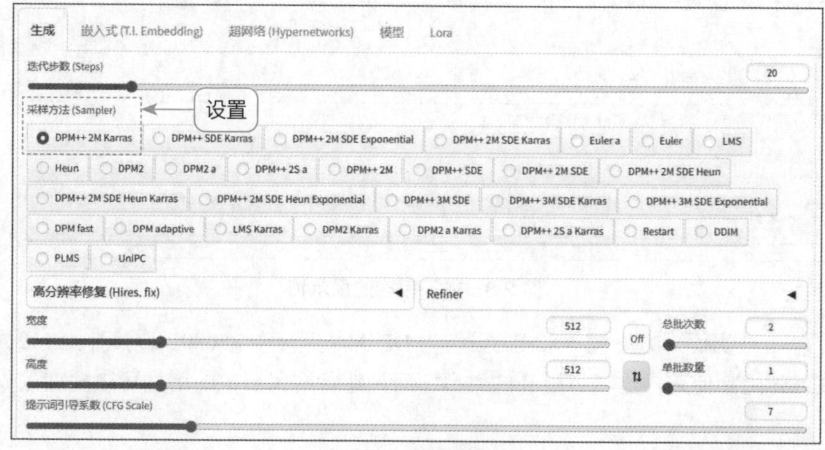

图 2.6　设置相应参数

步骤 03 单击“生成”按钮，即可通过 DPM++ 2M Karras 的采样方法生成两张写实人像图片，效果如图 2.4 所示。

2.1.3 练习实例：使用 DDIM 绘制风景图像

扫一扫，看视频

DDIM 是一种官方采样器，它使用去噪后的图像来近似最终图像，并利用噪声预测器估计的噪声来近似图像方向（内容或结构）。DDIM 旨在通过引入噪声来增加图像的真实感和细节，同时保持图像的整体结构和纹理，效果如图 2.7 所示。

图 2.7 效果展示

下面介绍使用 DDIM 绘制风景图像的操作方法。

步骤 01 进入“文生图”页面，选择一个写实类的大模型，输入相应的提示词，指定生成图像的画面内容，如图 2.8 所示。

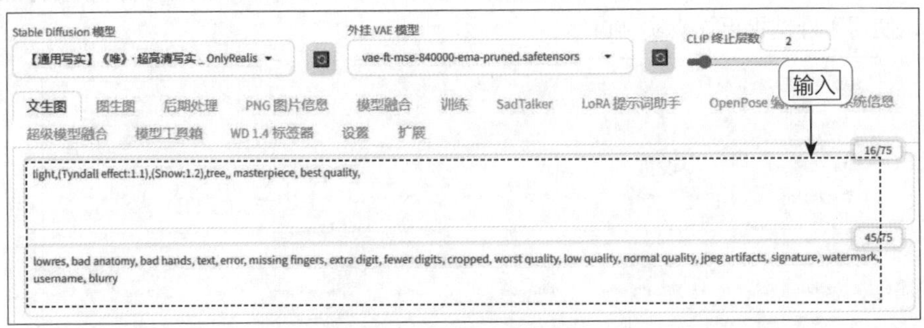

图 2.8 输入相应的提示词

步骤 02 在页面下方设置“采样方法”为 DDIM、“宽度”为 680、“高度”为 512，如图 2.9 所示。DDIM 比其他采样器具有更高的效率，而且随着迭代步数的增加可以叠加生成更多的细节。

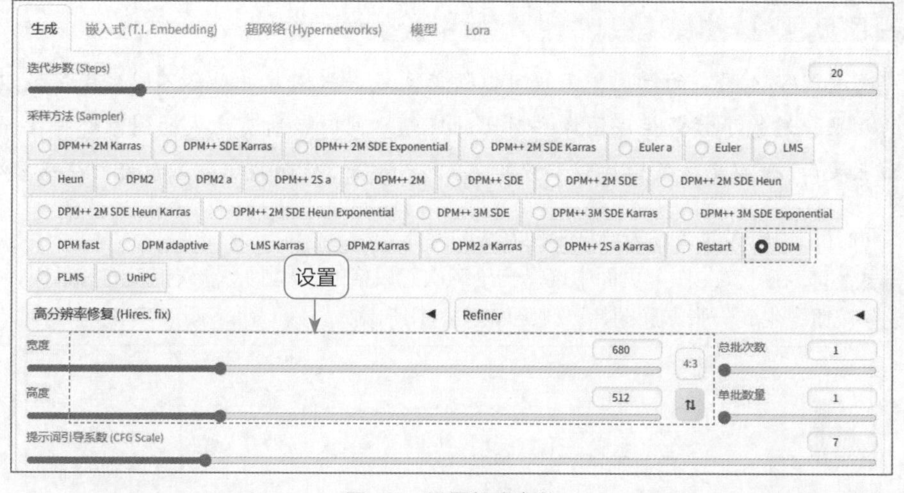

图 2.9　设置相应参数

步骤 03 单击“生成”按钮，即可通过 DDIM 的采样方法生成图像，效果如图 2.7 所示。

2.1.4　练习实例：使用 X/Y/Z 图表测试采样方法

扫一扫，看视频

Stable Diffusion 中的 X/Y/Z 图表是一种用于可视化三维数据的图表，它由 3 个坐标轴组成，分别代表 3 个变量，这个工具的作用就是可以同时查看至多 3 个变量对于出图结果的影响。具体而言，X、Y 和 Z 这 3 个坐标轴分别代表图像的不同生成参数。其中，X 和 Y 用于确定图像的行数和列数；Z 用于确定批处理尺寸。通过在这 3 个坐标轴上设定不同的生成参数，可以将不同的生成参数组合起来生成多个图像网格。例如，利用 Stable Diffusion 的 X/Y/Z 图表工具，可以非常方便地对比不同采样方法的出图效果，如图 2.10 所示。

(a) DPM++ 2M Karras　(b) DPM++ SDE Karras　(c) Euler a

(d) DPM++ 2S a Karras　(e) DDIM　(f) PLMS

图 2.10　效果展示

专家提示

通过 X/Y/Z 图表的对比，用户可以快速生成一张图片并观察不同生成参数组合下的效果，避免了频繁生成图像去对比的麻烦。同时，所有生成的图像都将在同一界面上展示，可以更方便地比较和分析 AI 出图效果，从而找出效果最好的生成参数。

下面介绍使用 X/Y/Z 图表测试采样方法的操作方法。

步骤 01 在“文生图”页面中选择一个二次元风格的大模型，输入相应的提示词，单击“生成”按钮，生成一张卡通图片，效果如图 2.11 所示。

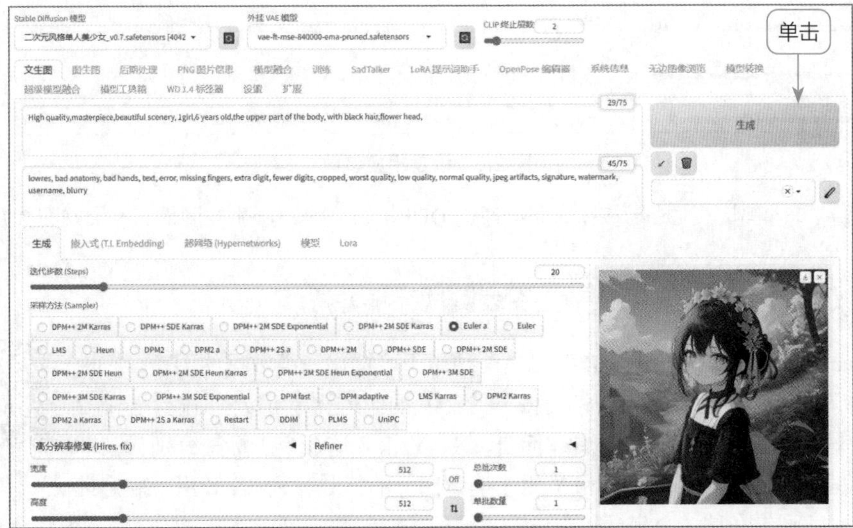

图 2.11　生成一张卡通图片

步骤 02 锁定该图片的 Seed 值，在页面下方的“脚本”列表框中选择“X/Y/Z 图表”选项，如图 2.12 所示。

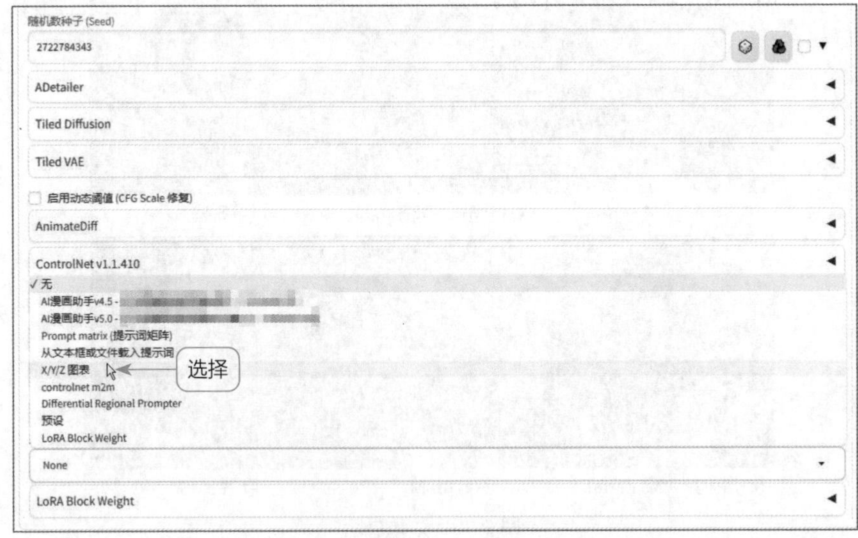

图 2.12　选择“X/Y/Z 图表”选项

步骤 03 执行操作后，即可展开 X/Y/Z plot（图表）选项区，单击“X 轴类型”下方的下拉按钮 ▾，如图 2.13 所示。

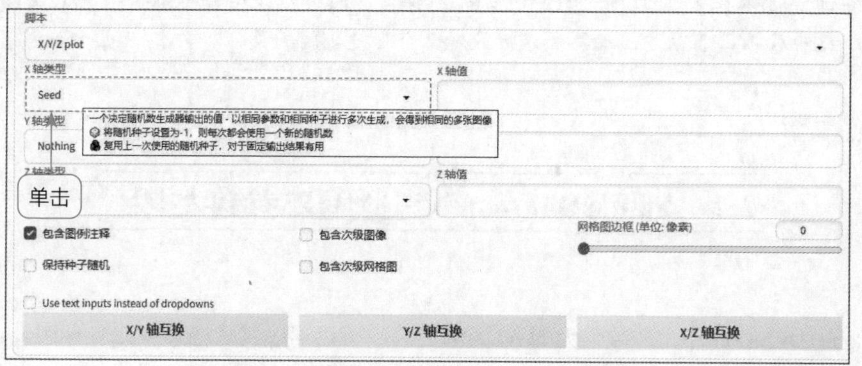

图 2.13　单击“X 轴类型”下方的下拉按钮

步骤 04 在弹出的列表框中选择“采样方法”选项，即可将“X 轴类型”设置为 Sampler，单击右侧的“X 轴值”按钮▣，在弹出的列表框中选择想要对比的 Sampler，添加多个采样方法，如图 2.14 所示。

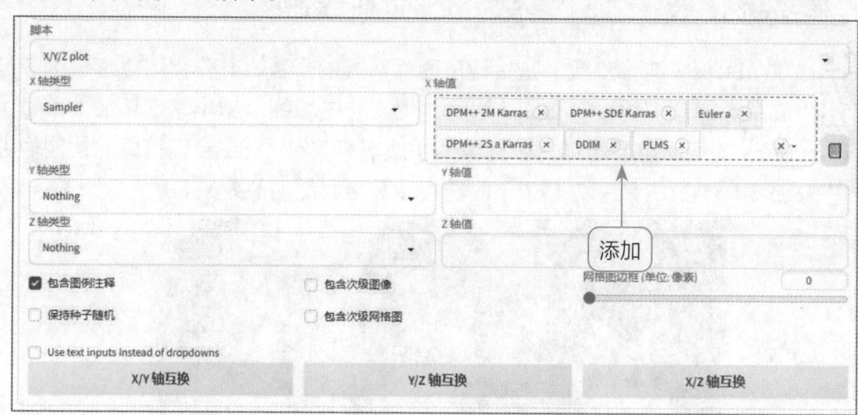

图 2.14　添加多个采样方法

步骤 05 单击“生成”按钮，即可非常清晰地对比同一个提示词下，使用 6 种不同采样方法分别生成的图像，效果如图 2.10 所示。

【技巧提示】X/Y/Z 图表的轴互换操作技巧

在 X/Y/Z plot 选项区中，通过不同的轴互换操作，可以更加灵活地呈现数据，帮助用户更好地理解不同变量之间的关系，相关技巧如下。

❶ 单击“X/Y 轴互换”按钮，会将 X 轴和 Y 轴互换，即原来在 X 轴上的变量会移动到 Y 轴上，原来在 Y 轴上的变量会移动到 X 轴上。这样可以将两个变量的关系以相反的方向呈现在图表上，方便进行对比和分析。

❷ 单击“Y/Z 轴互换”按钮，会将 Y 轴和 Z 轴互换，即原来在 Y 轴上的变量会移动到 Z 轴上，原来在 Z 轴上的变量会移动到 Y 轴上。这样可以将第 3 个变量在另一个维度中展示出来，方便观察和分析 3 个变量之间的关系。

③ 单击“X/Z 轴互换”按钮，会将 X 轴和 Z 轴互换，即原来在 X 轴上的变量会移动到 Z 轴上，原来在 Z 轴上的变量会移动到 X 轴上。同样地，这样可以将第 3 个变量在另一个维度中展示出来，方便观察和分析另外 2 个变量之间的关系。

2.2 Stable Diffusion 文生图基本参数大揭秘

Stable Diffusion 作为一款强大的 AI 绘画工具，可以通过文本描述生成各种图像，但是其参数设置比较复杂，对新手来说不容易上手。如何快速看懂和掌握 Stable Diffusion 的基本参数，使生成结果更符合预期呢？本节将深入介绍 Stable Diffusion 文生图中各项关键参数的作用，以及相关的设置方法。

2.2.1 练习实例：设置“迭代步数”提升画面精细度

扫一扫，看视频

Steps（迭代步数）是指输出画面需要的步数，其作用可以理解为“控制生成图像的精细程度”，Steps 越高，生成的图像细节越丰富、精细。不过，增加 Steps 的同时也会增加每张图像的生成时间，减少 Steps 则可以加快图像的生成速度。图 2.15 所示为基于不同迭代步数生成的图像效果。

图 2.15 效果对比

【技巧提示】采样迭代步数的设置技巧

Stable Diffusion 的采样迭代步数使用的是分步渲染的方法。分步渲染是指在生成同一张图像时，分多个阶段使用不同的文字提示进行渲染。在整张图像基本成型后，再通过添加描述进行细节的渲染和优化。这种分步渲染需要在照明、场景等方面有一定的美术技巧，才能生成逼真的图像效果。

> Stable Diffusion 的每一次迭代都是在上一次生成的图像基础上进行渲染。一般来说，Steps 保持在 18 到 30 之间即可达到较好的图像效果。如果 Steps 设置得过低，可能会导致图像生成不完整，关键细节无法呈现。过高的 Steps 则会大幅增加图像的生成时间，但对图像效果提升的边际效益较小，仅对细节进行轻微优化，因此可能会得不偿失。

下面介绍设置“迭代步数”参数的操作方法。

步骤 01 进入“文生图”页面，选择一个写实类的大模型，输入相应的提示词，在页面下方设置“采样方法”为 DPM++ 2M Karras、“迭代步数”为 5，单击“生成”按钮，可以看到生成的人物图像效果非常模糊，而且面部不够完整，如图 2.16 所示。

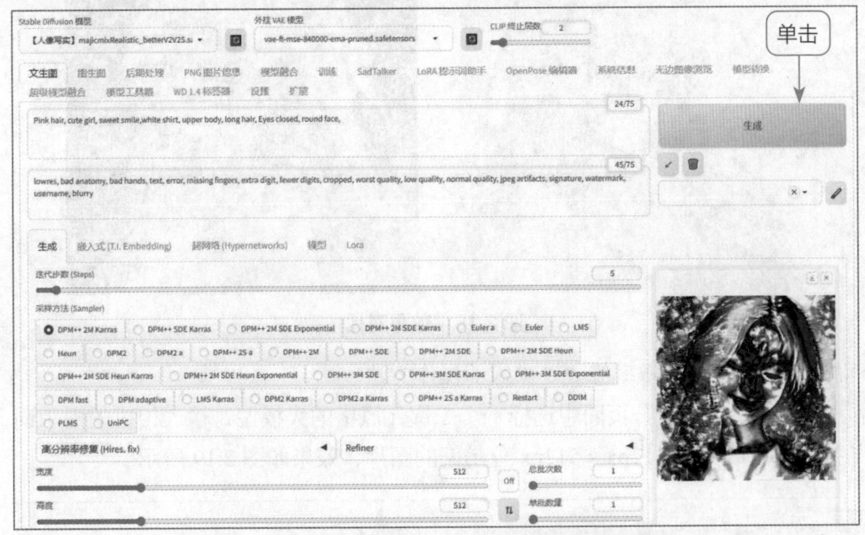

图 2.16 “迭代步数”为 5 时生成的图像效果

步骤 02 锁定图 2.16 中的随机数种子值，将“迭代步数”设置为 30，其他参数保持不变，单击“生成”按钮，可以看到生成的图像非常清晰，而且画面是完整的，效果如图 2.17 所示。

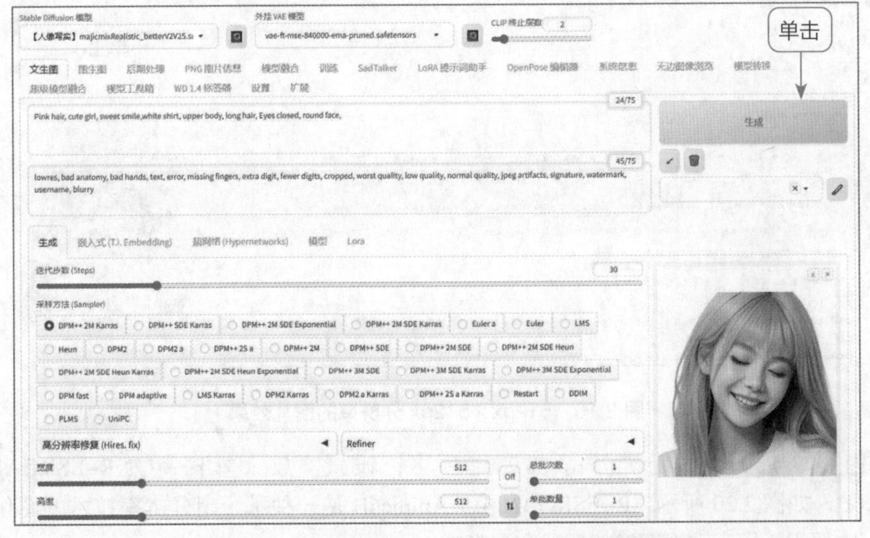

图 2.17 “迭代步数”为 30 时生成的图像效果

2.2.2 练习实例：设置“高分辨率修复”放大图像

扫一扫，看视频

高分辨率修复（Hires.fix）功能是指首先以较小的分辨率生成初步图像，接着放大图像，然后在不更改构图的情况下改进其中的细节。对于显存较小的显卡，可以使用高分辨率修复功能，把“宽度”和“高度”尺寸设置得小一些，如512px × 512px 的默认分辨率，然后将“放大倍数”设置为 2，Stable Diffusion 就会生成 1024px × 1024px 分辨率的图片，而且不会占用过多的显存，效果对比如图 2.18 所示。

图 2.18　效果对比

下面介绍设置“高分辨率修复”参数的操作方法。

步骤 01 在“文生图”页面中选择一个二次元风格的大模型，输入相应的提示词，单击“生成”按钮，生成一张 512px × 512px 分辨率的图片，效果如图 2.19 所示。

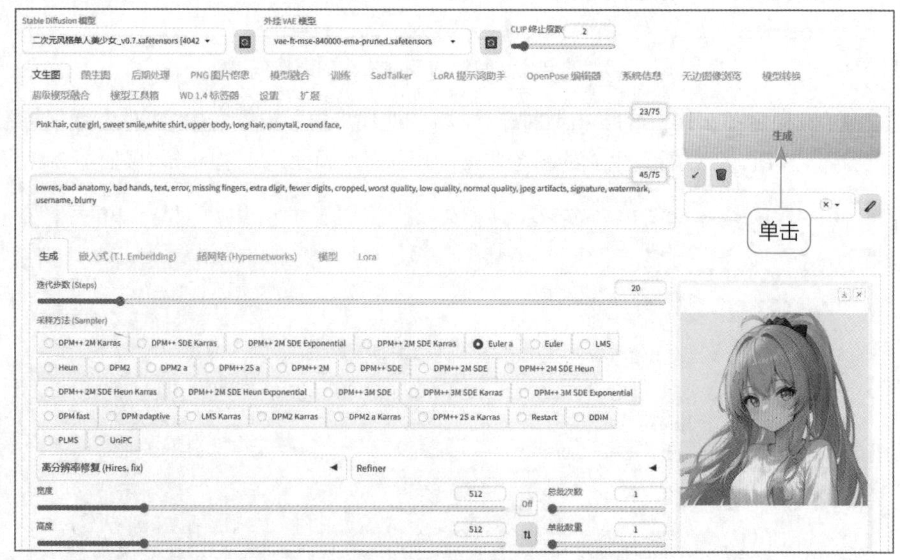

图 2.19　512px × 512px 分辨率的图片效果

步骤 02 展开“高分辨率修复”选项区，设置“放大算法”为 R-ESRGAN 4x+ Anime6B，如图 2.20 所示。R-ESRGAN 4x+ Anime6B 是一种基于超分辨率技术的图像增强算法，主要用于提高动漫图像的质量和清晰度。

步骤 03 其他参数保持默认设置，单击“生成”按钮，即可生成一张 1024px × 1024px 分辨率的图片，效果如图 2.18（右图）所示。

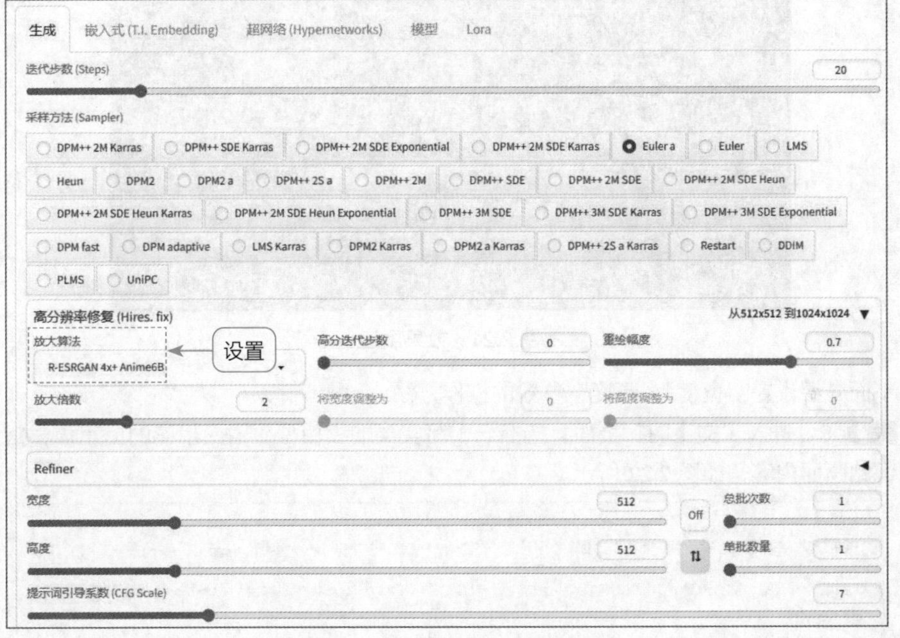

图 2.20 设置“放大算法”参数

【技巧提示】高分辨率修复功能的设置技巧

在高分辨率修复功能中，以下几个选项的设置非常关键。

❶ 放大倍数：图像被放大的比例。Stable Diffusion 会依据用户设置的“宽度”和“高度”尺寸，并按照“放大倍数”进行等比例放大。需要注意的是，当图像被放大到一定程度后，可能会出现质量问题。

❷ 高分迭代步数：在提高图像分辨率时，算法需要迭代的次数。如果将其设置为 0，则将使用与 Steps 相同的值。通常情况下，建议将高分迭代步数设置为 0 或尽量小于 Steps 的值。

❸ 重绘幅度：在进行图像生成时，需要添加的噪声程度。该值为 0 表示完全不加噪声，即不进行任何重绘操作；值为 1 则表示整个图像将被随机噪声完全覆盖，生成与原图完全不相关的图像。通常在重绘幅度为 0.5 时，会对图像的颜色和光影产生显著影响；而在重绘幅度为 0.75 时，甚至会改变图像的结构和人物姿态。

2.2.3 练习实例：设置“宽度”“高度”参数改变图片尺寸

图片尺寸即分辨率，是指图片宽度和高度的像素数量，它决定了数字图像的细节再现能力和质量。例如，分辨率为 768px × 512px 的图像在细节表现方面具有较高的质量，可以提供更好的视觉效果，如图 2.21 所示。

扫一扫，看视频

图 2.21　效果展示

下面介绍设置“宽度”“高度”参数的操作方法。

步骤 01 进入“文生图”页面，选择一个写实类的大模型，输入相应的提示词，指定生成图像的画面内容，如图 2.22 所示。

图 2.22　输入相应的提示词

步骤 02 在页面下方设置“宽度”为 912、“高度”为 512，表示生成分辨率为 912px × 512px 的宽图，其他设置如图 2.23 所示。

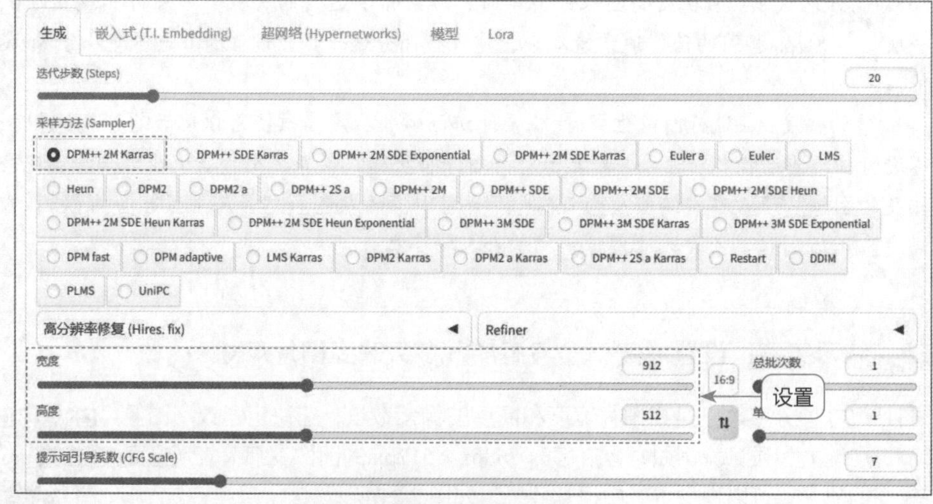

图 2.23　设置相应参数

专家提示

通常情况下，对于8GB显存的显卡，图片尺寸应尽量设置为512px×512px的分辨率，因为太小的画面无法描绘好，太大的画面则容易“爆显存”。8GB显存以上的显卡则可以适当调高分辨率。“爆显存”是指电脑的画面数据量超过了显存的容量，导致画面出现错误或者电脑的帧数骤降，甚至出现系统崩溃等情况。

图片尺寸需要和提示词所生成的画面效果相匹配，如设置为512px×512px的分辨率时，人物大概率会出现大头照。用户也可以固定图片尺寸的一个值，并将另一个值调高，但固定值要尽量保持在512～768px范围内。

步骤 03 单击“生成”按钮，即可生成相应尺寸的宽图，效果如图2.21所示。

2.2.4 练习实例：设置“出图批次”一次绘制多张图片

Stable Diffusion中的“出图批次”设置包括“总批次数”和“单批数量”两个选项。简单来说，“总批次数”就是显卡在绘制多张图片时，按照一张接着一张的顺序往下画；“单批数量”就是显卡同时绘制多张图片，绘画效果通常比较差。例如，在Stable Diffusion中，使用相同的提示词和生成参数可以一次生成6张不同的图片，效果如图2.24所示。

扫一扫，看视频

图2.24 效果展示

专家提示

如果用户的电脑显卡配置比较高，可以使用“单批数量”的方式出图，速度会更快，同时也能保证一定的画面效果；否则，就增加“总批次数”，每一批只生成一张图片，这样在硬件资源有限的情况下，可以让AI尽量画好每张图。

下面介绍设置“出图批次”参数的操作方法。

步骤 01 进入“文生图”页面，选择一个写实类的大模型，输入相应的提示词，指定生成图像的画面内容，如图2.25所示。

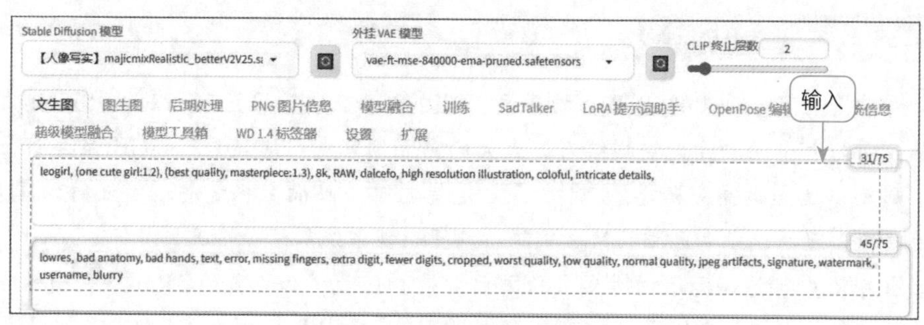

图 2.25　输入相应的提示词

步骤 02 在页面下方设置“总批次数”为 6，可以理解为一次循环生成 6 张图片，其他设置如图 2.26 所示。

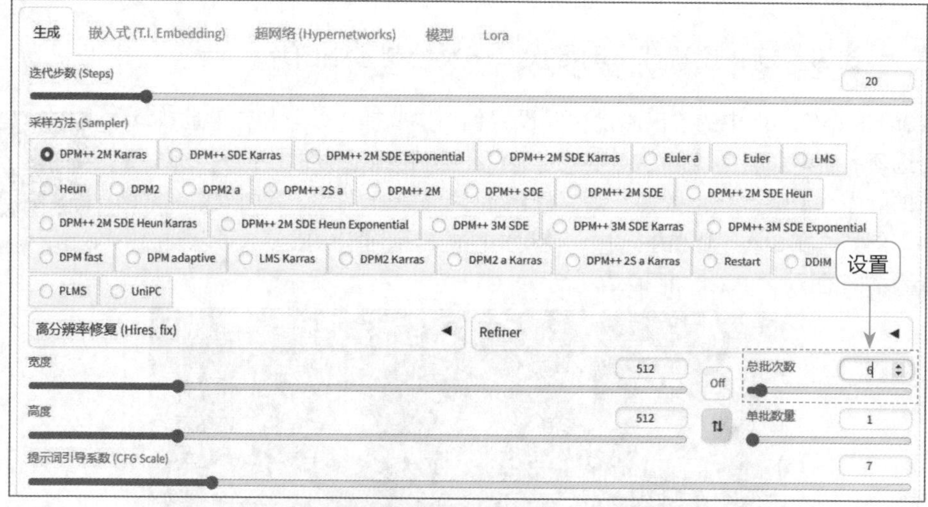

图 2.26　设置相应参数

步骤 03 单击“生成”按钮，即可同时生成 6 张图片，而且图片之间的差异都比较大，图片效果如图 2.27 所示。

图 2.27　图片效果

步骤 04 保持提示词和其他参数设置不变，设置“总批次数”为 2、“单批数量”为 3，可以理解为一个批次里一次生成 3 张图片，共生成 2 个批次，如图 2.28 所示。

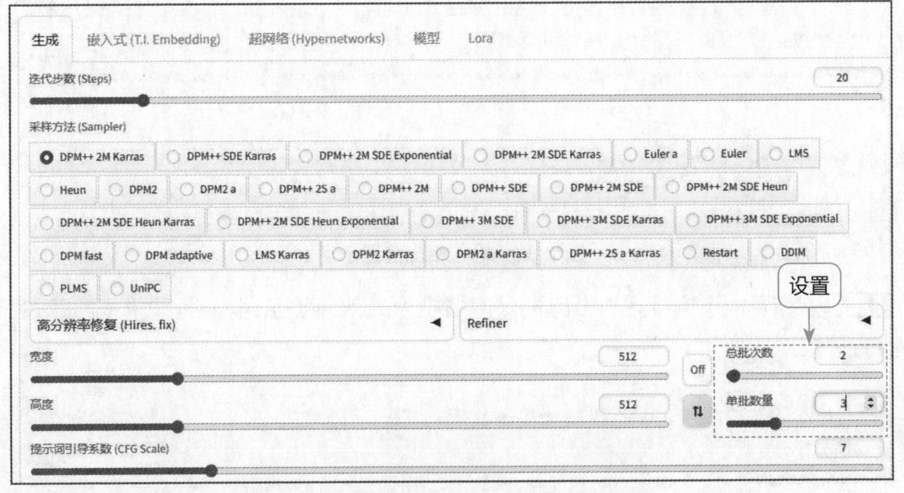

图 2.28 设置“总批次数”和“单批数量”

步骤 05 单击“生成”按钮，即可生成 6 张图片，并且同批次中的图片差异较小，同时出图效果也比较差，效果如图 2.24 所示。

2.2.5 练习实例：设置“提示词引导系数”让 AI 更“听话”

扫一扫，看视频

提示词引导系数（CFG Scale）主要用来调节提示词对 AI 绘画效果的引导程度，参数范围为 0 ~ 30，数值较高时绘制的图片会尽量符合提示词的要求，效果对比如图 2.29 所示。

图 2.29 效果对比

下面介绍设置“提示词引导系数”参数的操作方法。

步骤 01 进入“文生图”页面，选择一个综合类的大模型，输入相应的提示词，指定生成图像的画面内容，如图 2.30 所示。

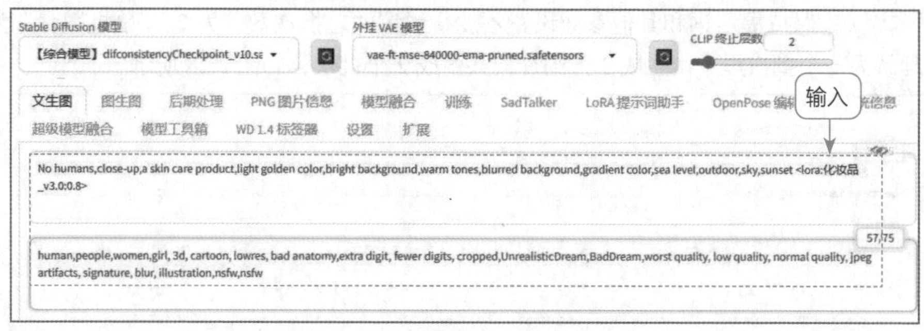

图 2.30　输入相应的提示词

步骤 02 在页面下方设置“提示词引导系数”为 2，表示提示词与绘画效果的关联性较低，其他设置如图 2.31 所示。

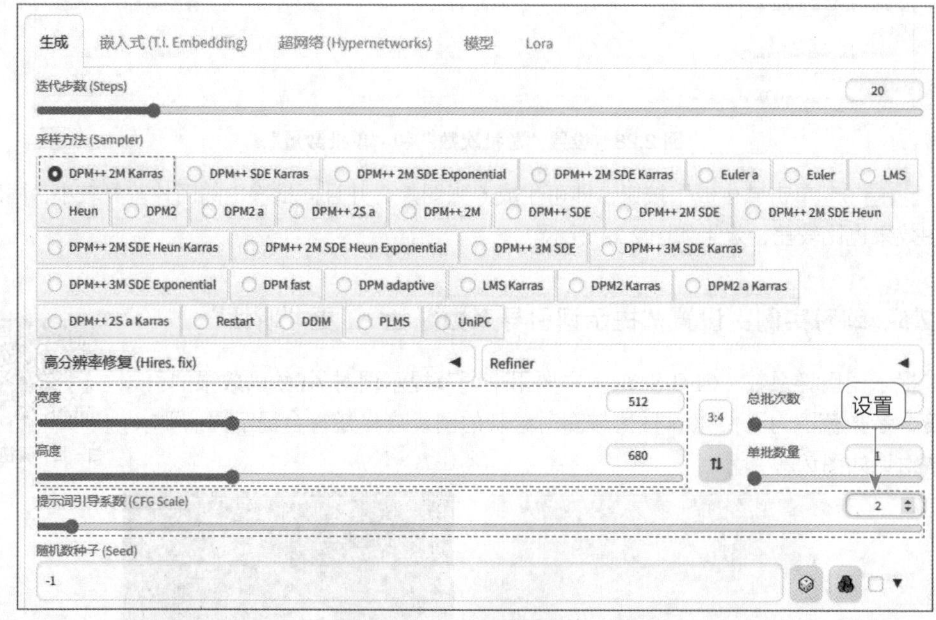

图 2.31　设置相应参数

专家提示

提示词引导系数参数的值建议设置在 7 ~ 12 范围内，过低的参数值会导致图像的色彩饱和度降低，而过高的参数值则会产生粗糙的线条或过度锐化的图像细节，甚至可能导致图像严重失真。

步骤 03 单击“生成”按钮，即可生成相应的图像，此时图像内容不太符合提示词的描述，效果如图 2.29（左图）所示。

步骤 04 保持提示词和其他设置不变，设置“提示词引导系数”为 10，表示提示词与绘画效果的关联性较高，如图 2.32 所示。

步骤 05 单击“生成”按钮，即可生成相应的图像，此图像内容与提示词的关联性较大，画面的光影效果更突出、质量更高，效果如图 2.29（右图）所示。

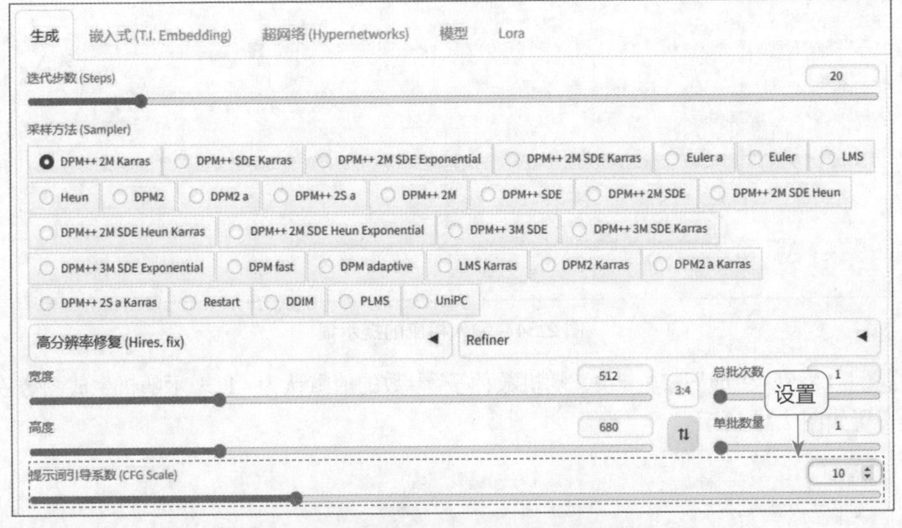

图 2.32　设置较高的“提示词引导系数”

2.2.6　练习实例：设置“随机数种子”复制和调整图像

扫一扫，看视频

在 Stable Diffusion 中，随机数种子（Seed，也称为随机种子或种子）可以理解为每个图像的唯一编码，能够帮助用户复制和调整生成的图像效果。用户在绘图时，若发现有合适的图像，就可以复制并锁定图像的随机数种子，让后面生成的图像更加符合自己的需求，效果如图 2.33 所示。

图 2.33　效果展示

下面介绍设置“随机数种子”参数的操作方法。

步骤 01 进入“文生图”页面，选择一个二次元风格的大模型，输入相应的提示词，指定生成图像的画面内容，如图 2.34 所示。

图 2.34　输入相应的提示词

步骤 02 在"生成"选项卡中，"随机数种子"参数的值默认为 -1，表示随机生成图像效果，其他设置如图 2.35 所示。

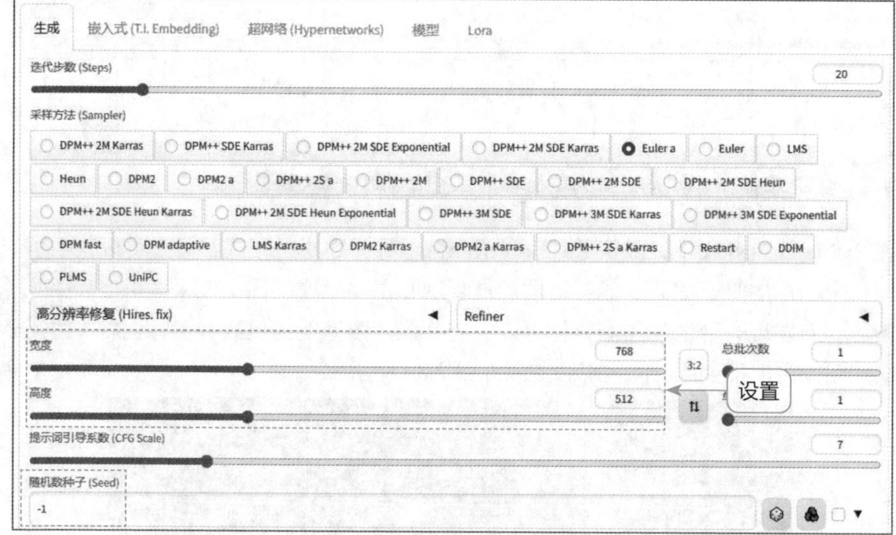

图 2.35　设置相应参数

步骤 03 单击"生成"按钮，每次生成图像时都会随机生成一个新的种子，从而得到不同的结果，效果如图 2.36 所示。

图 2.36　"随机数种子"为 -1 时生成的图像效果

步骤 04 在下方的图片信息中找到并复制 Seed 值，将其填入“随机数种子”文本框内，如图 2.37 所示。

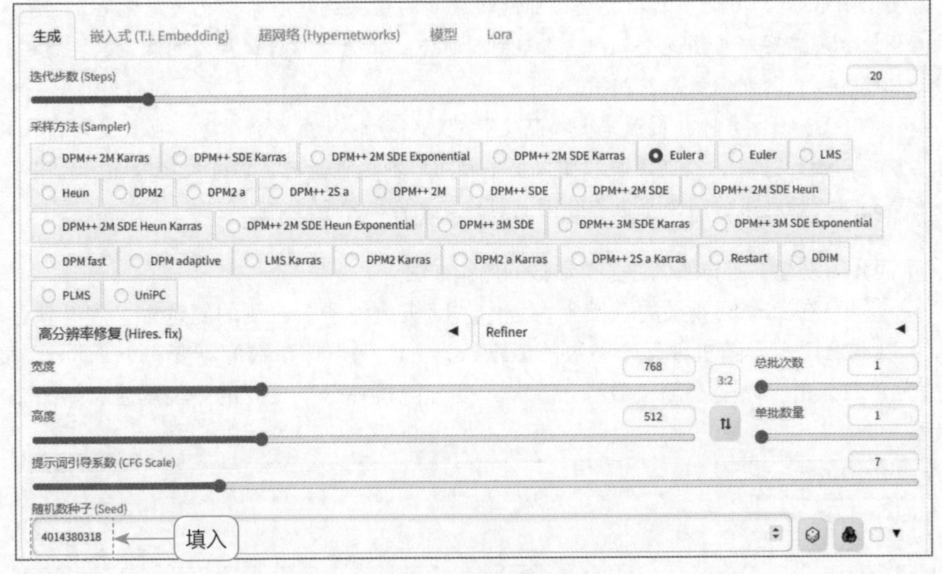

图 2.37　填入 Seed 值

步骤 05 单击“生成”按钮，则后续生成的图像将保持不变，每次得到的结果都会相同，效果如图 2.33 所示。

2.2.7　练习实例：设置“变异随机种子”控制出图效果

除了随机数种子外，在 Stable Diffusion 中，用户还可以使用变异随机种子（different random seed，简称 Diff Seed）来控制出图效果。变异随机种子是指在生成图像的过程中，每次扩散都会使用不同的随机数种子，从而产生与原图不同的图像，可以将其理解为在原来的图片上进行叠加变化，效果如图 2.38 所示。

扫一扫，看视频

图 2.38　效果展示

【技巧提示】“变异随机种子”的设置技巧

当 Diff Seed 为 0 时，表示完全按照随机种子的值生成新图像，也就是完全复制输入的原图像，即新图与原图完全相同。在这种情况下，无论输入什么样的图像，只要随机数种子相同，生成的图像结果就相同。

当 Diff Seed 为 1 时，表示完全按照变异随机种子的值生成新图像，也就是与输入的原图像有很大的差异，即新图与原图完全不相同。在这种情况下，每次输入相同的图像，都会得到不同的结果，因为每次都会生成新的变异随机种子。

下面介绍设置“变异随机种子”参数的操作方法。

步骤 01 在上一例效果的基础上，选中“随机数种子”右侧的复选框，展开该选项区，可以看到“变异随机种子”参数的值默认为 -1，保持该参数值不变，将“变异强度”设置为 0.21，用于改变“随机数种子”与“变异随机种子”之间的平衡程度，如图 2.39 所示。

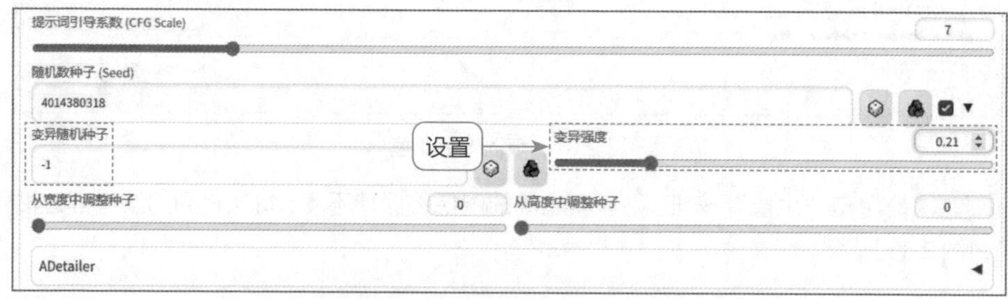

图 2.39 设置“变异强度”参数

步骤 02 单击“生成”按钮，则后续生成的新图与原图比较接近，只有细微的差别，效果如图 2.40 所示。

图 2.40 生成的新图与原图比较接近

步骤 03 将“变异强度”设置为 0.5，其他参数保持不变，可以让图像产生更大的变化，如图 2.41 所示。

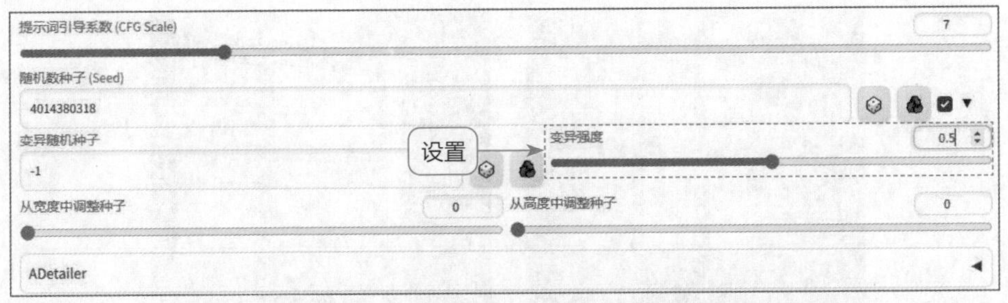

图 2.41　设置“变异强度”参数

专家提示

在 Stable Diffusion 中，随机数种子用一个 64 位的整数来表示。如果将这个整数作为输入值，AI 模型会生成一个对应的图像。如果多次使用相同的随机数种子，则 AI 模型会生成相同的图像。

在“随机数种子”文本框的右侧，单击按钮，可以将参数值重置为 -1，则每次生成图像时都会使用一个新的随机数种子。如果复制图像的 Seed 值，并将其填入“随机数种子”文本框中，后续生成的图像将基本保持不变。

步骤 04 单击“生成”按钮，则后续生成的新图与原图差异更大，效果如图 2.38 所示。

【技巧提示】随机数种子的尺寸设置技巧

通常很少用到随机数种子的尺寸设置，在指定分辨率下使用相同的随机数种子生成的图像具有相似性，因此可以尝试生成与原始图像相似的图像。

例如，首先生成一张分辨率为 512px×512px 的人物图片（将其称为图 1），则人物的脸部可能会变形，俗称“脸崩”，这是因为在该分辨率下图片无法承受太多的人物细节。然后生成一张分辨率为 512px×1024px 的人物图片（将其称为图 2），并在图像信息中复制其 Seed 值。

接下来锁定图 1 的 Seed 值，并将图 2 的 Seed 值填入“变异随机种子”文本框中，设置“变异强度”为 0.5、“从宽度中调整种子”为 512、“从高度中调整种子”为 1024，单击“生成”按钮，生成相应的人物图片，此时人物的脸部和手部的变形程度稍微降低了。

对于使用低显存显卡的用户来说，这是个比较实用的功能，可以用 512px×512px 的分辨率，高效率地生成高度为 1024px 的人物全身图片。

2.3　综合实例：生成唯美的油画风格图像

本实例将向用户介绍如何使用 Stable Diffusion 生成油画效果，用户可以调整生成图像的风格和质感，使其更符合油画的特征，最终效果如图 2.42 所示。

扫一扫，看视频

下面介绍生成唯美的油画风格图像的操作方法。

图 2.42　效果展示

步骤 01 进入“文生图”页面，选择一个油画风格的大模型，如图 2.43 所示。

步骤 02 输入相应的正向提示词和反向提示词，描述画面的主体内容并排除某些特定的内容，如图 2.44 所示。

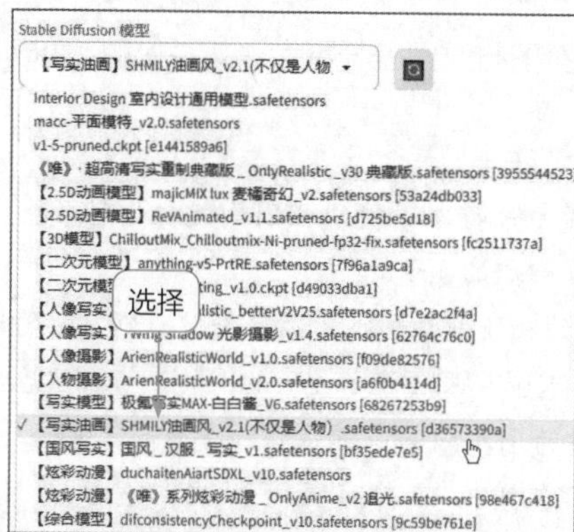

图 2.43　选择油画风格的大模型

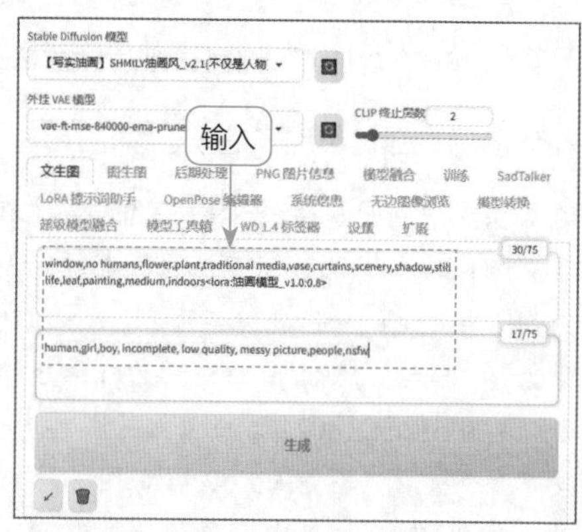

图 2.44　输入相应的提示词

步骤 03 在页面下方设置“迭代步数”为 36、“采样方法”为 Euler a，让图像细节更丰富、精细，如图 2.45 所示。

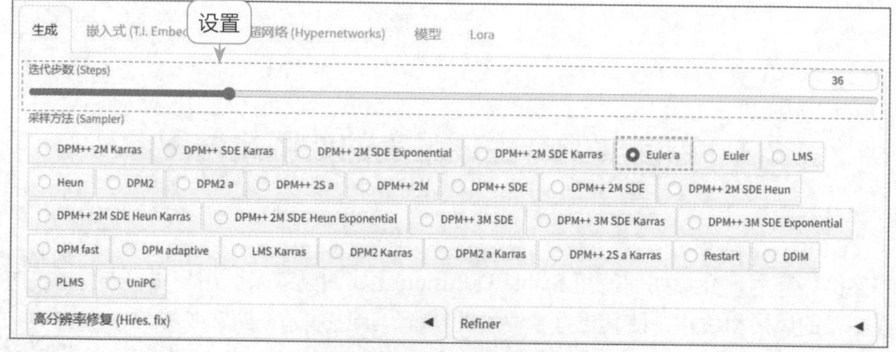

图 2.45　设置相应参数（1）

步骤 04 设置"总批次数"为 2、"宽度"为 512、"高度"为 768，一次同时生成两张图，并将出图尺寸调整为竖图，如图 2.46 所示。

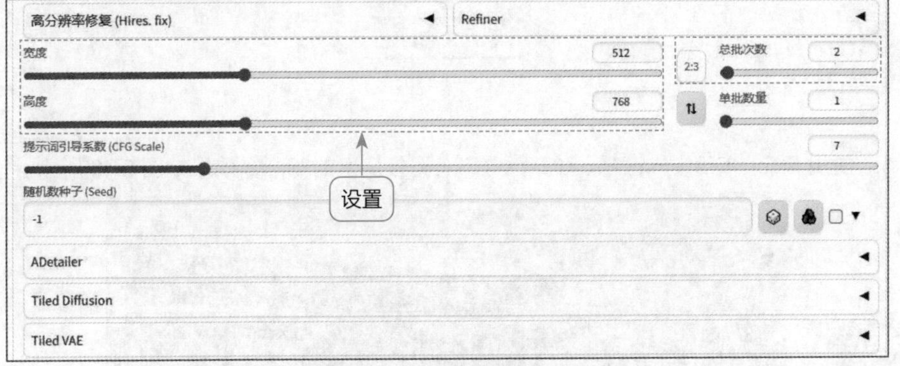

图 2.46　设置相应参数（2）

步骤 05 展开"高分辨率修复"选项区，设置"放大算法"为 Latent，如图 2.47 所示。Latent 是一种基于潜在空间的放大算法，它可以在潜在空间中对图像进行缩放，帮助 AI 提高生成的图像质量和真实性。

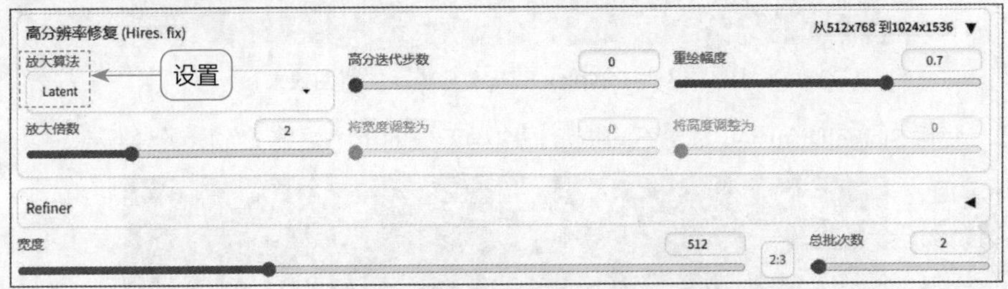

图 2.47　设置"放大算法"为 Latent

步骤 06 单击"生成"按钮，即可生成唯美的油画风格图像，效果如图 2.42 所示。

本章小结

本章主要介绍了 Stable Diffusion 的常用采样方法和文生图基本参数的设置。内容涵盖了使用 Euler a、DPM++ 2M Karras、DDIM 等采样方法绘制不同风格的图像，以及设置迭代步数、高分辨率修复、图片尺寸、出图批次、提示词引导系数、随机数种子和变异随机种子等参数的技巧，并通过练习实例和综合实例的演示，帮助读者提升出图效果。通过对本章的学习，读者能够更好地掌握 Stable Diffusion 文生图的操作方法。

课后习题

1. 使用 Stable Diffusion 生成 1024px × 576px 分辨率的宽图，效果如图 2.48 所示。

扫一扫，看视频

图 2.48　1024px × 576px 分辨率的宽图效果

2. 使用 Stable Diffusion 对比不同提示词引导系数的出图效果，如图 2.49 所示。

扫一扫，看视频

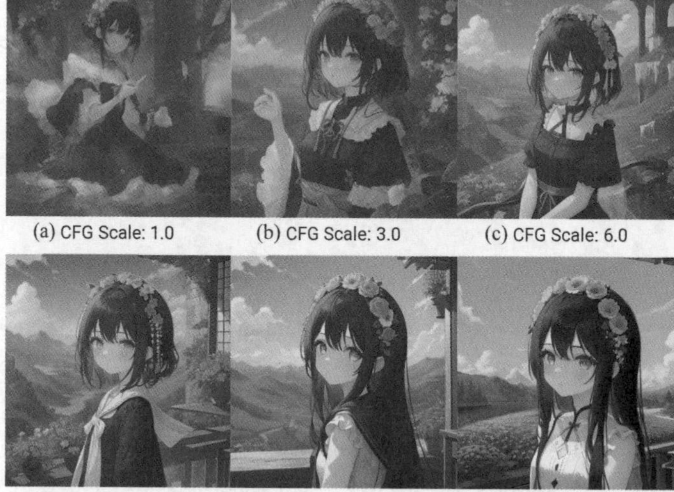

图 2.49　不同提示词引导系数的出图效果

第 03 章 Stable Diffusion 图生图

图生图功能大幅度强化了 Stable Diffusion 的图像生成控制能力和出图质量，用户可以通过 Stable Diffusion 展示更加个性化的创作风格，生产出富有创意的数字艺术画作。本章将重点介绍 Stable Diffusion 的图生图 AI 绘画技巧，让读者在创造独特的艺术画作时获得更多的灵感。

本章要点

- 图生图绘图技巧，让你成为创意达人
- 图生图高级玩法，从新手快速到高手
- 综合实例：将写实人像转换为二次元风格

3.1 图生图绘图技巧让用户成为创意达人

图生图（image to image）是一种基于深度学习技术的图像生成方法，它可以将一张图片转换为另一张与之相关的新图片，这种技术广泛应用于计算机图形学、视觉艺术等领域。本节将介绍 Stable Diffusion 图生图的绘图技巧，并通过实际案例的演示，让读者了解如何利用这些技巧来创造出独特而有趣的图像效果。

3.1.1 认识 Stable Diffusion 的图生图功能

Stable Diffusion 的图生图功能允许用户输入一张图片，并通过添加文本描述的方式输出修改后的新图片，相关示例如图 3.1 所示。

图 3.1 图生图示例

图生图功能突破了 AI 完全随机生成的局限性，为图像创作提供了更多的可能性，进一步提高了 Stable Diffusion 在数字艺术创作等领域的应用价值。

【知识拓展】Stable Diffusion 图生图功能的主要特点

❶ 基于输入的原始图像进行生成，保留主要的样式和构图。

❷ 支持添加文本提示词，指导图像的生成方向，如修改风格、增强细节等。

❸ 通过分步渲染逐步优化和增强图像细节。

❹ 借助原图内容，可以明显改善和控制生成的图像效果。

❺ 模拟不同的艺术风格，并通过文本描述进行风格迁移。

❻ 批量处理大量图片，自动完成图片的优化和修改。

3.1.2 练习实例：设置“缩放模式”让出图效果更合理

扫一扫，看视频

当原图和用户设置的新图尺寸参数不一致时，用户可以通过“缩放模式”选项来选择图片处理模式，让出图效果更合理。原图与效果图对比如图 3.2 所示。

图 3.2 原图与效果图对比

下面介绍设置“缩放模式”参数的操作方法。

步骤 01 进入“图生图”页面，选择一个写实类的大模型，在下方的“图生图”选项卡中单击“点击上传”链接，如图 3.3 所示。

步骤 02 执行操作后，弹出“打开”对话框，选择一张原图，如图 3.4 所示。

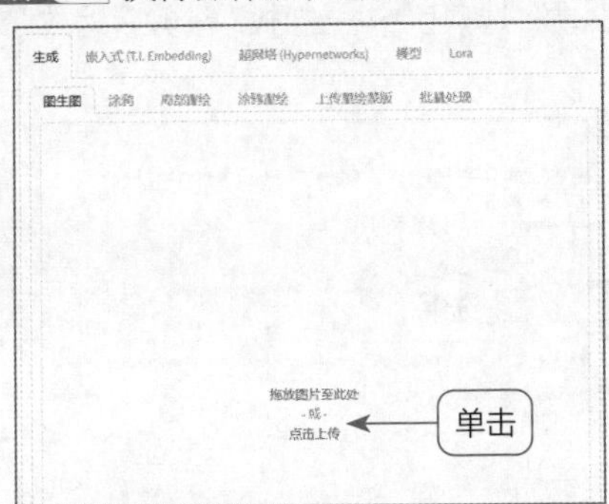

图 3.3 单击“点击上传”链接

图 3.4 选择一张原图

步骤 03 单击“打开”按钮，即可上传原图，如图 3.5 所示。

步骤 04 在页面下方设置相应的生成参数，在“缩放模式”选项区中，默认选中“仅调整大小”单选按钮，如图 3.6 所示。

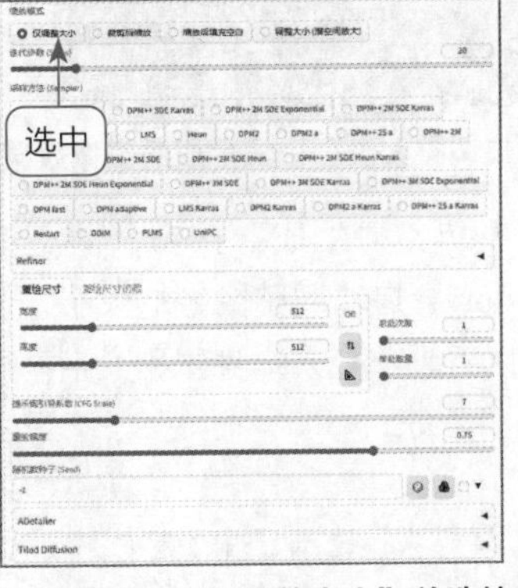

图 3.5 上传原图

图 3.6 默认选中“仅调整大小”单选按钮

步骤 05 在页面上方的 Prompt 输入框中输入相应的提示词，对画面细节进行调整，单击“生成”按钮，如图 3.7 所示。

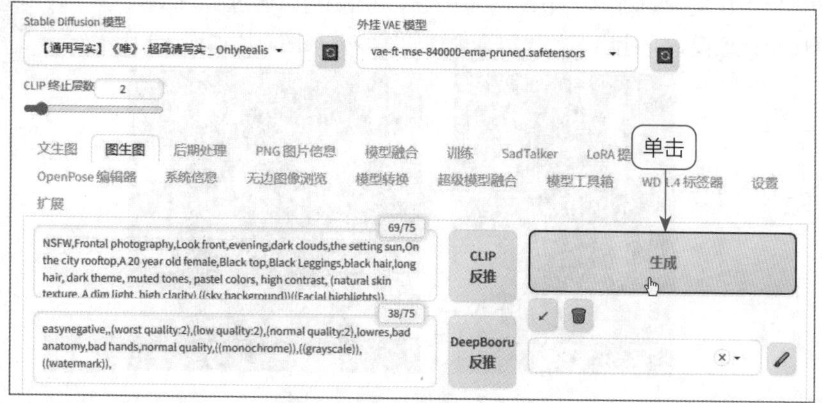

图 3.7　单击“生成”按钮

步骤 06 执行操作后，即可使用“仅调整大小”模式生成相应的新图，此时 Stable Diffusion 会将图像大小调整为用户设置的目标分辨率，除非高度和宽度匹配，否则将获得不正确的横纵比，可以看到主体有被轻微拉伸，效果如图 3.8 所示。

步骤 07 在“图生图”页面下方的“缩放模式”选项区中，选中“裁剪后缩放”单选按钮，如图 3.9 所示。

图 3.8　用“仅调整大小”模式生成的图像效果

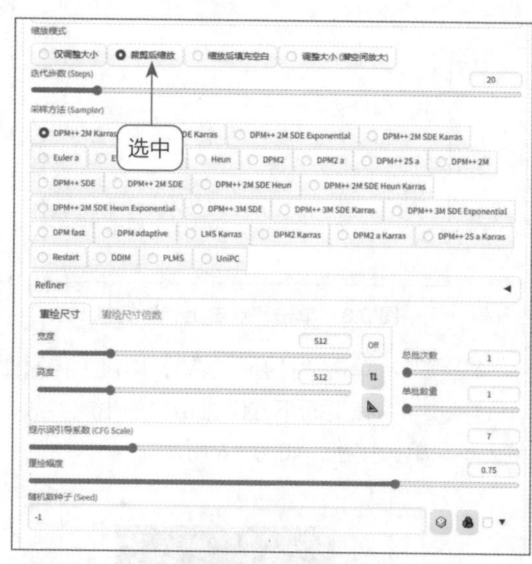

图 3.9　选中“裁剪后缩放”单选按钮

步骤 08 单击“生成”按钮，即可使用“裁剪后缩放”模式生成相应的新图，此时 Stable Diffusion 会自动调整图像的大小，使整个目标分辨率都被图像填充，并裁剪掉多出来的部分，可以看到部分人物身体和天空已经被裁掉了，效果如图 3.2（右图）所示。

【技巧提示】使用“缩放后填充空白”模式绘图

在“缩放模式”选项区中，选中“缩放后填充空白”单选按钮，如图 3.10 所示。单击“生成”按钮，即可使用“缩放后填充空白”模式生成相应的新图片，此时 Stable Diffusion 会自动调整图像大小，使整个图像处在目标分辨率内，同时用图像的颜色自动填充空白区域，能够让原图中整个人物的身体部分都显示出来，效果如图 3.11 所示。

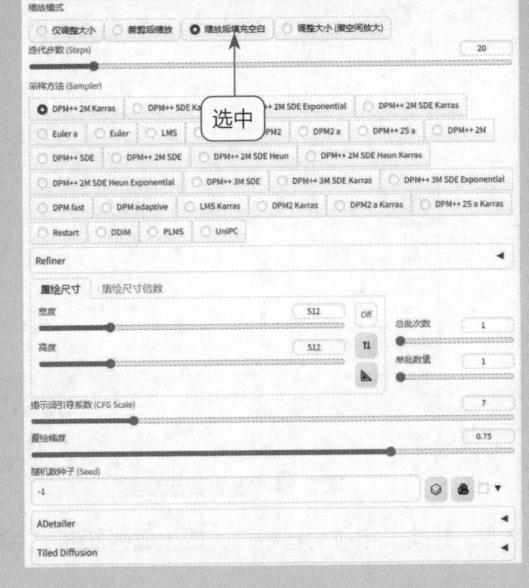

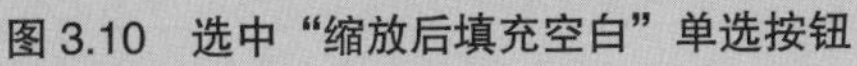
图 3.10　选中“缩放后填充空白”单选按钮

图 3.11　用“缩放后填充空白”模式生成的图像效果

3.1.3　练习实例：设置“重绘幅度”控制 AI 的变化强度

扫一扫，看视频

在 Stable Diffusion 中，“重绘幅度”参数主要用于控制在图生图中重新绘制图像时的强度，较小的参数值会生成较柔和、逐渐变化的图像效果，而较大的参数值则会产生变化更强烈的图像效果，如图 3.12 所示。

图 3.12　效果展示

下面介绍设置“重绘幅度”参数的操作方法。

步骤 01 进入“图生图”页面，上传一张原图，如图 3.13 所示。

步骤 02 在页面下方设置“重绘幅度”为 0.2，如图 3.14 所示。“重绘幅度”值越小，生成的新图与原图的效果越贴合。

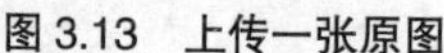
图 3.13 上传一张原图

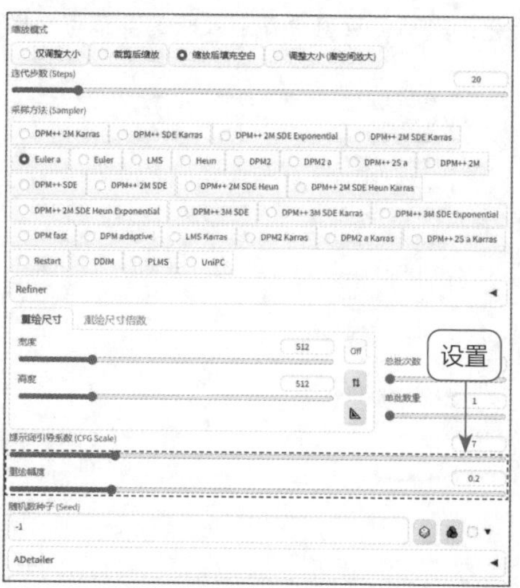

图 3.14 设置相应参数

步骤 03 选择一个二次元风格的大模型，并输入相应的提示词，使生成的新图为二次元风格，如图 3.15 所示。

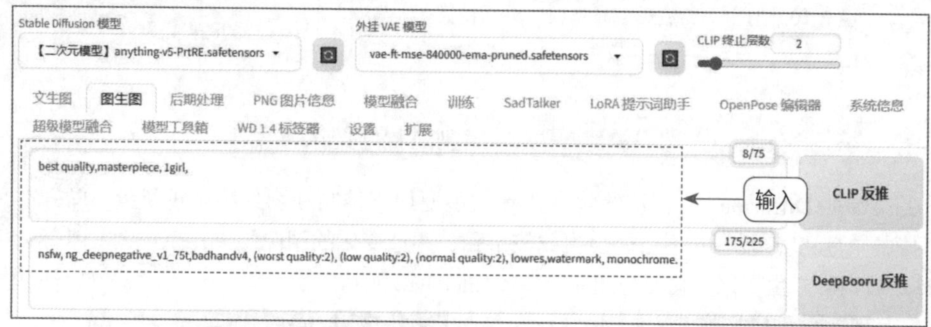

图 3.15 输入相应的提示词

步骤 04 单击“生成”按钮，即可生成新图，但较小的重绘幅度值会导致新图与原图几乎无变化，效果如图 3.12（左图）所示。

步骤 05 将“重绘幅度”设置为 0.7，再次单击“生成”按钮，即可生成新图，较大的重绘幅度值会导致新图的变化非常大，效果如图 3.12（右图）所示。

【技巧提示】重绘幅度值的设置技巧

当重绘幅度值低于 0.5 时，新图比较接近原图；当重绘幅度值超过 0.7 时，AI 的自由创作力度会变大。因此，用户可以根据需要调整重绘幅度值，以达到自己想要的特定效果。

通过调整“重绘幅度”参数，可以完成各种不同的图像处理和生成任务，包括图像增强、色彩校正、图像修复等。例如，在改变图像的色调或进行其他形式的颜色调整时，可能会需要较小的重绘幅度值；而在大幅度改变图像内容或进行风格转换时，则可能需要更大的重绘幅度值。

3.2 图生图高级玩法，从新手快速到高手

本节主要介绍一些图生图的高级玩法，如涂鸦、局部重绘、涂鸦重绘、上传重绘蒙版等。掌握这些技巧，读者能够创作出更加独特和富有艺术感的图像效果。

3.2.1 练习实例：使用涂鸦功能进行局部绘图

扫一扫，看视频

用户可以使用涂鸦功能，在涂抹区域按照指定的提示词生成自己想要的部分图像，从而更加自由地创作和定制图像。原图与效果图对比如图3.16所示。

图3.16 原图与效果图对比

专家提示

在“图生图”页面的“涂鸦”选项卡中，单击按钮，在弹出的拾色器中可以选择相应的笔刷颜色。已被涂鸦的区域将会根据涂鸦的颜色进行改变，但是这种变化可能会对图像生成产生较大的影响，甚至会导致人物姿势改变。需要注意的是，在涂鸦后不改变任何参数的情况下生成图像时，即使没有被涂鸦的区域也会发生一些变化。

下面介绍使用涂鸦功能进行局部绘图的操作方法。

步骤 01 进入“图生图”页面，切换至“涂鸦”选项卡，上传一张原图，如图3.17所示。

步骤 02 使用笔刷工具在人物的眼部涂抹出眼镜形状的黑色蒙版，如图3.18所示。

步骤 03 选择一个写实类的大模型，输入相应的提示词，控制将要绘制的图像内容，如图3.19所示。

步骤 04 单击按钮，自动设置宽度和高度参数，将重绘尺寸调整为与原图一致，其他设置如图3.20所示。

图 3.17　上传一张原图

图 3.18　涂抹出眼镜形状的黑色蒙版

图 3.19　输入相应的提示词

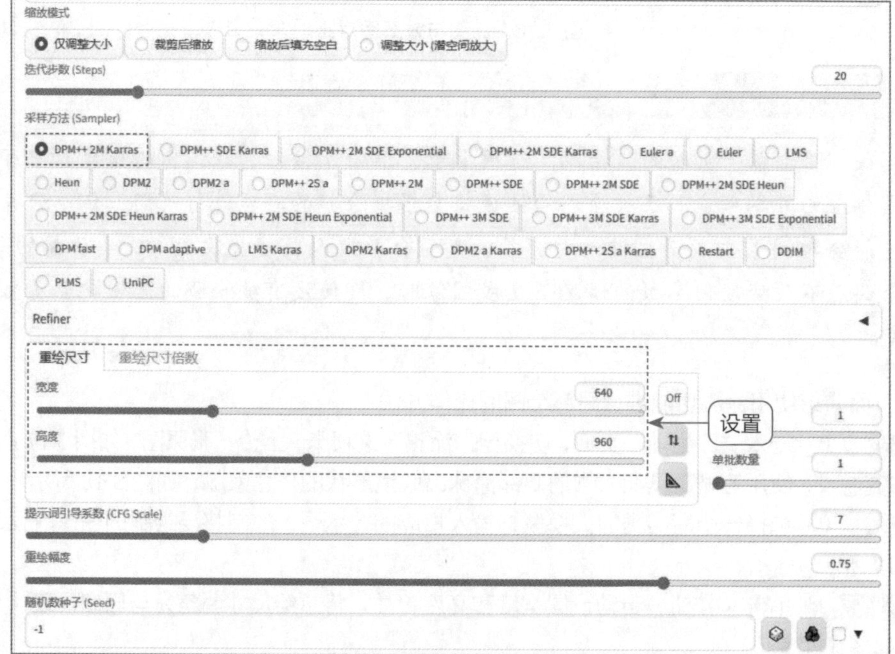

图 3.20　设置相应参数

步骤 05 单击“生成”按钮，即可生成相应的眼镜图像，效果如图 3.16（右图）所示。

3.2.2 练习实例：使用局部重绘功能给人物换脸

扫一扫，看视频

局部重绘是 Stable Diffusion 图生图中的一个重要功能，它能够针对图像的局部区域进行重新绘制，从而生成各种创意性的图像效果。局部重绘功能可以让用户更加灵活地控制图像的变化，它只针对特定的区域进行修改和变换，而保持其他区域不变。

局部重绘功能可以应用到许多场景，用户可以对图像的某个区域进行局部增强或改变，以实现更加细致和精确的图像编辑。例如，用户可以只修改图像中的人物脸部特征，从而实现人脸交换或面部修改等操作。原图与效果图对比如图 3.21 所示。

下面介绍使用局部重绘功能给人物换脸的操作方法。

图 3.21 原图与效果图对比

步骤 01 进入“图生图”页面，选择一个写实类的大模型，切换至“局部重绘”选项卡，上传一张原图，如图 3.22 所示。

步骤 02 单击右上角的按钮，拖曳滑块，适当调大笔刷，如图 3.23 所示。

图 3.22 上传一张原图

图 3.23 适当调大笔刷

步骤 03 涂抹人物的脸部，创建相应的蒙版区域，如图 3.24 所示。

步骤 04 在页面下方单击 按钮，自动设置“宽度”和“高度”参数，并设置“采样方法”为 DPM++ 2M Karras，如图 3.25 所示，用于创建类似真人的脸部效果。

图 3.24　创建相应的蒙版区域

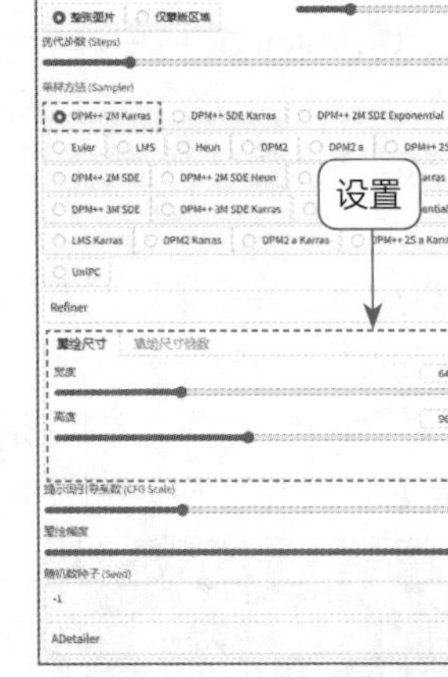

图 3.25　设置相应参数

步骤 05 单击“生成”按钮，即可生成相应的新图，可以看到人物脸部出现了较大的变化，而其他部分则保持不变，效果如图 3.21（右图）所示。

【技巧提示】蒙版边缘模糊度的设置技巧

“局部重绘”选项卡中的蒙版边缘模糊度用于控制蒙版边缘的模糊程度，作用与 Photoshop 中的羽化功能类似。较小的蒙版边缘模糊度值会使蒙版边缘更加清晰，从而更好地保留重绘部分的细节和边缘；而较大的蒙版边缘模糊度值则会使边缘变得更加模糊，从而使重绘部分更好地融入图像整体，达到更加平滑、自然的重绘效果，如图 3.26 所示。

图 3.26　不同蒙版边缘模糊度值的生成效果对比

蒙版边缘模糊度的作用在于能够更好地融合重绘部分与原始图像之间的过渡区域。通过调整蒙版边缘模糊度参数，可以改变蒙版边缘的软硬程度，使重绘的图像部分能够更自然地融入原始图像中，避免图像出现过于突兀的变化。

扫一扫，看视频

3.2.3　练习实例：使用涂鸦重绘功能更换头发颜色

涂鸦重绘在之前的 Stable Diffusion 版本中又称为局部重绘（手涂蒙版），它其实就是“涂鸦 + 局部重绘”的结合体，这个功能的出现是为了解决用户在不想改变整张图片的情况下，实现更精准地对多个元素进行修改。例如，使用涂鸦重绘功能可以更换人物头发的颜色，原图与效果图对比如图 3.27 所示。

图 3.27　原图与效果图对比

下面介绍使用涂鸦重绘功能更换头发颜色的操作方法。

步骤 01 切换至“图生图”页面的“涂鸦重绘”选项卡，上传一张原图，如图 3.28 所示。

步骤 02 将笔刷颜色设置为红色（RGB 参数值为 215、0、255），在人物的头发部分进行涂抹，创建一个红色蒙版，如图 3.29 所示。

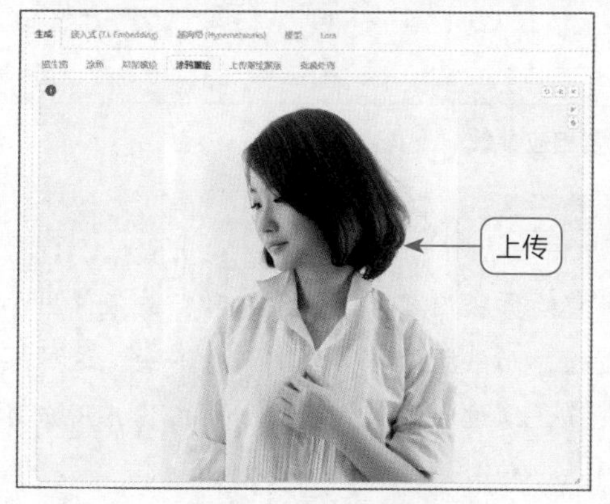

图 3.28　上传一张原图

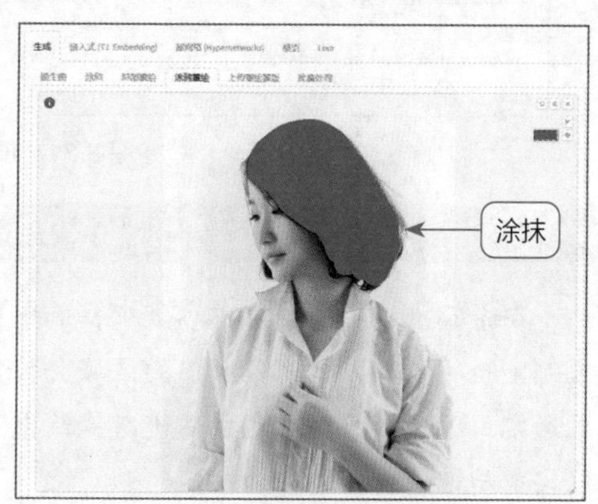

图 3.29　创建一个红色蒙版

步骤 03 选择一个写实类的大模型，输入提示词 red hair（红色头发），用于指定蒙版区域的重绘内容，如图 3.30 所示。

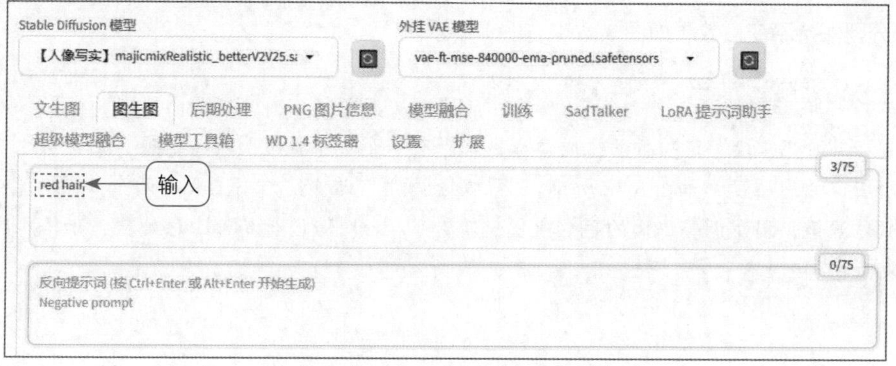

图 3.30　输入相应的提示词

步骤 04 在页面下方单击◣按钮，自动设置“宽度”和“高度”参数，将“重绘尺寸”调整为与原图一致，设置“采样方法”为 DPM++ 2M Karras，其他参数保持默认即可，如图 3.31 所示。

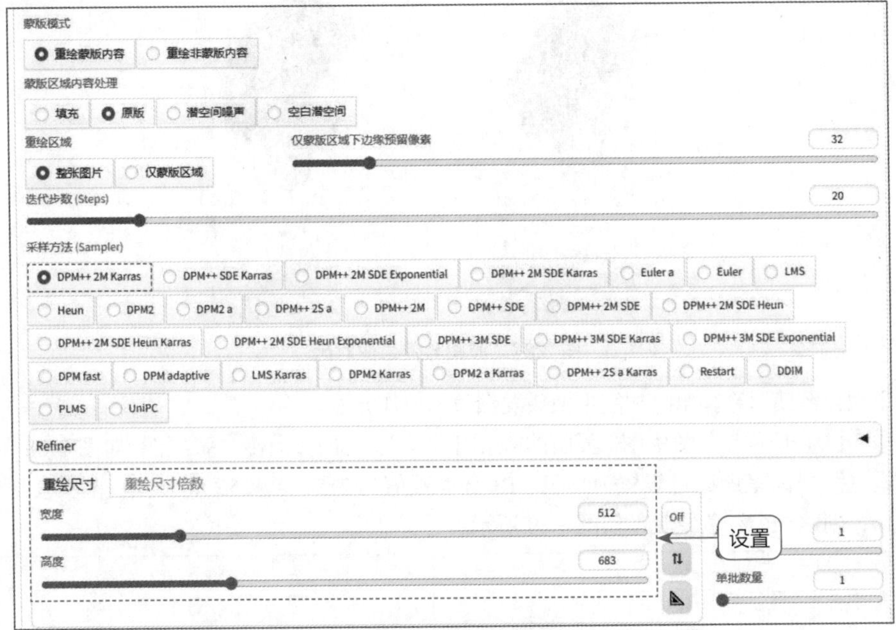

图 3.31　设置相应参数

专家提示

在涂鸦重绘功能的生成参数中，选中“重绘蒙版内容”单选按钮时，蒙版仅用于限制重绘的内容，只有蒙版内的区域会被重绘，而蒙版外的部分则保持不变。这种模式通常用于对图像的特定区域进行修改或变换，通过在蒙版内绘制新的内容，用户可以实现局部重绘的效果。

在涂鸦重绘功能的生成参数中，选中“重绘非蒙版内容”单选按钮时，只有蒙版外的区域会被重绘，而蒙版内的部分则保持不变。

步骤 05 单击“生成”按钮，即可生成相应的新图，并将头发的颜色改为红色，其他图像部分则保持不变，效果如图 3.27（右图）所示。

【技巧提示】“蒙版透明度”选项的作用和设置技巧

在“涂鸦重绘”选项卡的生成参数区域，有一个“蒙版透明度”选项，主要用于控制重绘图像的透明度，如图 3.32 所示。“蒙版透明度”选项的作用主要有两个：一是可以当作颜色滤镜，用于调整画面的色调氛围；二是可以给图像进行局部上色处理，如给人物的头发上色。

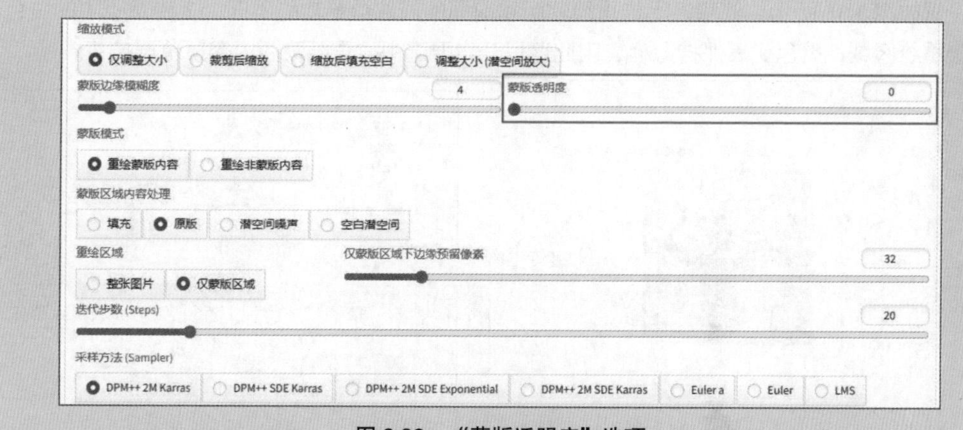

图 3.32 “蒙版透明度”选项

注意，在设置“蒙版透明度”选项时，随着参数值的增加，蒙版中的图像会越来越透明，当蒙版透明度值达到 100 时，重绘的图像就变得完全透明了。

3.2.4 练习实例：使用上传重绘蒙版功能更换产品背景

扫一扫，看视频

前面的涂鸦、局部重绘等图生图功能都是通过手涂的方式来创建蒙版，蒙版的精准度比较低。对于这种情况，Stable Diffusion 开发了一个上传重绘蒙版功能，用户可以手动上传一个黑白图片当作蒙版进行重绘，这样就可以在 Photoshop 中直接用选区来绘制蒙版了。

例如，使用上传重绘蒙版功能更换图中的某些元素或背景，如产品图片的背景，操作起来会比涂鸦重绘功能更加便捷，原图与效果图对比如图 3.33 所示。

图 3.33 原图与效果图对比

下面介绍使用上传重绘蒙版功能更换产品背景的操作方法。

步骤 01 进入“图生图”页面，切换至“上传重绘蒙版”选项卡，分别上传原图和蒙版，如图 3.34 所示。

步骤 02 在页面下方的“蒙版模式”选项区中，选中“重绘蒙版内容”单选按钮，其他设置如图 3.35 所示。注意，上传重绘蒙版和前面的局部重绘功能不同，上传蒙版中的白色代表重绘区域，黑色代表保持原样，因此这里一定要选中“重绘蒙版内容”单选按钮。

图 3.34 上传原图和蒙版

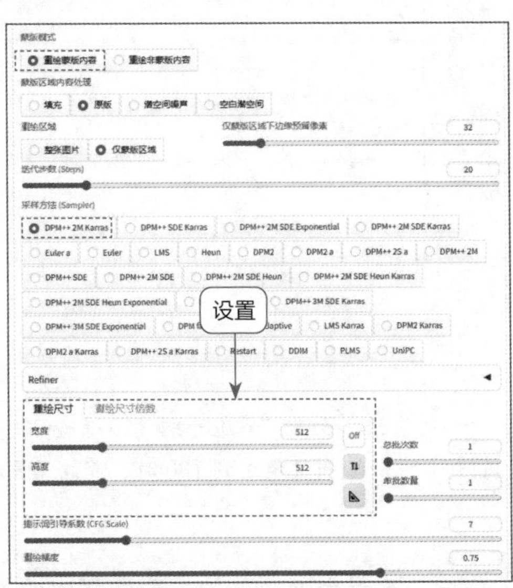

图 3.35 设置相应参数

专家提示

需要注意的是，在“上传重绘蒙版”选项卡中上传的蒙版必须是黑白图片，不能带有透明通道。如果用户上传的是带有透明通道的蒙版，那么重绘的地方会呈现方形区域，与用户想要重绘的区域无法完全融合。

步骤 03 选择一个综合类的大模型，输入相应提示词，主要用于描述画面的背景信息，如图 3.36 所示。

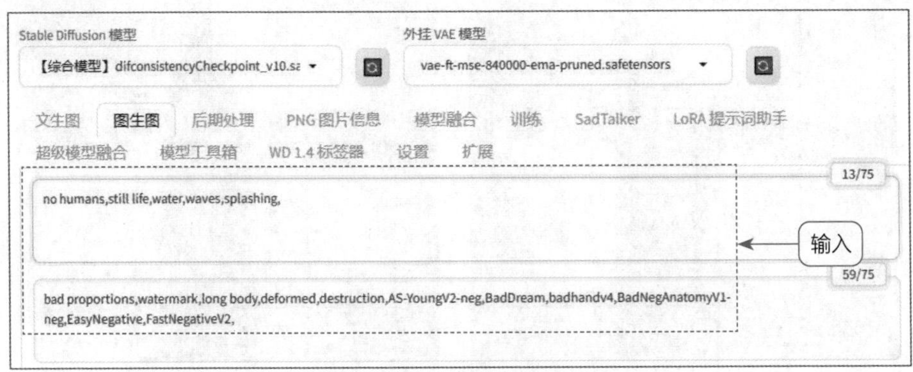

图 3.36 输入相应的提示词

步骤 04 单击“生成”按钮，即可生成相应的新图，并更换产品图片的背景，效果如图 3.33（右图）所示。

3.3 综合实例：将写实人像转换为二次元风格

本实例主要使用 Stable Diffusion 的图生图功能，将写实人像转换为二次元风格图片，原图和效果图对比如图 3.37 所示。

扫一扫，看视频

图 3.37 原图和效果图对比

下面介绍将真人照片转换为二次元风格的操作方法。

步骤 01 进入“图生图”页面，上传一张原图，如图 3.38 所示。

步骤 02 在页面上方的“Stable Diffusion 模型”列表框中，选择一个二次元风格的大模型，如图 3.39 所示。

步骤 03 在页面下方设置“迭代步数”为 30、“采样方法”为 DPM++ SDE Karras，让图像的细节更丰富、精细，如图 3.40 所示。

图 3.38 上传一张原图

图 3.39 选择一个二次元风格的大模型

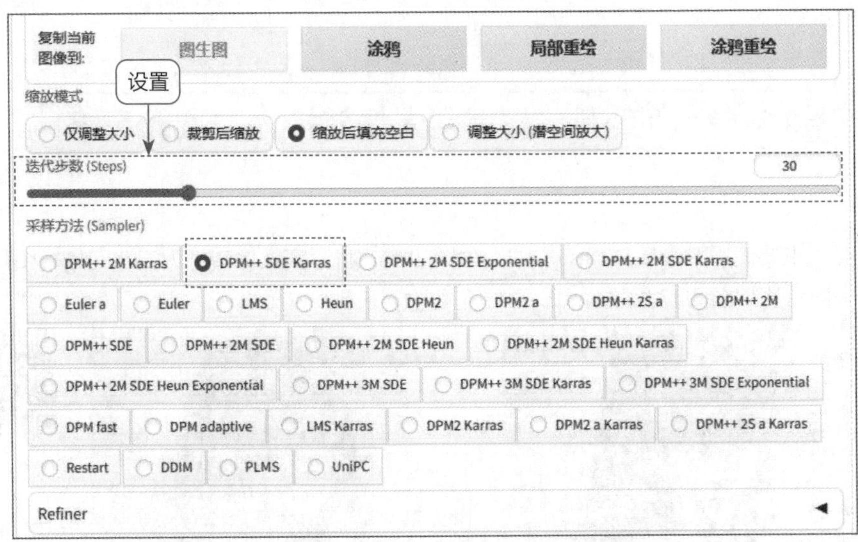

图 3.40　设置相应参数

步骤 04 继续设置“重绘幅度”为 0.5，让新图更接近于原图，如图 3.41 所示。

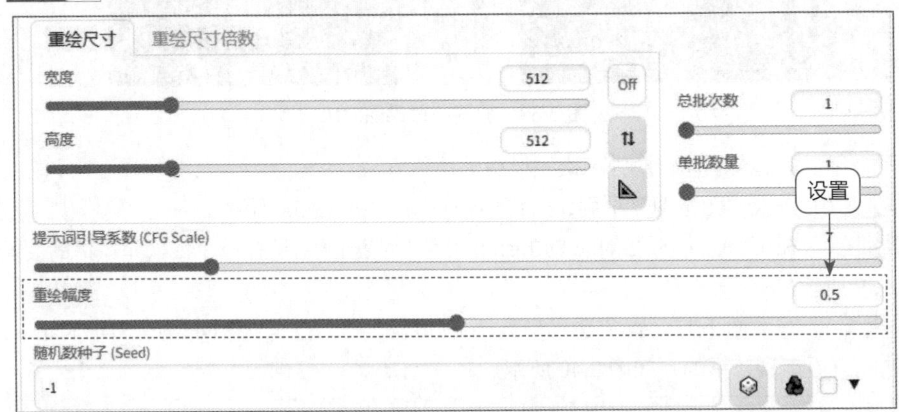

图 3.41　设置“重绘幅度”参数

步骤 05 在页面上方输入相应的提示词，重点写好反向提示词，避免产生低画质效果，如图 3.42 所示。

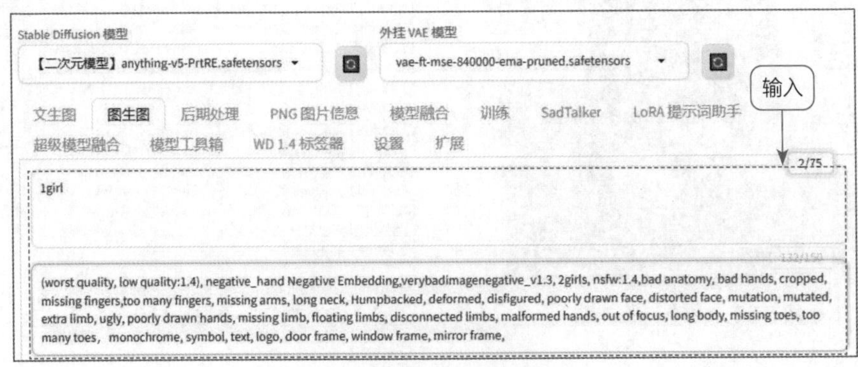

图 3.42　输入相应的提示词

步骤 06 单击“生成”按钮，即可将写实人像转换为二次元风格，效果如图 3.37（右图）所示。

【知识拓展】图生图的批量处理功能

在“图生图”页面中还有一个批量处理功能，它能够同时处理多张上传的蒙版并重绘图像，用户需要先设置好输入目录、输出目录等路径，如图 3.43 所示。批量处理的原理基本与上传重绘蒙版功能相同，因此这里不再赘述其操作过程。

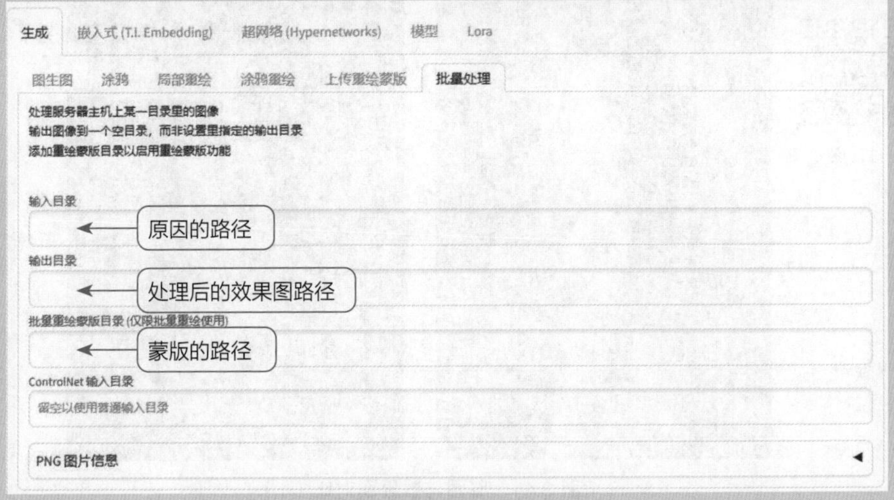

图 3.43　批量处理功能的基本设置方法

需要注意的是，输入目录、输出目录等路径中不能有任何中文或者特殊字符，不然 Stable Diffusion 会出现报错的情况，并且所有原图和蒙版的文件名称需要一致。当用户设置好参数之后，即可一次性重绘多张图片，能够极大地提高局部重绘的效率。

本章小结

本章主要介绍了 Stable Diffusion 图生图的基本知识，具体内容包括：图生图的绘图技巧，如了解图生图的基本功能、设置“缩放模式”让出图效果更合理、设置“重绘幅度”控制 AI 的变化强度等；使用涂鸦功能进行局部绘图、使用局部重绘功能给人物换脸、使用涂鸦重绘功能更换头发颜色、使用上传重绘蒙版功能更换产品背景等；最后还安排了一个综合实例，介绍了如何使用 Stable Diffusion 将真人照片转换为二次元风格。

无论是在绘画、设计、摄影等领域，还是在日常生活中，Stable Diffusion 图生图都将成为读者发挥创意、表达个性的有力工具。通过对本章的学习，读者能够更好地掌握 Stable Diffusion 的图生图玩法。

课后习题

1. 使用图生图功能将真人照片转换为动漫人物，原图与效果图对比如图 3.44 所示。

扫一扫，看视频

图 3.44　原图与效果图对比（1）

2. 使用局部重绘功能在图片上绘制一个太阳，原图与效果图对比如图 3.45 所示。

扫一扫，看视频

图 3.45　原图与效果图对比（2）

第04章 Stable Diffusion AI视频生成

Stable Diffusion 不仅汇聚了众多前沿的 AI 视频生成插件，而且其最新推出的 SVD（Stable Video Diffusion，稳定视频扩散模型）AI 视频生成模型更是将视频制作技术推向了新的高度，它不仅能够为用户带来更加丰富多彩的视觉体验，还能够推动视频制作领域的创新和发展，为视频制作行业提供更多的商业机会和发展空间。

本章要点

- AnimateDiff 文生视频
- Stable Video Diffusion 图生视频

4.1 AnimateDiff 文生视频

AnimateDiff 作为一个功能强大的实用框架，专为文生图模型提供动画处理服务。它无需对特定模型进行烦琐的调整，即可轻松地赋予大多数现有的 AI 绘画模型生成视频的能力。这意味着，AnimateDiff 能够轻松地将静态的文本图像转化为生动有趣的视频形式，为用户带来更加丰富多彩的视觉体验。

4.1.1 认识 AnimateDiff

传统的文生视频（Text to Video）方法通常涉及在原始的文生图模型中引入时间建模，并在视频数据集上进行模型调整。然而，对于普通用户而言，这通常意味着需要面对复杂的超参数调整、庞大的个性化视频数据集收集任务以及计算资源的密集需求，这使得个性化文生视频工作变得极具挑战性。

为了克服这些难题，AnimateDiff 提出了一种新颖的方法，其核心思想是将一个全新初始化的运动建模模块附加到一个已经冻结的基于文本到图像的模型上，并通过对视频剪辑的训练来提炼出合理的运动先验知识。一旦训练完成，用户只需简单地将这个运动建模模块注入任何从同一基础模型派生的个性化版本中，这些模型便立即能够以文本为驱动，生成丰富多样且个性化的动画图像。

AnimateDiff 的亮点在于，它巧妙地将时序模块从整个流程中拆解出来，使得在不改动原始预训练模型的基础上，提供了一个即插即用的模型解决方案，这不仅降低了用户的操作门槛，还提高了模型的灵活性和可定制性。

经过实验验证，AnimateDiff 所提炼的运动先验知识可以成功地应用于 3D 动画和 2D 动漫等领域。这意味着，AnimateDiff 为个性化动画提供了一个简单而高效的基线。用户只需承担个性化图像模型的成本，便能迅速获得自然流畅的个性化动画作品。图 4.1 所示为官方发布的一些优秀的作品效果，充分展示了 AnimateDiff 在个性化动画创作方面的强大潜力。

图 4.1　AnimateDiff 官方发布的一些优秀作品效果

4.1.2 安装 AnimateDiff 插件

AnimateDiff 的出现，可以让用户不再受限于传统视频制作的烦琐流程和高昂成本，只需输入一段文字，即可在短时间内生成高质量的视频内容。当然，要实现这种快捷的文生视频功能，首先要安装 AnimateDiff 插件。下面介绍在 Stable Diffusion WebUI 中安装 AnimateDiff 插件的操作方法。

扫一扫，看视频

步骤 01 访问 AnimateDiff 的 GitHub 主页，单击 Code（代码）按钮，如图 4.2 所示。

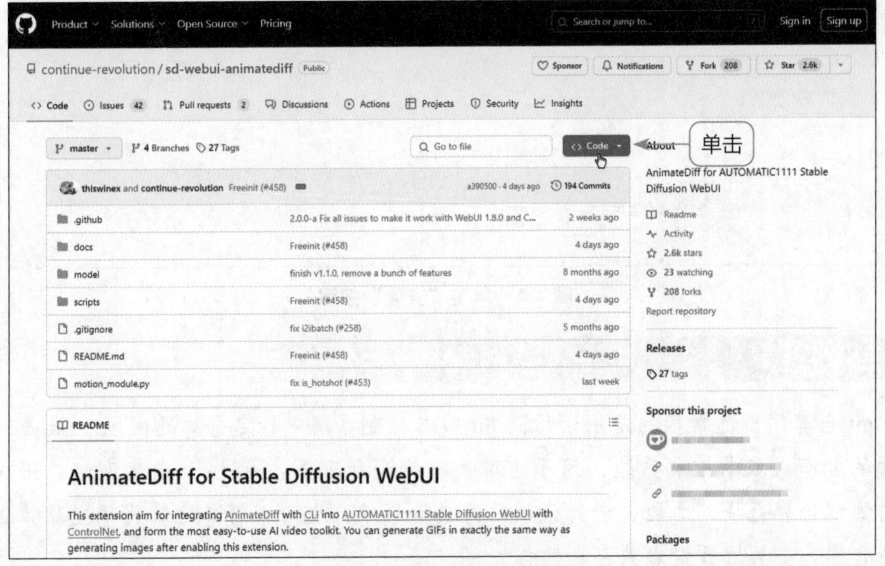

图 4.2 单击 Code 按钮

步骤 02 执行上步操作后，弹出 Clone（克隆）面板，在 HTTPS（Hypertext Transfer Protocol Secure，安全超文本传输协议）选项卡中单击插件链接右侧的 Copy url to clipboard（将网址复制到剪贴板）按钮，如图 4.3 所示。

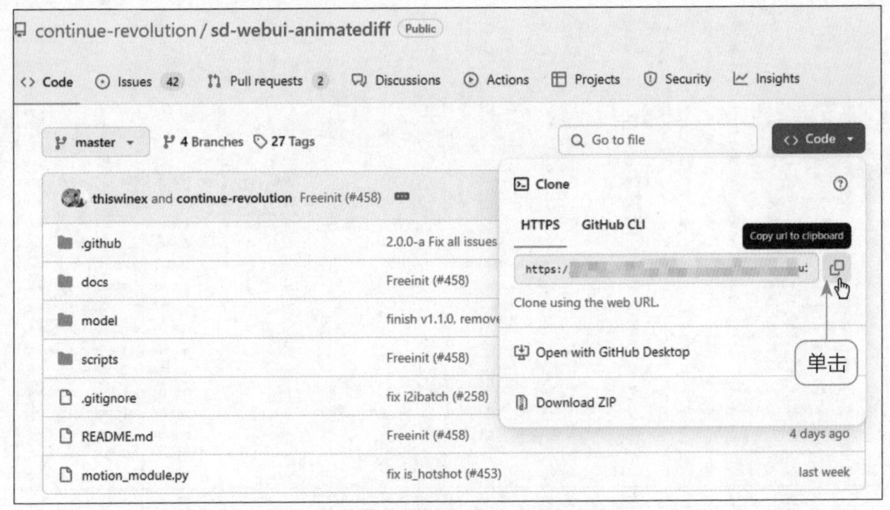

图 4.3 单击 Copy url to clipboard 按钮

步骤 03 在 Stable Diffusion 中进入“扩展”页面，切换至“从网址安装”选项卡，在“扩展的 git 仓库网址”下方的文本框中粘贴上一步复制的网址，然后单击“安装”按钮，如图 4.4 所示。

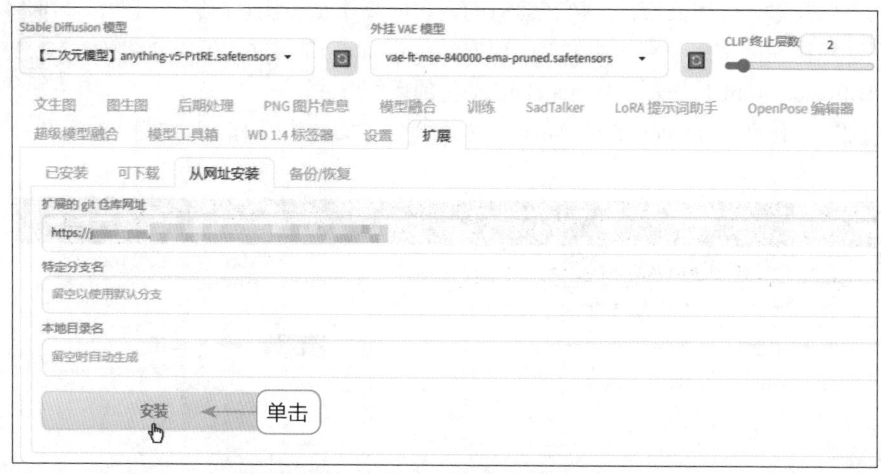

图 4.4 单击“安装”按钮

专家提示

git 仓库网址通常指的是用于访问 git 版本控制系统中特定仓库的网址。git 是一个开源的分布式版本控制系统，用于追踪代码的变更历史。通过 git 仓库网址，用户可以将远程仓库克隆到本地，进行代码的开发和修改，也可以将本地的代码更改推送到远程仓库，与其他开发者共享和协作。

步骤 04 切换至“已安装”选项卡，单击“应用更改并重启”按钮，如图 4.5 所示，重启 WebUI，即可完成 AnimateDiff 插件的安装。

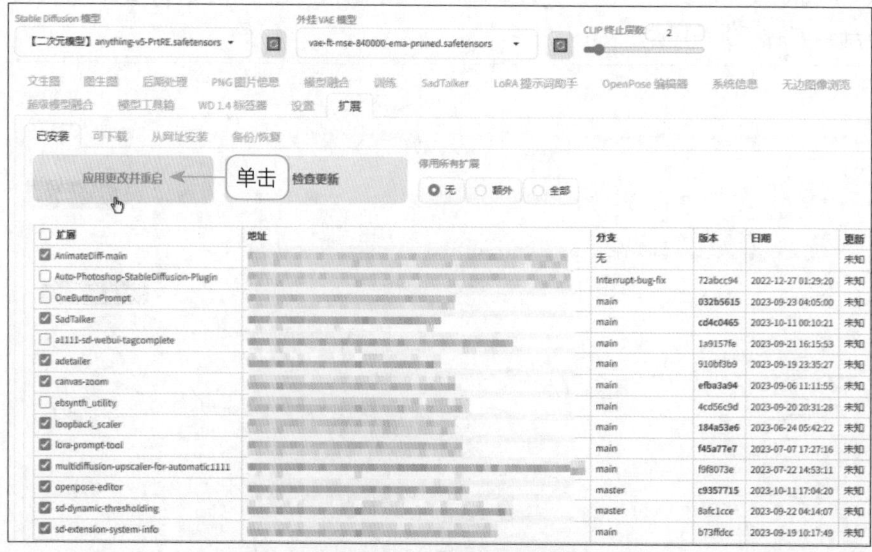

图 4.5 单击“应用更改并重启”按钮

步骤 05 进入 AnimateDiff 的 Hugging Face 模型下载页面，如图 4.6 所示，分别下载相应的主模型和 Lora 模型。

文件	大小	提交信息	时间
.gitattributes	1.52 kB	initial commit	8 months ago
README.md	105 Bytes	Update README.md	8 months ago
mm_sd_v14.ckpt	1.67 GB	upload ckpts	8 months ago
mm_sd_v15.ckpt	1.67 GB	upload ckpts	8 months ago
mm_sd_v15_v2.ckpt	1.82 GB	Upload mm_sd_v15_v2.ckpt	6 months ago
mm_sdxl_v10_beta.ckpt	950 MB	Rename mm_sdxl_v10_nightly.ckpt to mm_sdxl_v10_beta.ckpt	4 months ago
v2_lora_PanLeft.ckpt	77.5 MB	Upload 8 files	6 months ago
v2_lora_PanRight.ckpt	77.5 MB	Upload 8 files	6 months ago
v2_lora_RollingAnticlock...	77.5 MB	Upload 8 files	6 months ago
v2_lora_RollingClockwise...	77.5 MB	Upload 8 files	6 months ago
v2_lora_TiltDown.ckpt	77.5 MB	Rename v2_lora_PanDown.ckpt to v2_lora_TiltDown.ckpt	6 months ago
v2_lora_TiltUp.ckpt	77.5 MB	Rename v2_lora_PanUp.ckpt to v2_lora_TiltUp.ckpt	6 months ago
v2_lora_ZoomIn.ckpt	77.5 MB	Upload 8 files	6 months ago

主模型

Lora模型

图 4.6　AnimateDiff 的 Hugging Face 的模型下载页面

专家提示

注意，AnimateDiff 的主模型存放在 SD 安装目录下的 sd-webui-aki-v4.4\extensions\sd-webui-animatediff-master\model 文件夹中，如图 4.7 所示，Lora 模型放在 SD 安装目录下的 sd-webui-aki-v4.4\models\Lora\animatediff 文件夹中。

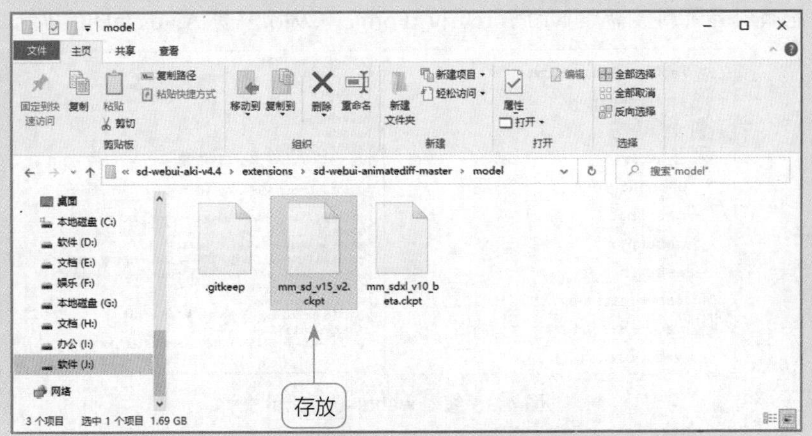

图 4.7　AnimateDiff 的主模型存放位置

通常情况下，完成上面的步骤后，AnimateDiff 功能即可正常使用。然而，用户在使用 AnimateDiff 的过程中可能会遇到报错的问题，此时可以安装更新 Torch 和 xFormers，确保功能的稳定性和避免潜在的问题。

Torch 是一个广泛使用的深度学习框架，它提供了一套丰富的工具和函数，使得研究人员和开发者能够更高效地构建和训练神经网络模型。xFormers 是一个开源库，特别针对 transformer（变换器）模型中的计算工作进行了优化，以提升模型的整体运行速度。

如果用户使用“秋葉整合包”的 WebUI，那么升级过程相对简单，只需在“绘世”启动器中进入“高级设置”界面，切换至“环境维护”选项卡，选择相应的 Torch 和 xFormers 版本，如图 4.8 所示，然后单击“安装”按钮即可。

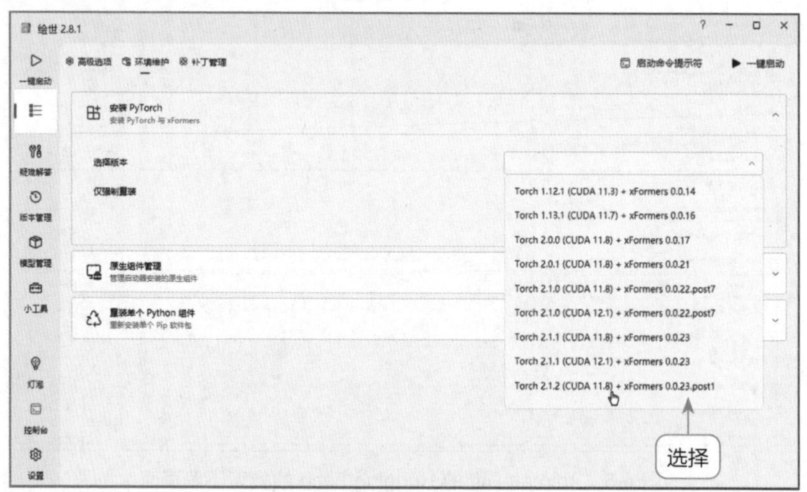

图 4.8　选择相应的 Torch 和 xFormers 版本

专家提示

如果用户使用自己配置的 WebUI，则需要编辑 webui.bat 或 webui-user.bat 文件，修改其中的模块文件加载内容，如图 4.9 所示，然后双击运行该文件以完成安装。这样就能顺利升级到最新版本的 Torch 和 xFormers，从而确保 AnimateDiff 功能正常运行。

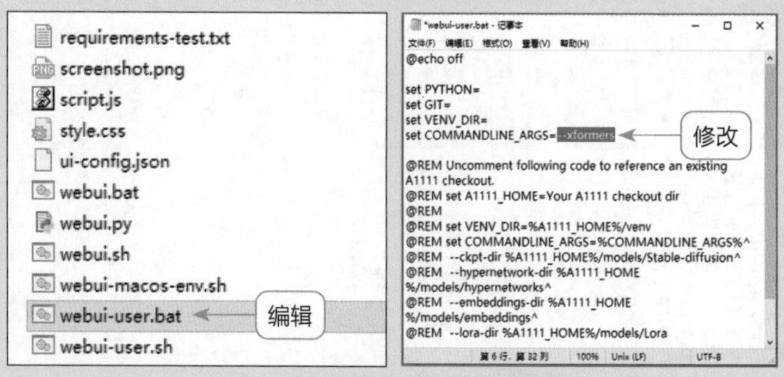

图 4.9　编辑 webui-user.bat 文件

4.1.3　练习实例：AnimateDiff 视频生成实战

扫一扫，看视频

AnimateDiff 文生视频技术不仅实现了从文字到视频的跨越式转变，更在视频生成的质量和效率上取得了显著突破，能够精准地理解文本中的语义和情感，并将其转换为生动、逼真的视频画面，效果如图 4.10 所示。

图 4.10　效果展示

下面介绍使用 AnimateDiff 实现文生视频的操作方法。

步骤 01 进入“文生图”页面，选择一个写实类的大模型，输入相应的提示词，包括通用起手式、画面主体和背景描述等，如图 4.11 所示。

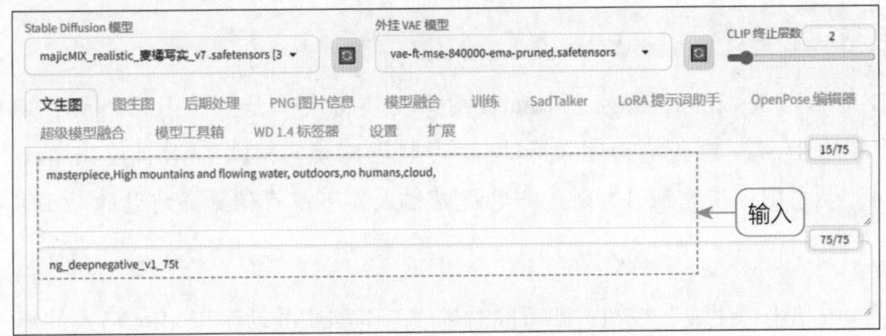

图 4.11　输入相应的提示词

步骤 02 在页面下方设置“采样方法”为 DPM++ 2M Karras，如图 4.12 所示，使得采样结果更加真实、自然。

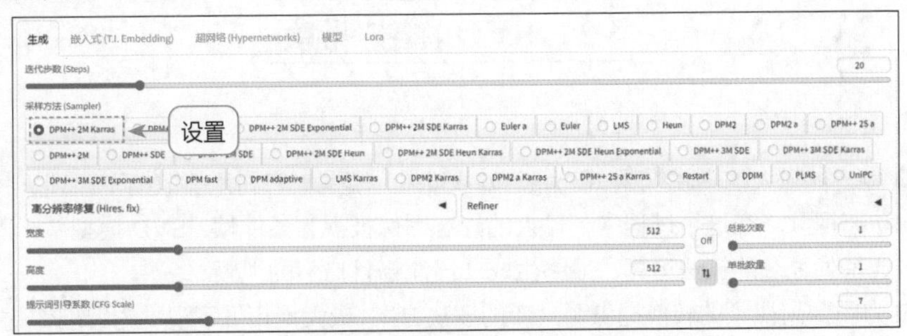

图 4.12　设置“采样方法”为 DPM++ 2M Karras

步骤 03 展开 AnimateDiff 选项区，选中“启用 AnimateDiff”复选框，启用插件，设置“总帧数”为 25、“帧率”为 8、Save format（保存格式）为 GIF/MP4，如图 4.13 所示。总帧数决定了动画的时长和流畅度，“总帧数”设置为 25 意味着生成的动画包含 25 帧图像。帧率决定了动画的播放速度，“帧率”设置为 8 表示每秒播放 8 帧图像。

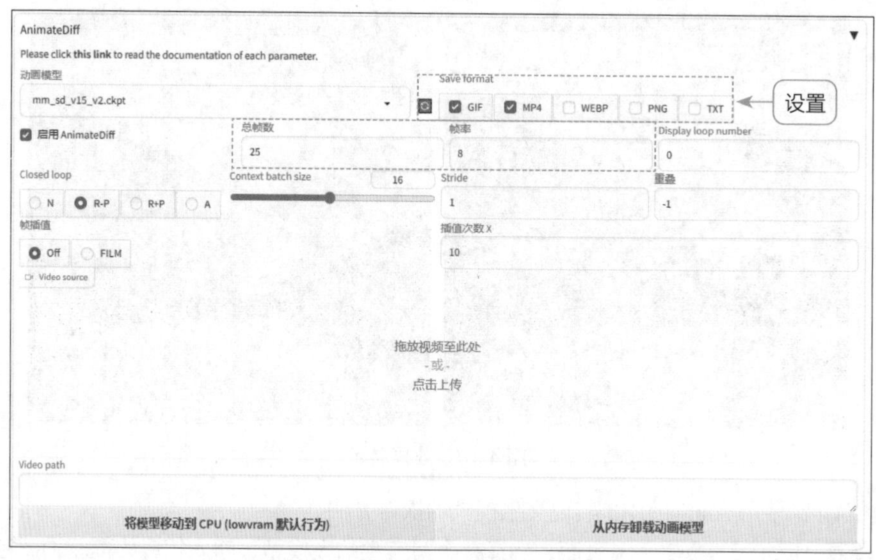

图 4.13 设置 AnimateDiff 的相应参数

专家提示

GIF（Graphics Interchange Format，图形交换格式）是一种图像格式，通常用于存储简单的动画，它支持透明度和较低的颜色深度。MP4（Moving Picture Experts Group 4，动态图像专家组 4）则是一种视频格式，可以存储更高质量的动画，并且通常支持音频。

步骤 04 单击“生成”按钮，即可同时生成 GIF 格式的动图和 MP4 格式的视频，效果如图 4.10 所示。

4.2 SVD 图生视频

SVD 是一种强大的图生视频（Image-to-Video）模型，它利用扩散模型原理，将静态图像转换为动态视频。在这个过程中，输入的静态图像被视为条件帧，SVD 模型基于此帧的信息，通过一系列复杂的算法运算，最终生成一段流畅且自然的视频。

SVD 为图像到视频的转换提供了全新的解决方案，极大地拓展了视觉内容创作的可能性。通过 SVD Image-to-Video 模型，用户可以轻松地将自己的创意和想法通过静态图像转化为生动有趣的视频，为视觉艺术领域注入新的活力。

4.2.1 认识 SVD

2023 年 11 月 21 日，Stability AI 推出了开源模型 SVD，该模型能够将静止图像作为条件帧，并基于这些条件帧生成视频。SVD 模型的核心能力在于，当给定一个特定大小的上下文帧时，它能够生成高达 14 帧、分辨率为 576×1024 的视频。这样的视频不仅清晰度高，而且帧与帧之间的过渡自然流畅，为用户带来了极致的观看体验。图 4.14 所示为 Stability AI 官方发布的由 SVD 模型生成的视频效果。

图 4.14　Stability AI 官方发布的由 SVD 模型生成的视频效果

除了生成高质量的视频外，SVD 还对广泛使用的 f8 解码器进行了细致的微调，从而确保了生成的视频在时间维度上具有出色的连贯性和一致性。为了方便用户的使用和扩展，SVD 还额外为模型配备了标准的逐帧解码器。这一功能使得用户能够更加方便地对生成的视频进行编辑和处理，进一步丰富了视频创作的可能性。

专家提示

f8 解码器是一种视频解码器。在视频处理中，解码器是一个重要的组成部分，它负责将压缩后的视频数据解码成可播放的视频信号。而 f8 解码器则是针对特定视频编码格式进行解码的工具，它的作用是将经过压缩编码的视频数据还原为原始的、未经压缩的视频数据，以便在显示器或其他输出设备上播放。

需要注意的是，SVD 的不足之处主要体现在以下几个方面。

❶ SVD 生成的视频时长相当有限，通常不超过 4 秒，这在一些需要更长视频内容的场景中可能会显得捉襟见肘。

❷ 尽管 SVD 在将图像转换为视频方面有着不错的表现，但它并不能实现完美的真实感，这可能会影响视频的质量和观众的观感。

❸ SVD 有时可能会生成缺乏运动效果的视频，或者生成的镜头平移效果非常缓慢，几乎察觉不到任何变化，这在一定程度上削弱了视频的动感和吸引力。

❹ SVD 并不能直接通过文本进行控制，这意味着用户需要串联其他模型来实现文本到视频的转换，这无疑增加了使用的复杂性和操作的难度。

❺ SVD 在呈现清晰的文本方面也存在一定的难度，尤其是在让艺术字动起来时，效果可能并不理想。

❻ SVD 在生成人脸和人物时可能会遇到一些挑战，有时会无法正确生成逼真的人脸和人物形象，这在一些需要展示人物的视频中可能会成为一个问题。

❼ SVD 的自动编码部分是有损的，这意味着在编码过程中可能会丢失一些原始图像的信息，从而影响最终生成的视频质量。

4.2.2　云端部署 SVD

扫一扫，看视频

Google Colab 作为一个云端编程工具，为用户提供了一个便捷的平台，无需烦琐的本地环境配置，即可轻松运行和测试先进的机器学习模型。通过结合 SVD 模型和 Google Colab 的强大计算能力，用户能够在云端高效地生成视频，为创意工作者提供更为灵活和高效的工具。

下面介绍云端部署 SVD 的操作方法。

步骤 01 在 Google Colab 中打开 SVD 模型的 .ipynb 文件，选择“代码执行程序”|“更改运行时类型”命令，如图 4.15 所示。

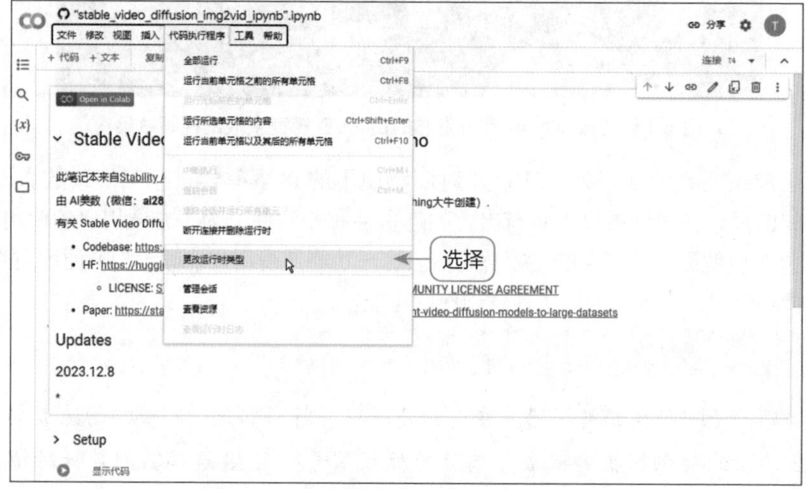

图 4.15　选择“更改运行时类型”命令

步骤 02 执行操作后，弹出“更改运行时类型”对话框，设置相应的运行参数，单击“保存”按钮，如图 4.16 所示。

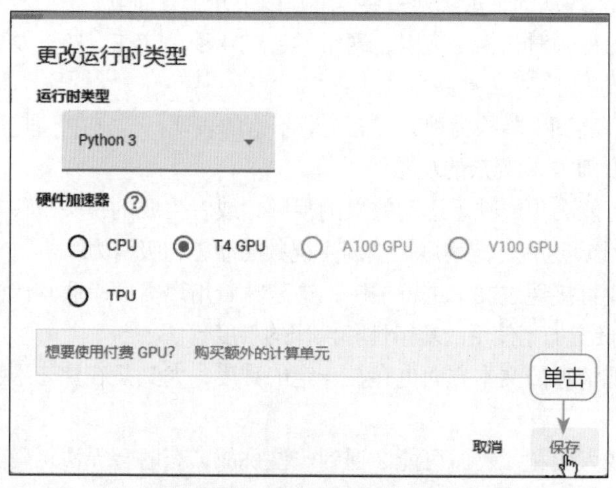

图 4.16　单击“保存”按钮

步骤 03 选择“代码执行程序”|“全部运行”命令，如图 4.17 所示，运行 .ipynb 文件中的所有代码。

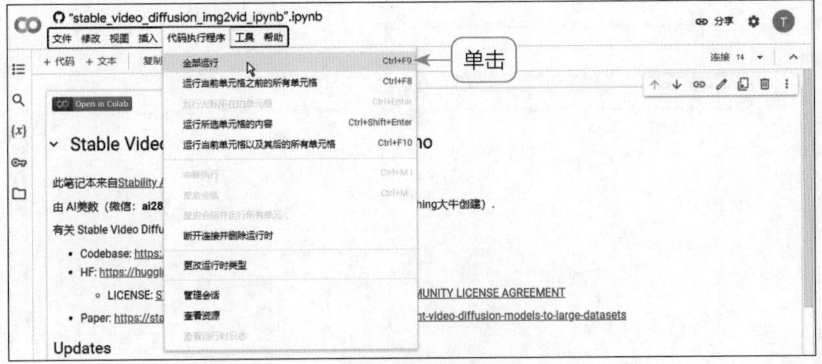

图 4.17 选择“全部运行”命令

步骤 04 执行操作后，弹出信息提示框，单击“仍然运行”按钮，如图 4.18 所示。

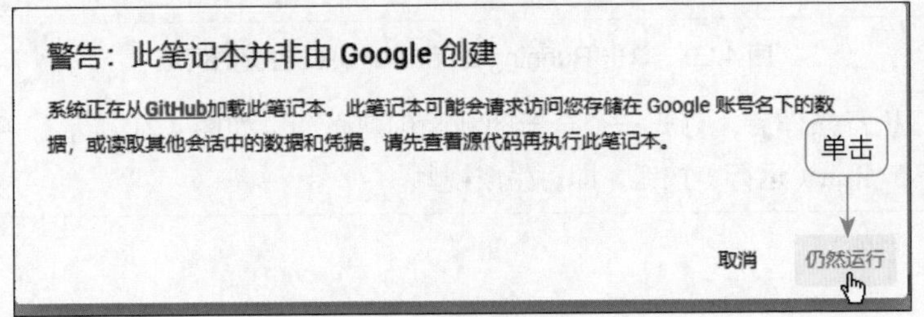

图 4.18 单击“仍然运行”按钮

步骤 05 执行操作后，即可自动运行代码，如图 4.19 所示。

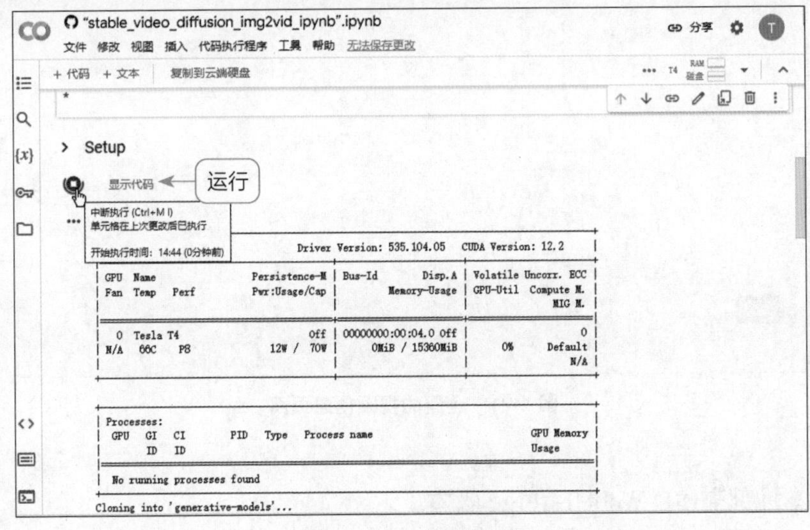

图 4.19 自动运行代码

步骤 06 全部代码运行完成后，在页面下方的 Do the Run! 选项区中即可看到创建视频区域，单击 Running on public URL（在公共 URL 上运行）右侧的网址，如图 4.20 所示。

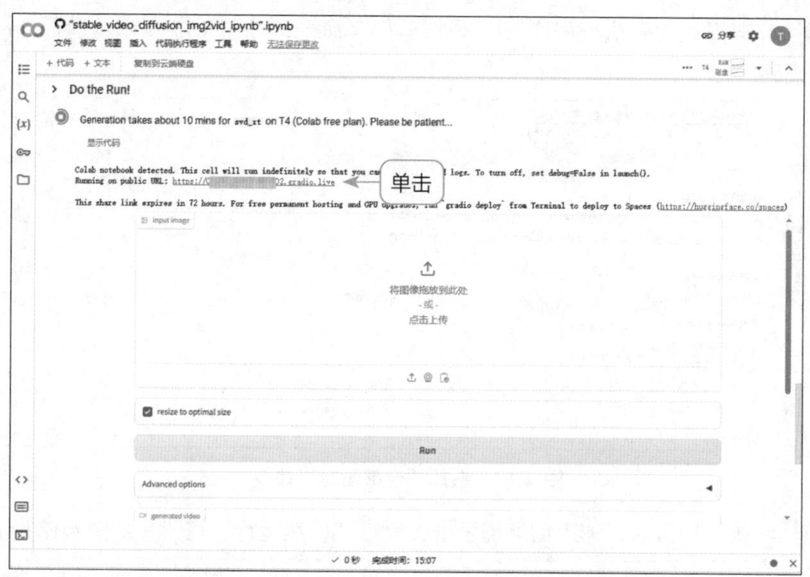

图 4.20 单击 Running on public URL 右侧的网址

步骤 07 执行操作后，打开一个全新的视频创建页面，如图 4.21 所示。用户可以在此上传图像，单击 Run（运行）按钮，即可生成视频。

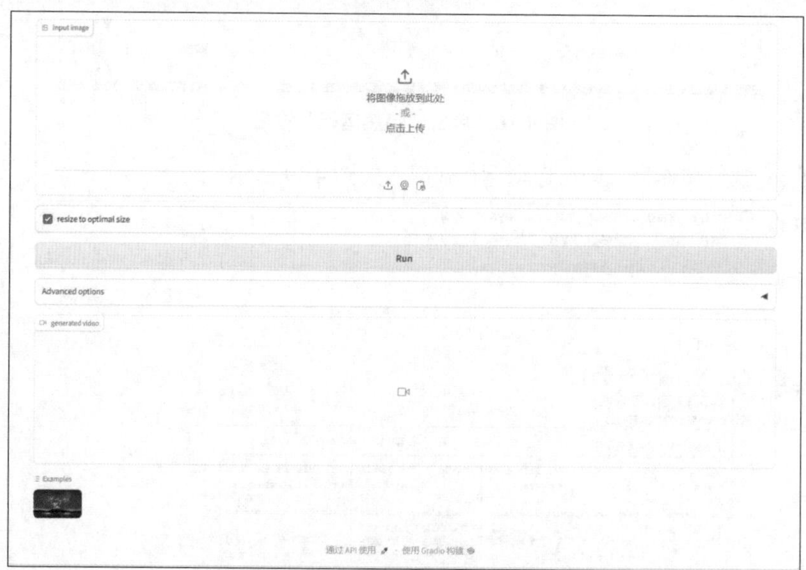

图 4.21 全新的视频创建页面

4.2.3 本地部署 SD WebUI-forge 版本

扫一扫，看视频

在本地部署 SVD 时，目前仅支持 SD（Stable Diffusion）的 ComfyUI 或 WebUI-forge 版本。其中，ComfyUI 是一个基于节点流程的 SD（Stable Diffusion）AI 绘画工具，提供了一种直观且灵活的方式，让用户可以设计和执行复杂的 SD（Stable Diffusion）AI 管道，而无须编写任何代码，其界面和

SVD 图生视频工作流如图 4.22 所示。

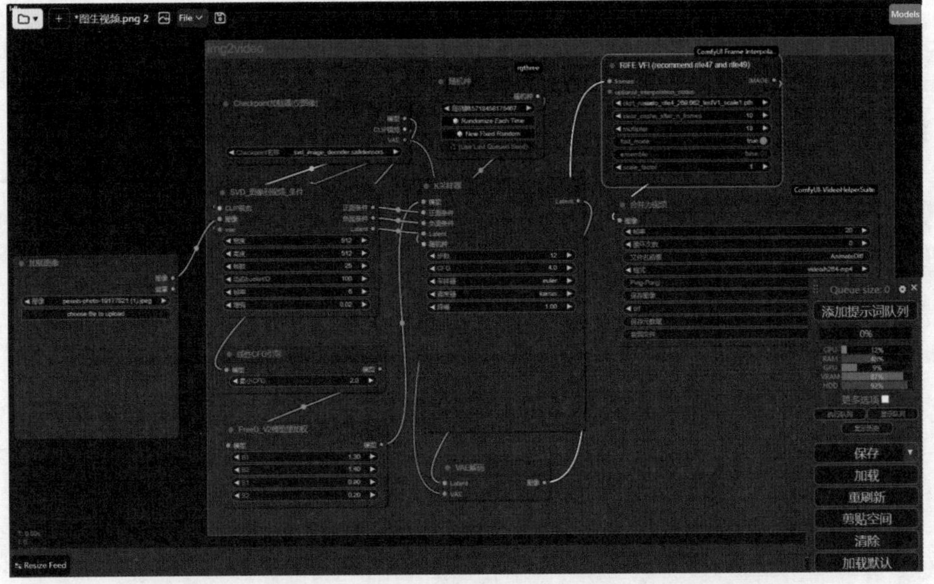

图 4.22　Stable Diffusion ComfyUI 界面和 SVD 图生视频工作流

ComfyUI 采用图 / 节点 / 流程图界面，支持多种模型和模式，用户可以根据自己的项目需要选择合适的模型和模式。此外，ComfyUI 不仅在图片生成上表现卓越，还能与图生视频的 AI 工具无缝对接，将静态图像转换为生动的视频内容，从静态到动态，打开了 AI 绘画的新纪元。

WebUI-forge 版本则是在原有 WebUI 的基础上进行了深入的代码优化，不仅显著提升了 SD 的图像生成速度，还大幅降低了显存的消耗。值得一提的是，通过引入 Unet Patcher 补丁技术，现在的 WebUI-forge 已经支持 SVD 视频生成功能，甚至使得一度备受推崇的 ComfyUI 也黯然失色。

专家提示

Unet Patcher 补丁技术是一种扩展插件开发神器，它能在大约 100 行代码中实现各种功能插件的对接和开发。具体来说，通过使用 Unet Patcher，开发者可以方便地对 SD 等模型进行扩展和优化，从而增强其功能和性能。

经过一系列测试，Stable Diffusion WebUI-forge 展现出了卓越的性能。据测试数据显示，在相同配置的电脑上，WebUI-forge 的图片生成速度相较于 WebUI 几乎提升了一倍，仅需短短 1.9 秒即可完成。此外，WebUI-forge 还集成了一些实用的功能，如 FreeU 能够提升图像质量，而 Kohya 的 HRFix 则能让 SD V1.5 模型直接生成高质量的大图，为用户提供了更多选择与便利。

WebUI-forge 显著提升了用户体验，其改进主要集中在以下几个方面。

❶ WebUI-forge 的图像生成速度更为迅捷。开发团队明确表示，与 AUTOMATIC1111 相比，WebUI-forge 的运行速度有了明显的提升。值得一提的是，对于拥有较少 VRAM GPU（Video Random Access Memory Graphics Processing Unit，视频随机存取存储器图形处理单元）卡的用户来说，体验到的速度优势将更为显著。具体而言，配备 6GB VRAM 的用户预计可获得高达 75% 的速度提升，而 8GB 和 24GB VRAM 的用户则分别可获得 45% 和 6% 的提速。

专家提示

AUTOMATIC1111 是一个基于 SD 的可便携部署的离线框架，它封装了 UI（User Interface，用户界面）和一些功能，使用户能够通过可视化界面来使用 SD 从而进行图像生成和编辑。

AUTOMATIC1111 的功能强大且易于使用，旨在提供智能的自动化解决方案，帮助用户轻松完成各种重复性任务，从而节省宝贵的时间和精力。此外，AUTOMATIC1111 还结合了 ControlNet 的模型细化技术，以优化生成的图像质量。

② WebUI-forge 对后端代码进行了优化和重新设计。特别是 U-Net 后端，经过改造后，对于扩展的修改更为轻松便捷。在 AUTOMATIC1111 中，由于许多扩展都会修改 U-Net，因此扩展冲突并不少见。而 WebUI-forge 则有效解决了这一问题，为用户提供了更为稳定、可靠的运行环境。

③ WebUI-forge 预装了一系列实用的功能，这些功能大多是对 U-Net 的修改和优化。其中，ControlNet 和 FreeU 等功能的加入，进一步丰富了用户的创作手段。此外，SD Forge 还提供了对 SVD 和 Zero123 等模型的本机支持，使得用户能够轻松实现更为复杂和多样化的创作需求。

专家提示

Zero123 是由 Stability AI 发布的一种利用 AI 技术从单张图像创建 3D 对象的模型。Zero123 基于 SD 等生成式 AI 模型，通过对普通图片进行深度学习和处理，能够生成具有高质量和多角度视图的 3D 对象，相关示例如图 4.23 所示。

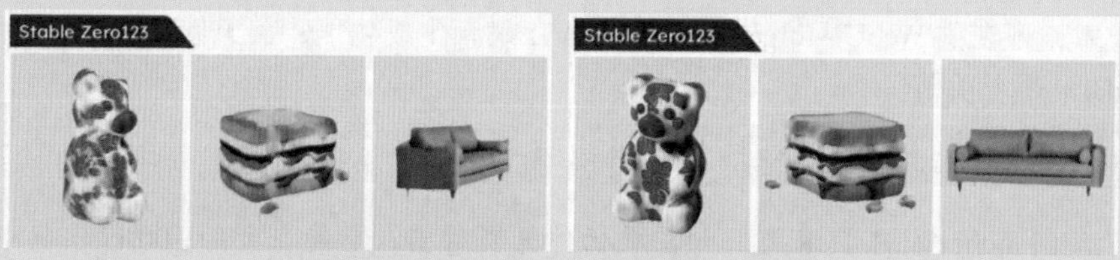

图 4.23　Zero123 生成的 3D 对象示例

图 4.23　Zero123 生成的 3D 对象示例Zero123 利用大规模扩散模型，并深入学习了自然图像的几何先验知识。为了实现对相对摄像机视点的精准控制，Zero123 的条件扩散模型在合成数据集上进行了学习，这种控制力使得模型能够在特定的镜头转换下，为同一对象生成全新的图像。

值得注意的是，尽管 Zero123 是在合成数据集上进行训练的，但它依然保留了出色的 zero shot（零样本）泛化能力，能够应对分布外的数据集，如印象派绘画，也能展现出强大的适应性。此外，Zero123 的视点条件扩散方法还具有广泛的应用前景，可以进一步用于从单幅图像进行三维重建的任务，为图像处理领域带来了更多的可能性。

在 Windows 系统上安装 Stable Diffusion WebUI-forge，使用一键安装包是一种比较简便的方法。一键安装包通常集成了所有必要的组件和配置，用户只需按照安装向导的指引进行操作，即可轻松完成安装过程，具体操作方法如下。

步骤 01 进入 Stable Diffusion WebUI-forge 的 GitHub 主页，单击 Code 按钮，如图 4.24 所示。

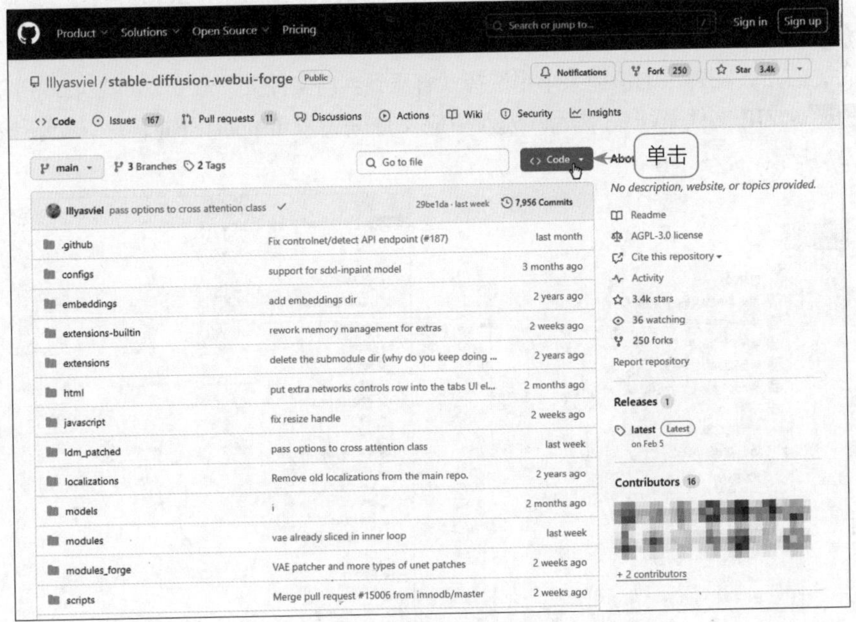

图 4.24 单击 Code 按钮

步骤 02 执行操作后，弹出 Clone 面板，在 HTTPS 选项卡中单击 Download ZIP（下载 ZIP）按钮，如图 4.25 所示，即可下载 Stable Diffusion WebUI-forge 原版的 ZIP 安装文件。

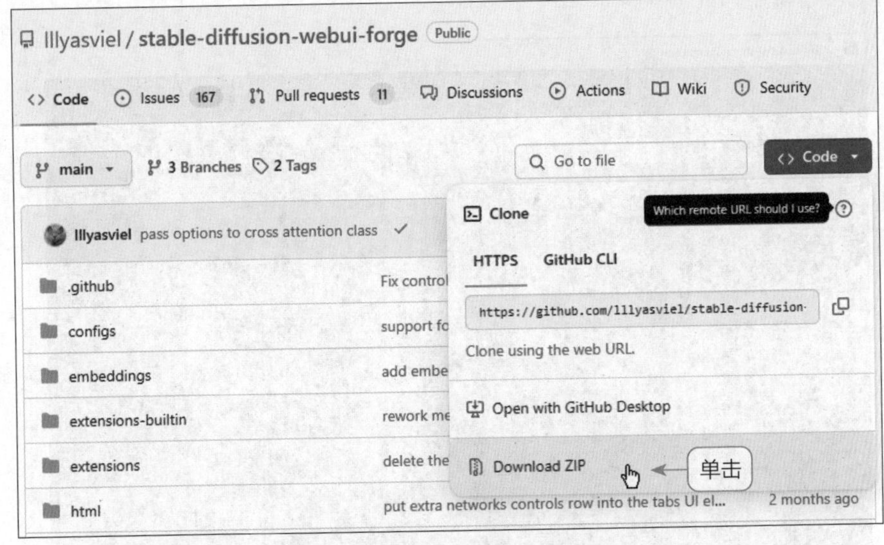

图 4.25 单击 Download ZIP 按钮

专家提示

ZIP 是一种数据压缩和文档储存的文件格式，Microsoft 从 Windows ME 操作系统开始内置对 ZIP 格式的支持，即使用户的计算机上没有安装解压缩软件，也能打开和制作 ZIP 格式的压缩文件。

步骤 03 用户也可以直接下载 WebUI-forge + SVD 的整合包文件，找到并选择下载的 ZIP 文件，右击，在弹出的快捷菜单中选择“解压到当前文件夹”命令，如图 4.26 所示。

步骤 04 ZIP 文件解压完成后，进入相应文件夹，双击 update.bat 程序，更新该程序，如图 4.27 所示。

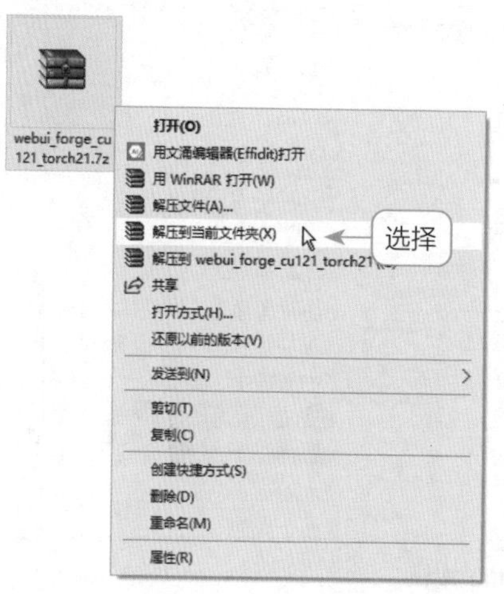

图 4.26　选择“解压到当前文件夹”命令

图 4.27　双击 update.bat 程序

步骤 05 程序更新完成后，双击 run.bat 程序，弹出命令行窗口，如图 4.28 所示，自动加载相应的依赖项。

```
C:\Windows\system32\cmd.exe
Hint: your device supports --pin-shared-memory for potential speed improvements.
Hint: your device supports --cuda-malloc for potential speed improvements.
Hint: your device supports --cuda-stream for potential speed improvements.
VAE dtype: torch.bfloat16
CUDA Stream Activated:  False
Using pytorch cross attention
ControlNet preprocessor location: G:\webui forge+SVD\webui\models\ControlNetPreprocessor
Loading weights [15012c538f] from G:\webui forge+SVD\webui\models\Stable-diffusion\realisticVisionV51_v51
VAE.safetensors2024-03-14 16:10:26,644 - ControlNet - INFO - ControlNet UI callback registered.
model_type EPS
UNet ADM Dimension 0
Running on local URL:  http://127.0.0.1:7860

To create a public link, set `share=True` in `launch()`.
Startup time: 10.2s (prepare environment: 2.3s, import torch: 3.1s, import gradio: 0.9s, setup paths: 0.7
s, other imports: 0.4s, load scripts: 1.8s, create ui: 0.6s, gradio launch: 0.2s).
Using pytorch attention in VAE
Working with z of shape (1, 4, 32, 32) = 4096 dimensions.
Using pytorch attention in VAE
extra {'cond_stage_model.clip_l.text_projection', 'cond_stage_model.clip_l.logit_scale'}
To load target model SD1ClipModel
Begin to load 1 model
[Memory Management] Current Free GPU Memory (MB) =  11107.9990234375
[Memory Management] Model Memory (MB) =  454.2076225280762
[Memory Management] Minimal Inference Memory (MB) =  1024.0
[Memory Management] Estimated Remaining GPU Memory (MB) =  9629.791400909424
Moving model(s) has taken 0.60 seconds
Model loaded in 2.6s (load weights from disk: 0.2s, forge load real models: 1.4s, calculate empty prompt:
 0.9s).
```

图 4.28　命令行窗口

步骤 06 稍等片刻，即可在浏览器中打开 Stable Diffusion WebUI–forge 窗口，页面的基本布局和功能与 WebUI 一致，如图 4.29 所示。

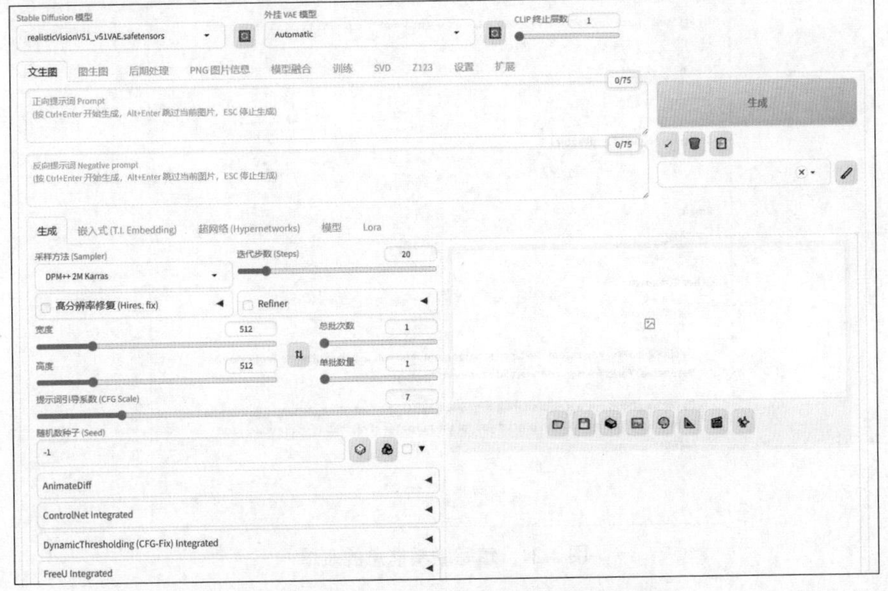

图 4.29 Stable Diffusion WebUI–forge 窗口

4.2.4 本地部署 SVD

从 4.2.3 小节的图 4.29 中可以看到，Stable Diffusion WebUI–forge 中已经集成了 SVD 插件，用户还需要下载 SVD 模型才能实现图生视频功能，具体操作方法如下。

扫一扫，看视频

步骤 01 进入 SVD 的 Hugging Face 模型下载页面，可以看到页面提示用户需要同意共享联系信息才能访问此模型，如图 4.30 所示。

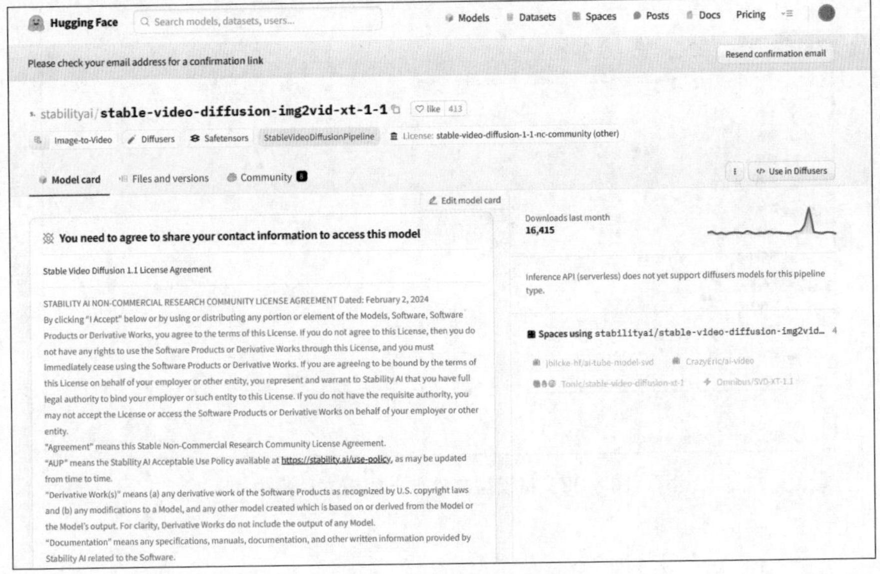

图 4.30 SVD 模型下载页面

步骤 02 在页面下方可以看到一个用于填写联系信息的表单，如图 4.31 所示。用户需要在此处填写名字、电子邮件和其他评论等信息，并单击 Submit（提交）按钮申请获取模型。

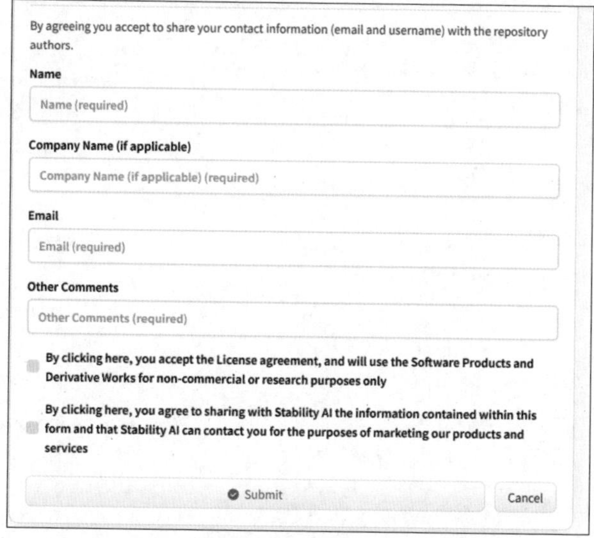

图 4.31　填写联系信息的表单

专家提示

Hugging Face 是一个主流的机器学习模型托管平台，也是一个开源社区，提供了先进的 NLP（Natural Language Processing，自然语言处理）模型、数据集以及其他一些工具。

步骤 03 下载模型文件后，将其放入 SD WebUI-forge 根目录下的 webui\models\svd 文件夹中，如图 4.32 所示，即可完成模型的安装。

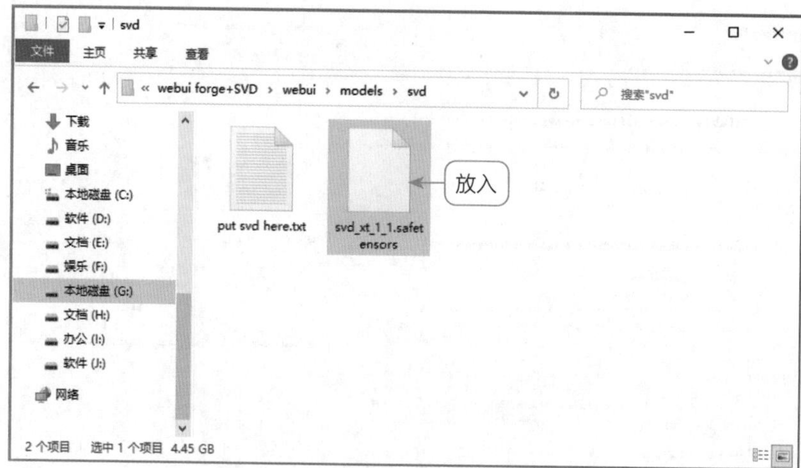

图 4.32　将模型文件放入相应文件夹中

4.2.5 练习实例：SVD 视频生成实战

扫一扫，看视频

使用 SVD 生成的视频时长通常为 2 至 5 秒，帧率最高可达 30 帧 / 秒，处理时间则控制在 2 分钟以内，为用户提供了高效且便捷的视觉内容创作体验，效果如图 4.33 所示。

图 4.33 效果展示

下面介绍使用 Stable Video Diffusion 实现图生视频的操作方法。

步骤 01 进入 Stable Diffusion WebUI-forge 中的 SVD 插件页面，在“输入图像”选项区中单击“点击上传”链接，如图 4.34 所示。

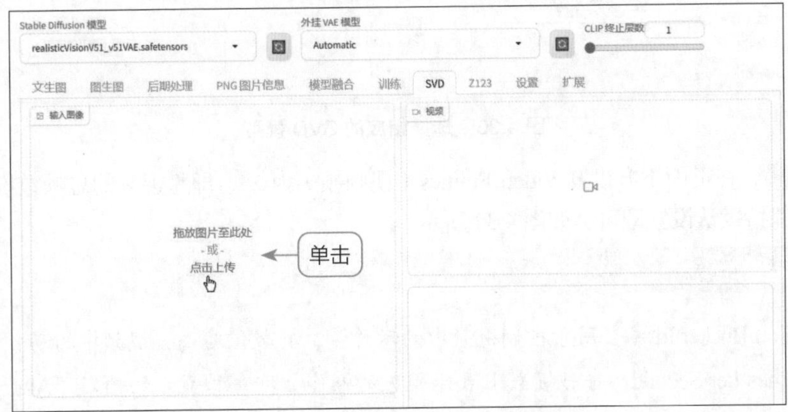

图 4.34 单击“点击上传”链接

步骤 02 执行操作后，弹出“打开”对话框，选择相应的素材图片，如图 4.35 所示。

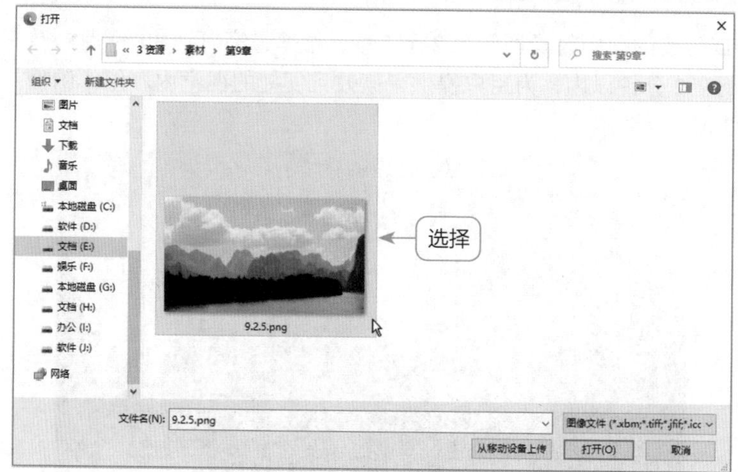

图 4.35　选择相应的素材图片

步骤 03 单击“打开”按钮，即可上传素材图片，在模型下拉列表框中选择相应的 SVD 模型，如图 4.36 所示。

图 4.36　选择相应的 SVD 模型

步骤 04 在页面下方设置 Video Frames（视频帧）为 25，即将视频的总帧数设置为 25，其他参数保持默认设置即可，如图 4.37 所示。

专家提示

Motion Bucket Id 参数用于控制视频中的动作量，其数值越高，视频中的动作就越多。Fps（Frames Per Second，每秒帧数）表示视频的帧率，即每秒显示的帧数。Augmentation Level（增强级别）用于控制视频生成过程中的随机性和多样性，提高增强级别可能会导致生成的视频更具创意和多样性，但也可能会增加不期望的噪声或变形。

Sampling Denoise（采样去噪）用于在视频生成过程中减少噪声和伪影，可以改善视频的视觉质量，使其更加清晰和自然。Guidance Min Cfg 与生成视频的指导强度有关，调整此参数可以影响生成视频与预期目标的一致性程度。

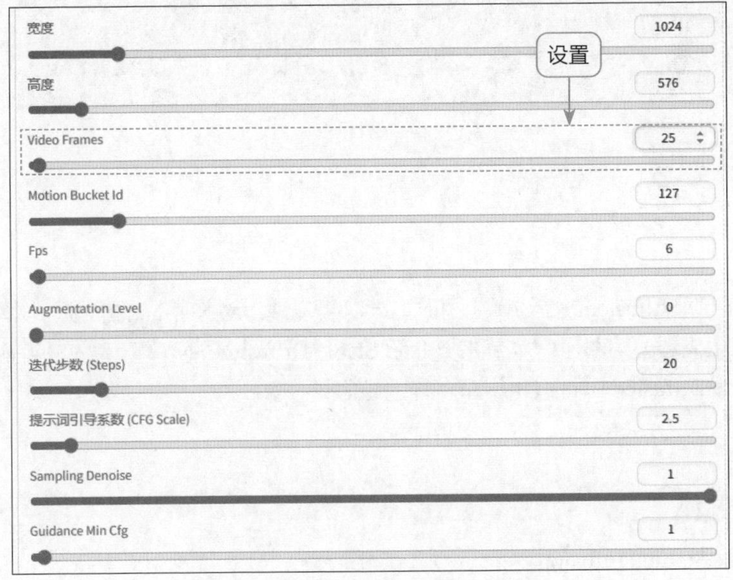

图 4.37　设置 Video Frames 参数

步骤 05 在页面底部单击“生成”按钮，如图 4.38 所示，稍待片刻，即可将图片转换为视频。

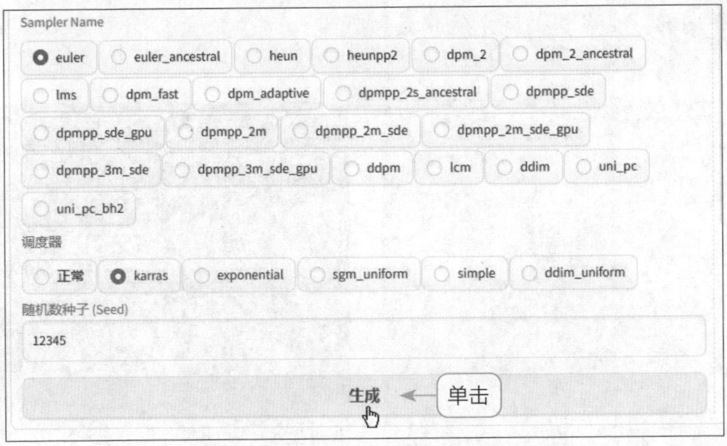

图 4.38　单击“生成”按钮

第05章 Stable Diffusion模型的下载与使用

使用 Stable Diffusion 进行 AI 绘画时，读者可以通过选择不同的模型、填写提示词和设置参数来生成想要的图像。本节主要介绍 Stable Diffusion 模型的下载和应用技巧，帮助读者在 Stable Diffusion 中打造出丰富多样的绘画风格。

本章要点

- 下载 Stable Diffusion 模型，创造无限可能
- 不同模型应用技巧全攻略
- 高质量的 Stable Diffusion 模型推荐
- 综合实例：生成雪山风光航拍摄影照片

5.1 下载 Stable Diffusion 模型，创造无限可能

很多用户在安装好 Stable Diffusion 后，就会迫不及待地从网上复制一个提示词去生成图像，但发现生成结果跟别人的完全不一样，其实关键就在于选择的模型不正确。模型是 Stable Diffusion 出图时的重要依赖项，出图的质量与可控性与模型有直接的关系。本节将介绍下载模型的两种方法，以帮助读者快速安装各种模型。

5.1.1 练习实例：使用“绘世”启动器下载模型

扫一扫，看视频

通常情况下，用户安装完 Stable Diffusion 之后，其中只有一个名为 anything-v5-PrtRE.safetensors [7f96a1a9ca] 的大模型，这个大模型主要用于绘制二次元风格的图像。如果用户想让 Stable Diffusion 画出更多风格的图像，则需要给它安装更多的大模型。大模型的后缀通常为 .safetensors 或 .ckpt，同时它的体积较大，一般为 3G ~ 8GB。

下面以“绘世”启动器为例，介绍通过 Stable Diffusion 启动器下载模型的操作方法。

步骤 01 打开“绘世”启动器程序，在主界面左侧单击“模型管理”按钮进入其界面，默认进入“Stable Diffusion 模型”选项卡。下面的列表中显示的都是大模型，选择相应的大模型后，单击“下载”按钮，如图 5.1 所示。

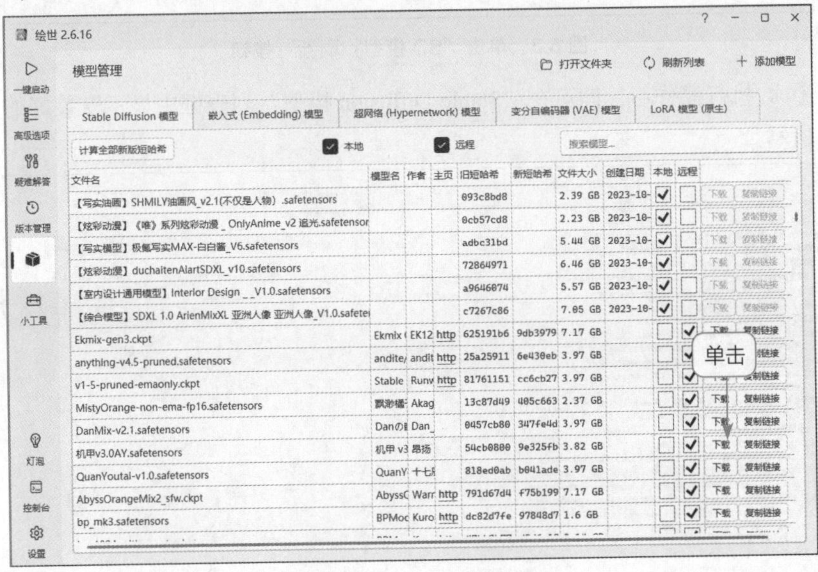

图 5.1 单击“下载”按钮

专家提示

“绘世”启动器内置了与电脑系统隔离的 Python 环境和 Git（一款分布式源代码

管理工具)，让用户可以轻松地使用 WebUI，而无须考虑网络需求和 Python 环境的限制。

步骤 02 执行操作后，在弹出的“命令提示符”窗口中，根据提示按 Enter 键确认，即可自动下载相应的大模型，底部会显示下载进度和速度，如图 5.2 所示。

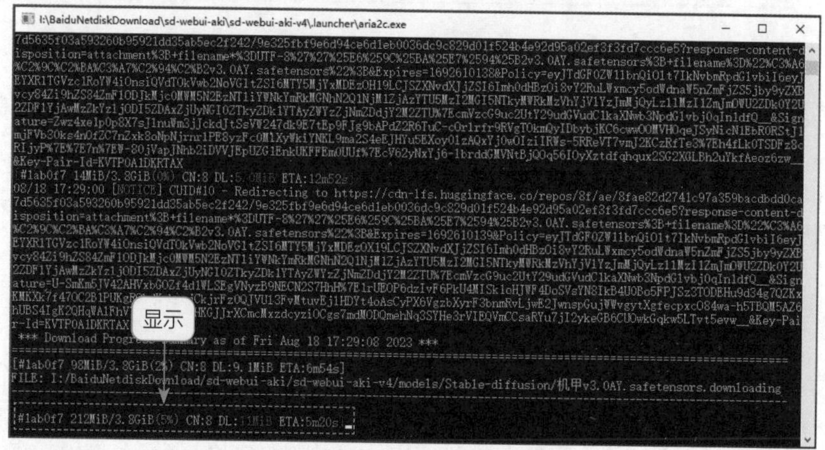

图 5.2 显示下载进度和速度

步骤 03 大模型下载完成后，在“Stable Diffusion 模型”列表框的右侧单击“SD 模型：刷新”按钮，如图 5.3 所示。

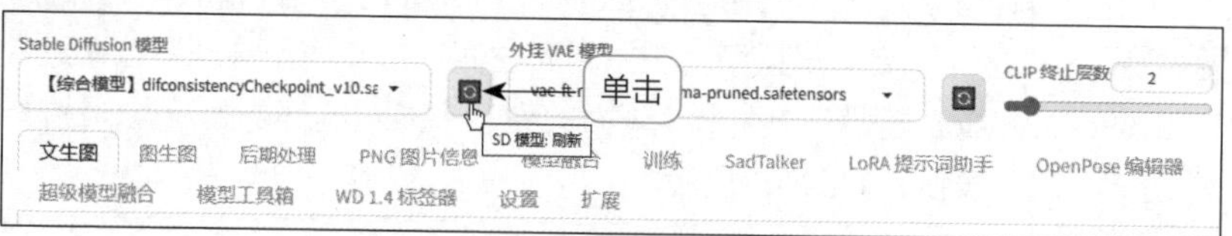

图 5.3 单击“SD 模型：刷新”按钮

步骤 04 执行操作后，即可在“Stable Diffusion 模型”列表框中显示安装好的大模型，如图 5.4 所示。

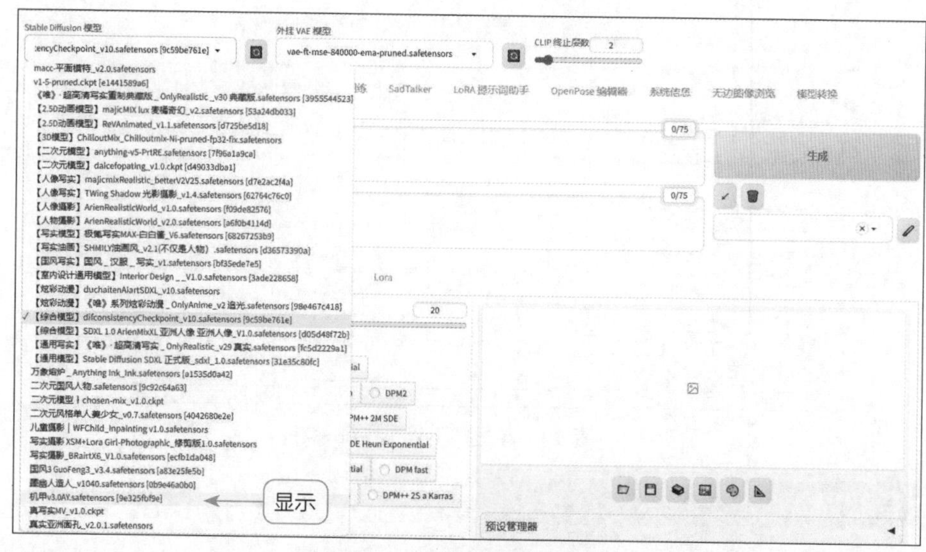

图 5.4 显示安装好的大模型

5.1.2 练习实例：在第三方模型网站中下载模型

扫一扫，看视频

除了通过“绘世”启动器程序下载大模型或其他模型外，用户还可以在 CIVITAI、LiblibAI 等模型网站中下载更多的模型。图 5.5 所示为 LiblibAI 的“模型广场”页面，用户可以单击相应的标签来筛选需要的模型。

图 5.5 LiblibAI 的“模型广场”页面

下面以 LiblibAI 网站为例，介绍下载模型的操作方法。

步骤 01 在“模型广场”页面中，用户可以根据缩略图来选择相应的模型，或者搜索并选择想要的模型，如图 5.6 所示。

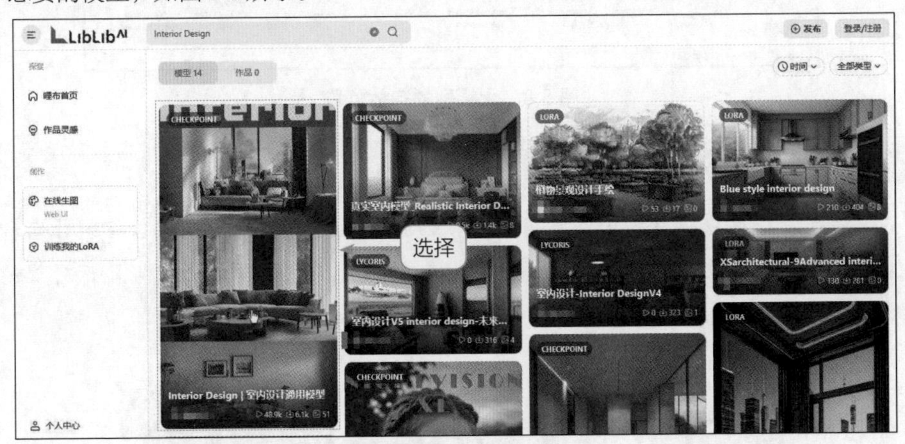

图 5.6 选择相应的模型

步骤 02 执行操作后，进入该模型的详情页面，单击页面右侧的“下载”按钮，如图 5.7 所示，即可下载所选的模型。

步骤 03 下载模型后，还需要将其存放到对应的文件夹中，才能让 Stable Diffusion 识别到这些模型。通常情况下，大模型存放在 Stable Diffusion 安装目录下的 sd-webui-aki-v4.4\models \Stable-diffusion 文件夹中，如图 5.8 所示。

图 5.7　单击“下载”按钮

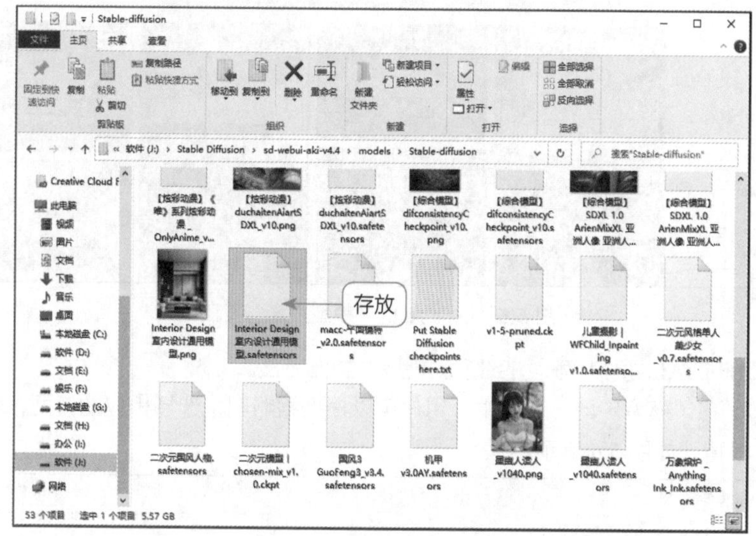

图 5.8　大模型的存放位置

专家提示

用户可以在对应模型的文件夹中放一张该模型生成的效果图，然后将图片名称与模型名称设置为一致，这样在 Stable Diffusion 的“模型”选项卡中即可显示对应的模型缩略图，如图 5.9 所示，便于用户更好地选择模型。

图 5.9　显示模型缩略图

5.2 不同模型应用技巧全攻略

在 Stable Diffusion 中，目前共有以下 5 种模型。

- Checkpoint：基础底模型（需单独使用）。
- Embedding、Hypernetwork、Lora：辅助模型（需配合基础底模型使用）。
- VAE：美化模型。

其中，基础底模型就是大模型（又称为主模型或底模），Stable Diffusion 主要是基于它来生成各种图像；辅助模型可以对大模型进行微调，它是建立在大模型基础上的，不能单独使用；美化模型则是更细节化的处理方式，如优化图片色调或添加滤镜效果等。本节将详细介绍这些 Stable Diffusion 模型的应用技巧，帮助读者更好地控制 AI 绘画的风格。

5.2.1 练习实例：使用大模型生成基本图像

扫一扫，看视频

大模型在 Stable Diffusion 中起着至关重要的作用，结合大模型的绘画能力，可以生成各种各样的图像。大模型还可以通过反推提示词的方式来实现图生图的功能，用户可以通过上传图片或输入提示词来生成相似风格的图像。

总之，Stable Diffusion 生成的图像质量好不好，归根结底就是看用户 Checkpoint 使用得好不好，因此用户要选择合适的大模型去绘图。即使完全相同的提示词，大模型不一样，图像的风格差异也会很大，效果对比如图 5.10 所示。

图 5.10　效果对比

【知识拓展】什么是 Checkpoint

在 Stable Diffusion 中，Checkpoint 是指那些经过训练以生成高质量、多样性和创新性图像的深度学习模型。这些模型通常由大型训练数据集和复杂的神经网络结构组成，能够生成各种风格和类型的图像。

> Checkpoint 的中文意思是“检查点”，之所以叫这个名字，是因为在模型训练到关键位置时，会将其存档，类似于我们在玩游戏时保存游戏进度，这样做可以方便后续的调用和回滚（撤销最近的更新或更改，回到之前的一个版本或状态）操作。

下面介绍使用大模型生成基本图像的操作方法。

步骤 01 进入“文生图”页面，在“Stable Diffusion 模型”列表框中默认使用的是一个二次元风格的 anything-v5-PrtRE.safetensors [7f96a1a9ca] 大模型，输入相应的提示词，指定生成图像的画面内容，如图 5.11 所示。

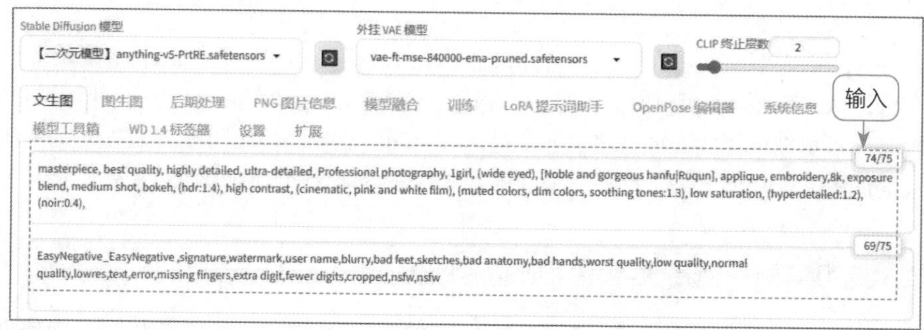

图 5.11　输入相应的提示词

步骤 02 适当设置生成参数，单击“生成”按钮，即可生成与提示词描述相对应的图像，但画面偏二次元风格，效果如图 5.12 所示。

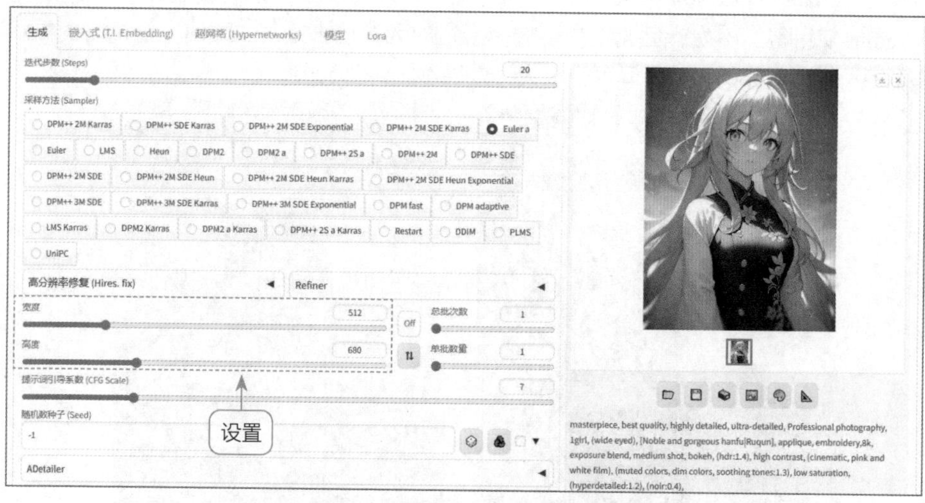

图 5.12　画面偏二次元风格的效果

步骤 03 在“Stable Diffusion 模型”列表框中选择一个写实类的大模型，如图 5.13 所示。注意，切换大模型需要等待一定的时间，用户可以进入“控制台”窗口中查看大模型的加载时间，加载完成后大模型才能生效。

步骤 04 大模型加载完成后，设置相应的采样方法，单击“生成”按钮，即可生成写实风格的图像，效果如图 5.14 所示。

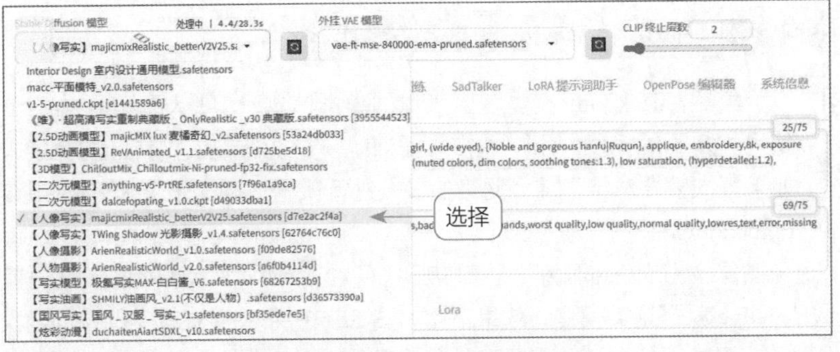

图 5.13　选择一个写实类的大模型

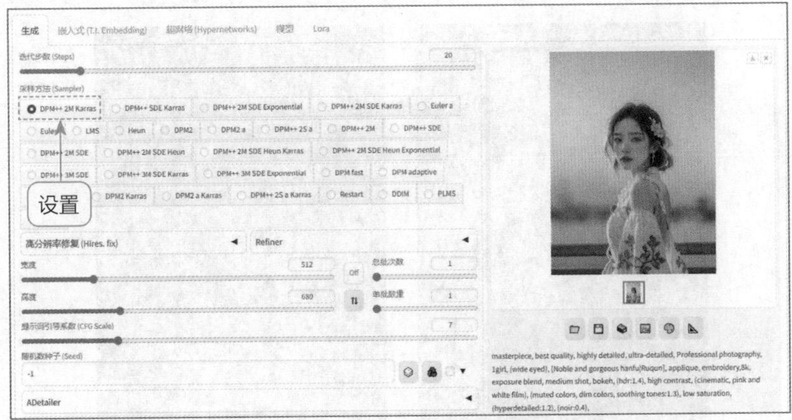

图 5.14　生成写实风格的图像效果

【技巧提示】通过“模型”选项卡查看和选择大模型

在“Stable Diffusion 模型”列表框中，显示的是用户计算机上已经安装好的大模型，用户可以在该列表框中选择想要使用的大模型。除此之外，用户还可以在“文生图”或“图生图”页面中，在提示词输入框下方切换至“模型”选项卡查看和选择大模型，如图 5.15 所示。

图 5.15　切换至“模型”选项卡

5.2.2 练习实例：使用 Embedding 模型微调图像

扫一扫，看视频

虽然 Checkpoint 模型包含大量的数据信息，但其动辄几个吉字节的文件包使用起来不够轻便。用户通常只需训练一个能体现人物特征的模型来使用，但如果每次都要对整个神经网络的参数进行微调，操作起来未免过于烦琐。此时，Embedding 模型便闪亮登场了。

例如，避免图像中出现手部画错、脸部变形等问题，都可以调用 Embedding 模型来解决，著名的 EasyNegative 就是这类模型，效果对比如图 5.16 所示。通过该实例中的两次出图效果对比可以看到，使用 EasyNegative 模型可以有效提升画面的精细度，可以避免模糊、灰色调、面部扭曲等情况。

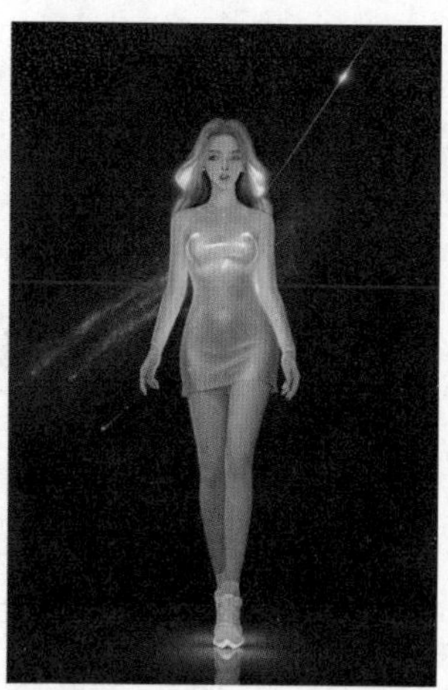

图 5.16　效果对比

【知识拓展】Embedding 模型的原理

Embedding 又称为嵌入式向量，是一种将高维对象映射到低维空间的技术。从形式上来说，Embedding 是一种将对象表示为低维稠密向量的方法。这些对象可以是一个词（Word2Vec）、一件物品（Item2Vec）或网络关系中的某个节点（Graph Embedding）。

在 Stable Diffusion 模型中，文本编码器的作用是将提示词转换为计算机可以识别的文本向量，而 Embedding 模型的原理则是通过训练将包含特定风格特征的信息映射在其中。这样，在输入相应的提示词时，AI 会自动启用这部分文本向量来进行绘制。Embedding 模型主要是针对提示词的文本部分进行训练，因此该训练方法被称为 Textual Inversion（文本倒置）。

Embedding 的模型文件普遍都非常小，有的可能只有几十千字节。为什么模型之间会有如此大的体积差距呢？相比之下，Checkpoint 就像一本厚厚的字典，里面收录了图片中大量元素的特征信息；而 Embedding 则像一张便利贴，它本身并没有存储很多信息，而是将所需的元素信息提取出来进行标注。

下面介绍使用 Embedding 模型微调图像的操作方法。

步骤 01 进入“文生图”页面，选择一个写实类的大模型，输入相应的正向提示词，指定生成图像的画面内容，如图 5.17 所示。

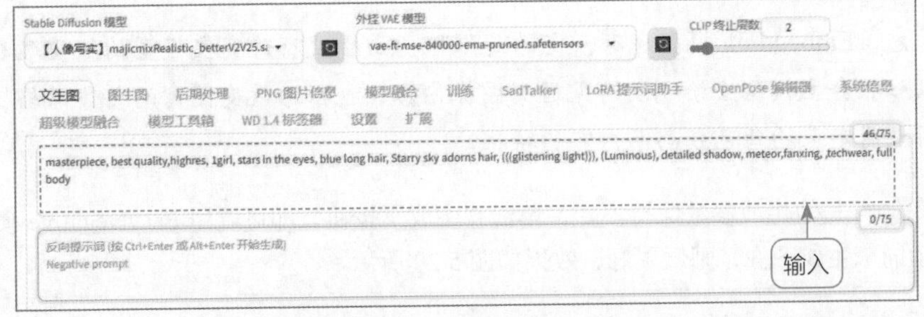

图 5.17 输入相应的正向提示词

步骤 02 适当设置生成参数，单击“生成”按钮，即可生成写实风格的图像，这是完全基于大模型绘制的效果，人物的手部和脸部都出现了明显的变形，如图 5.18 所示。

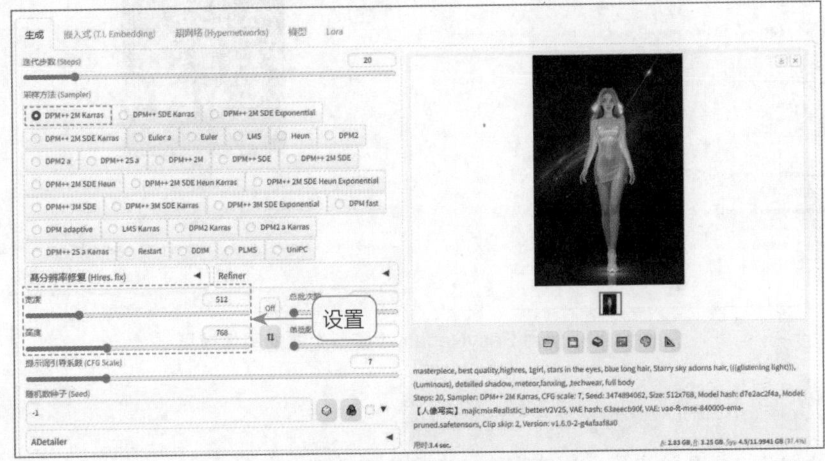

图 5.18 生成写实风格的图像效果

步骤 03 单击反向提示词输入框，切换至“嵌入式（T.I. Embedding）”选项卡，在其中选择 EasyNegative 模型，即可将其自动填入反向提示词输入框中，如图 5.19 所示，EasyNegative 的这个 Embedding 模型适用于所有大模型。

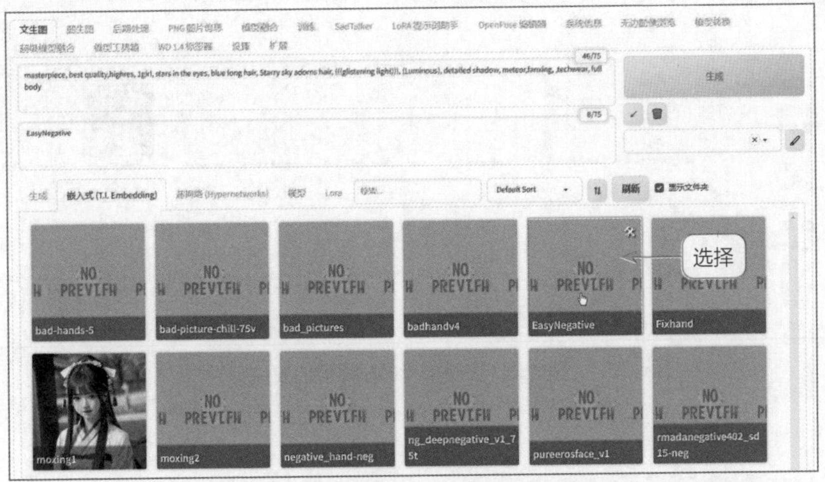

图 5.19 选择 EasyNegative 模型

专家提示

注意，Embedding 模型也有一定的局限性，由于没有改变主模型的权重参数，因此它很难教会主模型去绘制没有见过的图像内容，也很难改变图像的整体风格，而是通常用来固定人物角色或画面内容的特征。

步骤 04 其他生成参数保持不变，单击“生成”按钮，即可调用 EasyNegative 模型中的反向提示词来生成图像，画质更好，效果如图 5.20 所示。

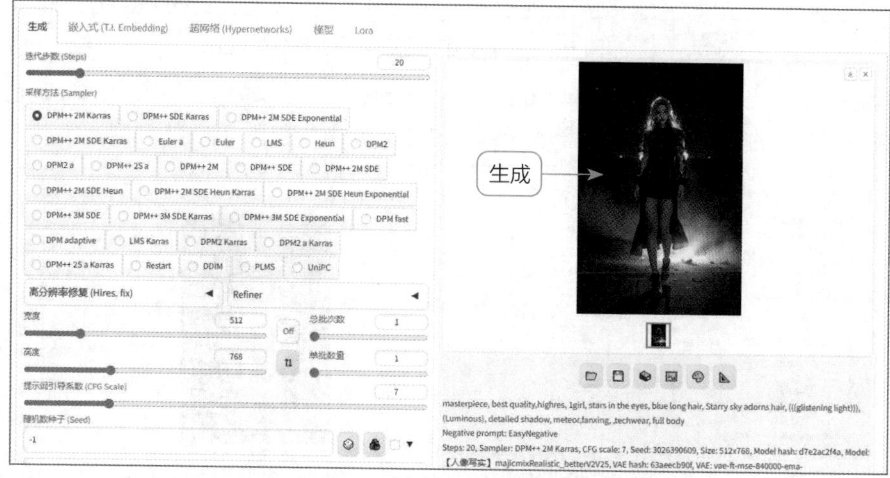

图 5.20　使用 EasyNegative 模型生成的图像效果

【技巧提示】Embedding 模型的安装方法

Embedding 模型的安装方法很简单，只需将下载的模型保存到 Stable Diffusion 安装目录下的 sd-webui-aki-v4.4\embeddings 文件夹中即可，如图 5.21 所示。

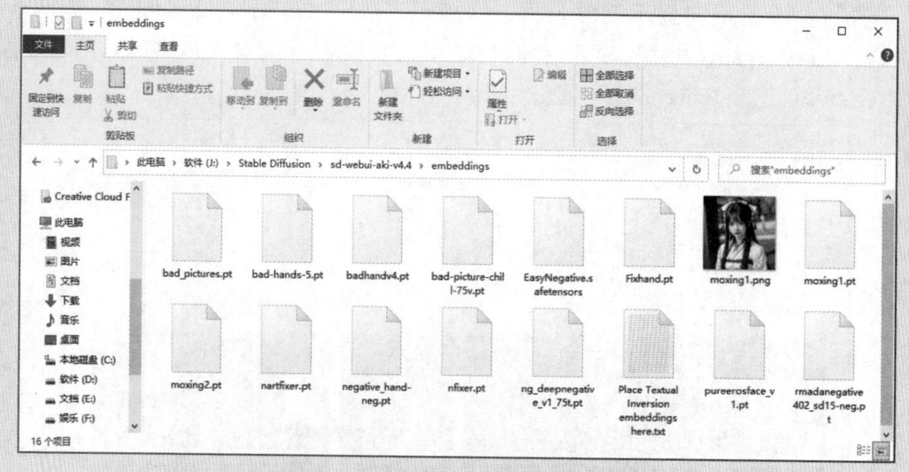

图 5.21　Embedding 模型的安装目录

5.2.3 练习实例：使用 Hypernetwork 模型转换风格

扫一扫，看视频

Hypernetwork（又写为 Hypernetworks）的中文名称为超网络，是一种神经网络架构，它可以动态生成神经网络的参数权重，简而言之，它可以生成神经网络。

在 Stable Diffusion 中，Hypernetwork 用于动态生成分类器的参数，这为 Stable Diffusion 模型添加了随机性，减少了参数量，并能够引入 sideinformation（利用已有的信息辅助对信息 X 进行编码，可以使信息 X 的编码长度更短）来辅助特定任务，这使该模型具有更强的通用性和概括能力。Hypernetwork 最重要的功能是转换画面的风格，也就是切换不同的画风，效果对比如图 5.22 所示。

图 5.22　效果对比

下面介绍使用 Hypernetwork 模型转换画面风格的操作方法。

步骤 01 进入“文生图”页面，选择一个写实类的大模型，输入相应的提示词，不仅指明了画面的主体内容，而且加入了 pixel style（像素样式）、pixel art（像素艺术）等画风关键词，如图 5.23 所示。

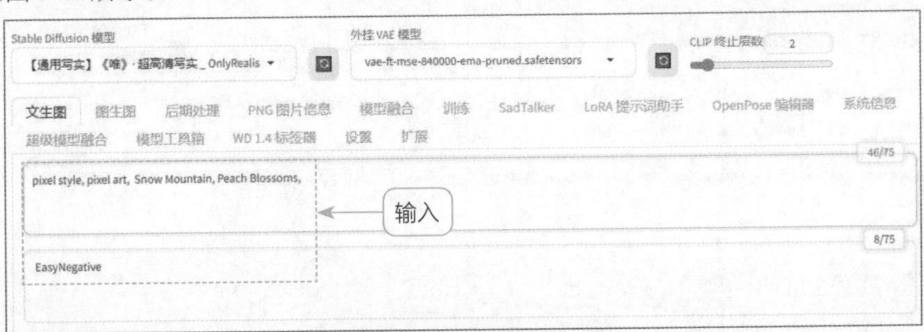

图 5.23　输入相应的提示词

专家提示

在使用 Hypernetwork 模型时，需要注意以下几点。

❶ Hypernetwork 没有固定的生成图像质量较好的权重值范围，因此需要用户多次进行尝试和调整。

❷ 建议用户使用与 Hypernetwork 配套的大模型，特别是在刚开始练习时，可以参考作者给出的示例提示词和图片所使用的大模型。

❸ 为了获得最佳效果，最好使用与作者相同的生成参数或根据推荐参数进行调整。

步骤 02 适当设置生成参数，单击“生成”按钮，即可生成写实风格的图像，但画风关键词并没有起作用，如图 5.24 所示。

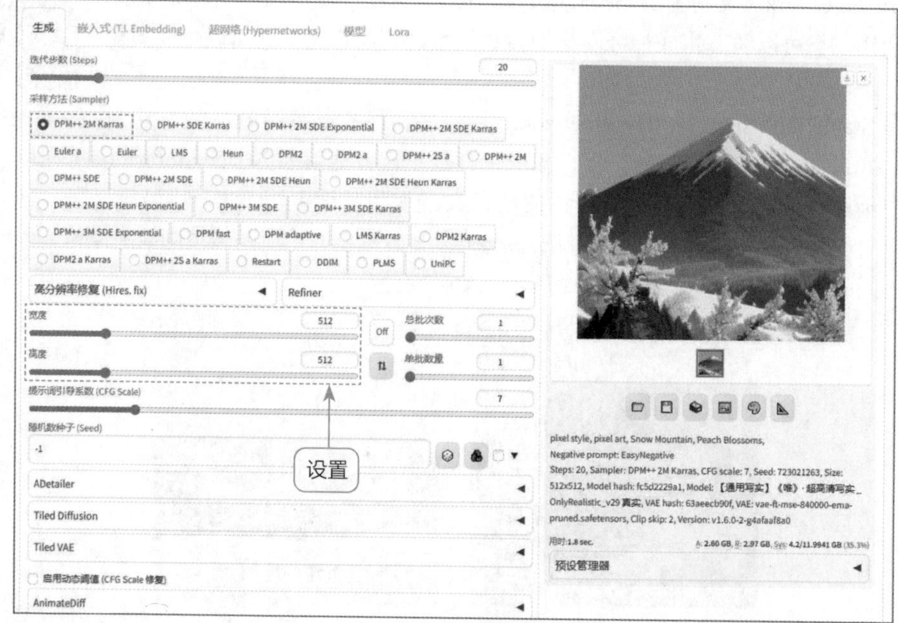

图 5.24　生成写实风格的图像

步骤 03 切换至“超网络（Hypernetworks）”选项卡，在其中选择相应的 Hypernetworks 模型，将其插入正向提示词中，并对 Hypernetwork 模型的权重值进行适当设置，使两者能够产生更好的融合效果，如图 5.25 所示。

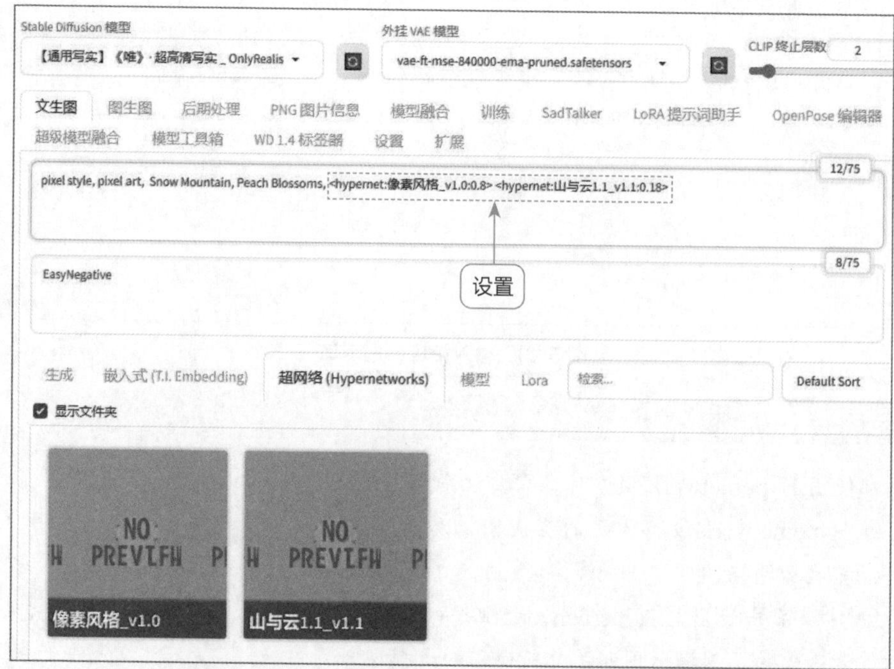

图 5.25　插入并设置 Hypernetwork 模型的提示词权重

步骤 04 切换至“生成”选项卡，保持生成参数不变，单击“生成”按钮，即可生成像素风格的图像，效果如图 5.26 所示。

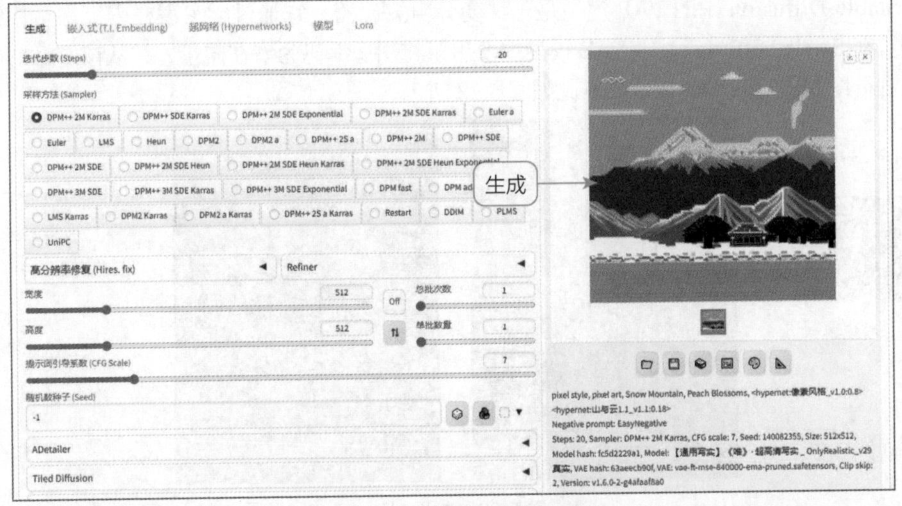

图 5.26　生成像素风格的图像

【技巧提示】Hypernetwork 模型的安装方法

用户可以直接将下载的 Hypernetwork 模型文件保存在 Stable Diffusion 安装目录下的 sd-webui-aki-v4.4\models\hypernetworks 文件夹中，如图 5.27 所示，即可完成该模型的安装。

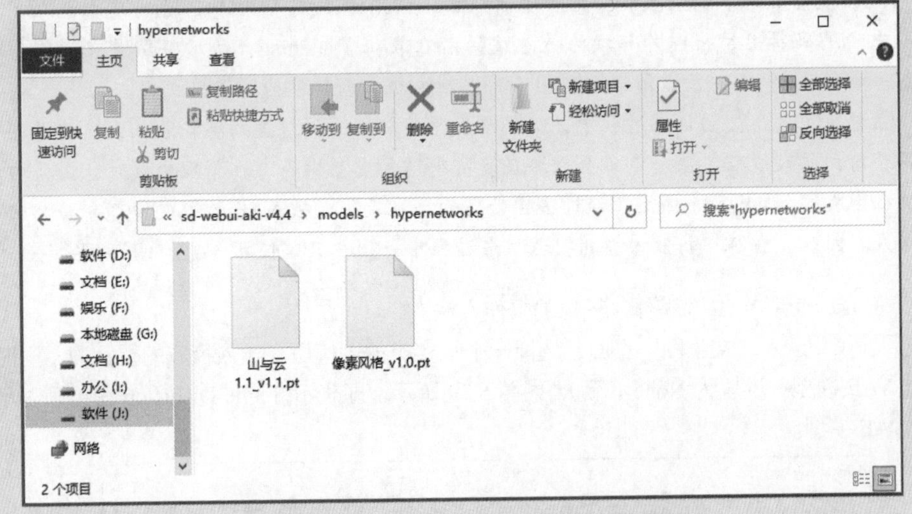

图 5.27　Hypernetwork 模型的安装目录

Hypernetwork 模型的功能与 Embedding、Lora 类似，都是对 Stable Diffusion 生成的图像进行针对性调整。但 Hypernetwork 模型的应用领域较窄，主要用于画风转换，而且训练难度很大，未来很有可能被后出现的 Lora 替代，用户也可以将 Hypernetwork 模型理解为低配版的 Lora。

5.2.4 练习实例：使用 VAE 模型修复图像

Stable Diffusion 中的 VAE 模型是一种变分自编码器，它通过学习潜在表征来重建输入数据。在 Stable Diffusion 中，VAE 模型主要用于将图像编码为潜在向量，并从该向量解码图像以进行图像修复或微调，效果对比如图 5.28 所示。

扫一扫，看视频

图 5.28　效果对比

【知识拓展】VAE 模型的原理

作为 Checkpoint 模型的一部分，VAE 模型并不像前面介绍的那几种模型可以很好地控制图像内容，它主要是对大模型生成的图像进行修复。

VAE 模型由一个编码器和一个解码器组成，常用于生成 AI 图像，也出现在潜在扩散模型中。编码器用于将图片转换为低维度的潜在表征（latents），然后将该潜在表征作为 U–Net 模型的输入；相反，解码器则用于将潜在表征重新转换为图像格式。

在潜在扩散模型的训练过程中，编码器用于获取图片训练集的潜在表征，这些潜在表征用于前向扩散过程，每一步都会往潜在表征中增加更多噪声。在推理生成时，由反向扩散过程生成的 denoised latents（经过去噪处理的潜在表征）被 VAE 的解码器部分转换回图像格式。因此，在潜在扩散模型的推理生成过程中，用户只需使用 VAE 的解码器部分。

下面介绍使用 VAE 模型修复图像的操作方法。

步骤 01 进入“文生图”页面，选择一个写实类的大模型，输入相应的提示词，同时将“外挂 VAE 模型”设置为 None（无），如图 5.29 所示，即表示 Stable Diffusion 在绘画时不会调用 VAE 模型。

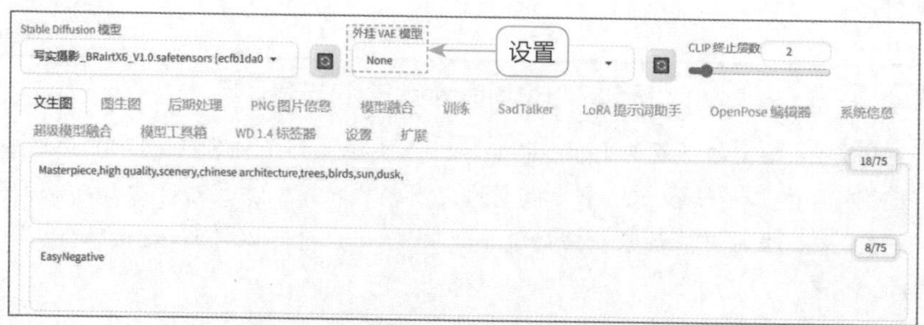

图 5.29　设置“外挂 VAE 模型”参数

步骤 02 适当设置生成参数，单击“生成”按钮，即可生成相应的图像，这是没有使用 VAE 模型的出图效果，画面色彩比较平淡，如图 5.30 所示。

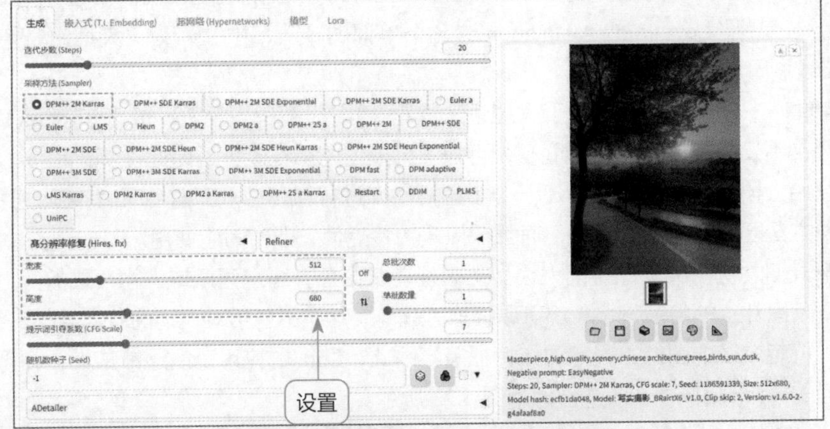

图 5.30 没有使用外挂 VAE 模型的效果

步骤 03 在“外挂 VAE 模型”列表框中选择相应的 VAE 模型，如图 5.31 所示，这是常用的 VAE 模型，它的出图效果接近于实际拍摄。

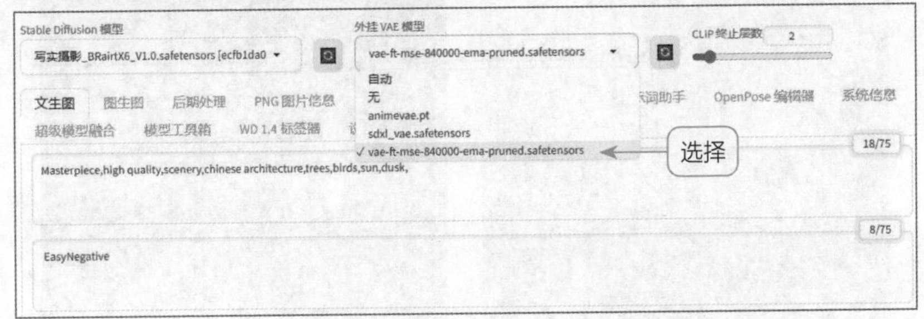

图 5.31 选择相应的 VAE 模型

步骤 04 保持生成参数不变，单击“生成”按钮，即可生成相应的图像，这是使用 VAE 模型的出图效果，画面就像是加了调色滤镜一样，看上去不会灰蒙蒙的，整体的色彩饱和度更高，光影层次感更强，效果如图 5.32 所示。

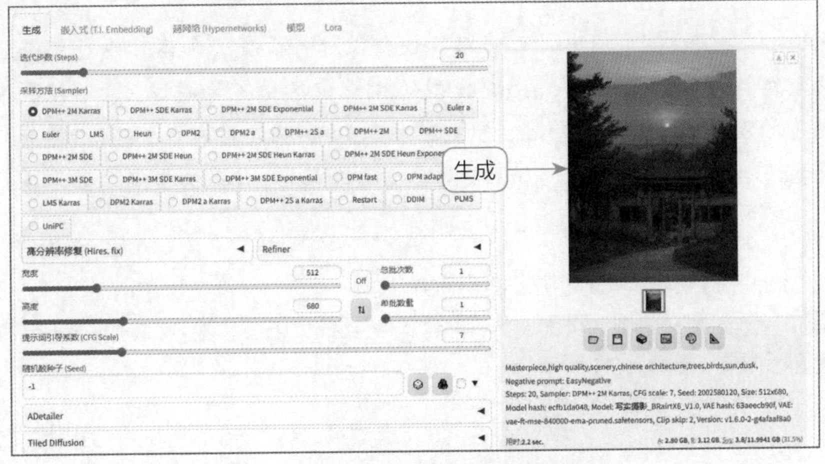

图 5.32 使用 VAE 模型生成的图像效果

5.2.5 练习实例：使用 Lora 模型固定画风

扫一扫，看视频

Lora 的全称为 Low-Rank Adaptation of Large Language Models，Lora 取的就是 Low-Rank Adaptation 这几个单词的开头，中文名为“大型语言模型的低阶适应”。

Lora 最初应用于大型语言模型（以下简称大模型），由于其直接对大模型进行微调，不仅成本高，而且速度慢，再加上大模型的体积庞大，因此性价比很低。Lora 通过冻结原始大模型，并在外部创建一个小型插件来进行微调，从而避免了直接修改原始大模型，这种方法既成本低又速度快，而且插件式的特点使它非常易于使用。

后来人们发现，Lora 在绘画大模型上表现非常出色，固定画风或人物样式的能力非常强大。只要是图片上的特征，Lora 都可以提取并训练，其作用包括对人物的脸部特征进行复刻、生成某一特定风格的图像、固定动作特征等。因此，Lora 的应用范围逐渐扩大，并迅速成为一种流行的 AI 绘画技术，效果对比如图 5.33 所示。

图 5.33 效果对比

专家提示

在 Lora 模型的提示词中，可以对其权重值进行设置，具体可以查看每款 Lora 模型的介绍。需要注意的是，Lora 模型的权重值尽量不要超过 1，不然容易生成效果很差的图。大部分单个 Lora 模型的权重值可以设置为 0.6 ~ 0.9，能够提高出图质量。如果只想带一点点 Lora 模型的元素或风格，则将权重值设置为 0.3 ~ 0.6 即可。

下面介绍使用 Lora 模型固定画风的操作方法。

步骤 01 进入“文生图”页面，选择一个写实类的大模型，输入相应的提示词，指定生成图像的画面内容，如图 5.34 所示。

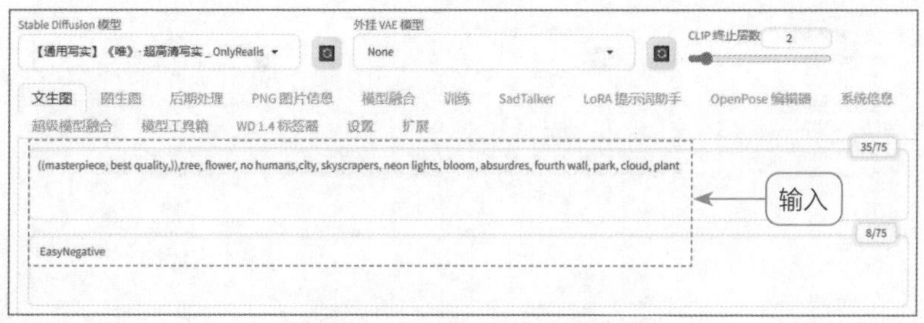

图 5.34　输入相应的提示词

步骤 02 适当设置生成参数，单击“生成”按钮，即可生成相应的图像，这是没有使用 Lora 模型的效果，画面元素不够丰富，效果如图 5.35 所示。

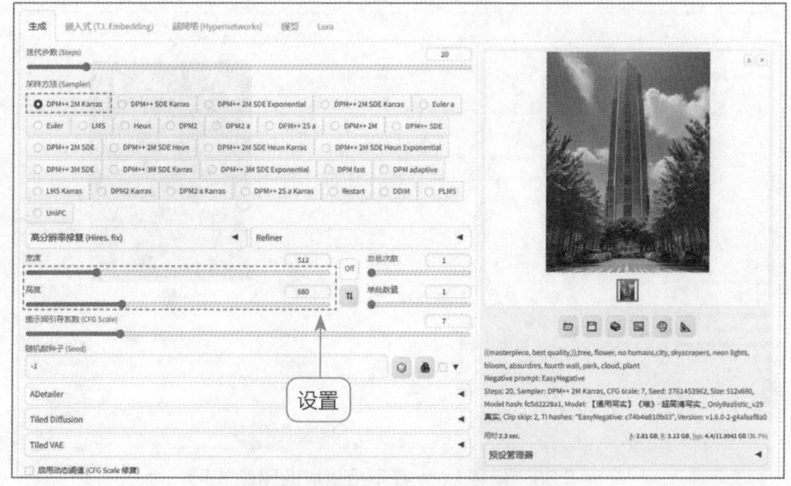

图 5.35　没有使用 Lora 模型的效果

步骤 03 切换至 Lora 选项卡，选择一个模拟城市建筑摄影风格的 Lora 模型，如图 5.36 所示。

图 5.36　选择相应的 Lora 模型

步骤 04 执行操作后，即可将 Lora 模型添加到正向提示词输入框中，如图 5.37 所示。需要注意的是，有触发词的 Lora 模型一定要使用触发词，这样才能将相应的元素触发出来。

图 5.37　将 Lora 模型添加到正向提示词输入框中

步骤 05 保持生成参数不变，单击“生成”按钮，即可生成相应的图像，这是使用 Lora 模型后的图像效果，更能体现城市建筑摄影的风格，如图 5.38 所示。

图 5.38　使用 Lora 模型后生成的图像效果

【技巧提示】Lora 模型的安装方法

下载 Lora 模型后，将其保存到 Stable Diffusion 安装目录下的 sd-webui-aki-v4.4\models\Lora 文件夹中，同时将模型的效果图保存在该文件夹中，如图 5.39 所示。

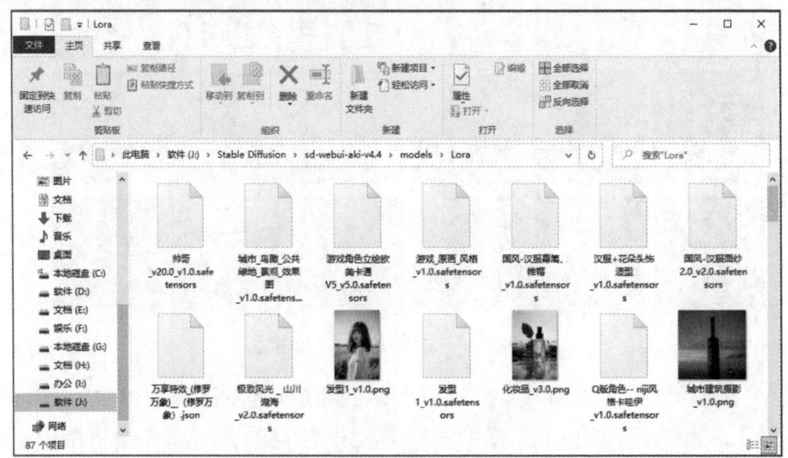

图 5.39　Lora 模型的安装目录

5.3 高质量的 Stable Diffusion 模型推荐

每种模型都有其独特的风格和特点，所以选择一个适合自己需求的模型非常重要。从前面章节的内容中可以了解到，对于 AI 绘画来说，影响最大的因素是 Checkpoint，因此本节将介绍一些表现不错的大模型。

5.3.1 基础大模型：强大的 AI 绘画性能

基础大模型通常具有广泛的适用性和强大的 AI 绘画性能，适合初学者和需要快速获取结果的用户使用。使用最普遍的基础大模型就是 SD 系列，如 SD-v1-4、SD-v1-5、SD-v2（分别是 1.4、1.5 和 2.0 版本）、SDXL 等，这些是 Stable Diffusion 自带的大模型。如果用户想自己训练大模型，SD 系列也是一个很好的起点，因为它们涵盖了各种绘画风格。图 5.40 所示为 SD-v1-5 大模型的出图效果。

图 5.40 SD-v1-5 大模型的出图效果

Stable Diffusion 官方模型之所以很受欢迎，除了其本身强大的性能之外，一个重要原因在于从头开始训练这样一个完整架构模型的成本相当高。据官方数据显示，SD-v1-5 版本模型的训练使用了 256 个显存为 40GB 的 A100 GPU（专为深度学习打造的显卡，性能对标 RTX 3090 或以上的显卡），合计耗时 15 万个 GPU（Graphic Processing Unit，图形处理单元）小时（约 17 年），总成本高达 60 万美元。

另外，还有 NovelAI 推出的大模型，如 final-prune 和 animefull-latest。其中，final-prune 是精简版，animefull-latest 是完整版。NovelAI 的大模型能绘制各种内容，但没有明显的特色或专长，属于中规中矩的基础大模型。

5.3.2 二次元模型：可爱、卡通化的效果

如果用户喜欢二次元风格的作品，这种模型能提供更加可爱、卡通化的效果。下面介绍几种常用的二次元模型。

❶ Anything 系列：Anything 系列是一个以二次元漫画风格为主的大模型，该系列有多个版本，包括 Anything-V3.5、Anything-V4.0、Anything-V4.5 和 Anything-V5.0 等。每个版本下还有各种变形版本和精简版本。推荐用户使用 Anything-V4.0 或更新版本的 Anything 模型，目前 Anything-V5.0 版本已经能够实现非常出色的出图效果，如图 5.41 所示。需要注意的是，Anything 系列出图效果好，并且对提示词的要求不太高，但风格较为单一。

图 5.41　Anything-V5.0 版本的大模型出图效果

❷ Counterfeit 系列：Counterfeit 系列是一种明亮、清晰的动漫风格模型，画出的图像色彩饱和度较高，而且人物角色更加形象。

❸ Cetus-Mix：Cetus-Mix 是一个二次元混合模型，融合了多个二次元模型，实际使用效果不错，给人一种优雅、精致的感觉，而且对提示词的要求不高。

5.3.3 写实类模型：细腻和逼真的细节

对于追求高度真实感的用户来说，写实类模型能提供更加细腻和逼真的细节。下面介绍几种常用的写实类模型。

❶ OnlyRealistic 系列：中文名称为“《唯》· 超高清写实”，该系列模型不仅实现了美学与现实主义的平衡，而且深深植根于东方美学，在擅长逼真写实的同时，也擅长艺术图像的生成，效果如图 5.42 所示。

❷ majicMIX 系列：该系列模型更偏向于绘制女性角色，尤其是年轻漂亮的女生，而且画面风格化很强、质量很高，效果如图 5.43 所示。

图 5.42　OnlyRealistic 系列模型的出图效果　图 5.43　majicMIX 系列模型的出图效果

③ ChilloutMix 系列：该系列模型主要用于生成真人风格的图片，它不仅在人物把控方面的表现非常出色，而且适用于各种写实场景，效果如图 5.44 所示。

图 5.44　ChilloutMix 系列模型的出图效果

5.3.4　2.5D 数绘模型：独特的表现风格

2.5D（Two and a Half Dimensions，二维半）数绘模型采用了一种独特的视觉表现形式，可将二维图像的细腻和三维图像的立体感完美融合。这种模型以简洁明了的线条和色彩构建出层次丰富、空间感强烈的画面，呈现出极强的视觉冲击力。2.5D 数绘模型在游戏、动画、插画等 AI 绘画领域都有广泛的应用，为用户提供了全新的创作思路和表达方式。下面介绍两种常用的 2.5D 数绘模型。

① ReVAnimated 系列：该模型为东方审美 2.5D 风格，比平面的图像更具立体感，比立体的图像更扁平化，介于真实与虚幻之间，出图效果亦真亦幻，能够呈现出生动且具有情感的艺术形象，使得图像的细节更加精细，效果如图 5.45 所示。

② GuoFeng3（国风 3）系列：该模型目前有 6 个版本，最新版本为 GuoFeng3.4，与之前的版本相比，它在光影效果、人物全身图以及 Lora 适配度等方面进行了优化。GuoFeng3.4

模型的强项在于生成偏 2.5D 风格的华丽古风女性人像，效果如图 5.46 所示。

图 5.45 ReVAnimated 系列模型的出图效果

图 5.46 GuoFeng3 系列模型的出图效果

5.3.5 特定风格模型：个性化的创作体验

如果用户有特定的创作需求或绘画风格，这类模型能提供更加个性化的创作体验。下面介绍两种常用的特定风格模型。

❶ SHMILY 油画风系列：该系列模型的出图效果为偏写实的油画风，能够给人带来另类的美感，效果如图 5.47 所示。

❷ WFChild（儿童摄影）系列：该系列模型的创作理念是生成 3 ~ 10 岁儿童的摄影模特，效果如图 5.48 所示。为了实现这一目标，作者使用了大量高质量的 AI 模型进行训练，填补了 AI 生成儿童人群的空白。这些 AI 生成的儿童模特可以应用于多种场景，如儿童写真、电商、海报等，可为设计师和商家提供更多创意和选择。

图 5.47 SHMILY 油画风系列模型的出图效果

图 5.48 WFChild 系列模型的出图效果

专家提示

在选择模型时，除了考虑风格和性能外，用户还要注意模型的体积和速度。一些模型虽然性能强大，但体积庞大且运行缓慢，可能会影响用户的创作效率。因此，用户要根据自己的实际需求进行权衡，来选择合适的模型。

5.4 综合实例：生成雪山风光航拍摄影照片

本实例主要介绍如何使用 Stable Diffusion 生成雪山风光航拍摄影照片，通过 Lora 模型模拟无人机的拍摄效果，让画面获得独特的视角和景观，效果如图 5.49 所示。

扫一扫，看视频

图 5.49　效果展示

下面介绍生成雪山风光航拍摄影照片的操作方法。

步骤 01 进入“文生图”页面，选择一个写实类的大模型，如图 5.50 所示。

图 5.50　选择写实类的大模型

步骤 02 输入相应的正向提示词和反向提示词，描述画面的主体内容并排除某些特定的内容，注意需要在正向提示词中加入触发词 aerial photography(航空摄影)，如图 5.51 所示。

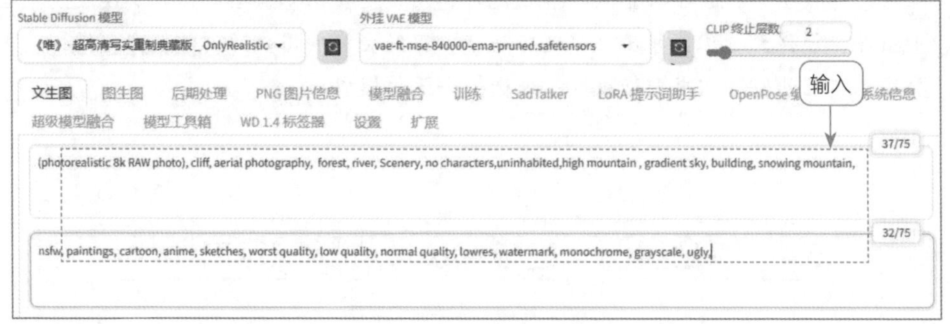

图 5.51 输入相应的提示词

步骤 03 切换至 Lora 选项卡，选择相应的航拍 Lora 模型，如图 5.52 所示，即可在正向提示词的后面添加 Lora 模型参数。

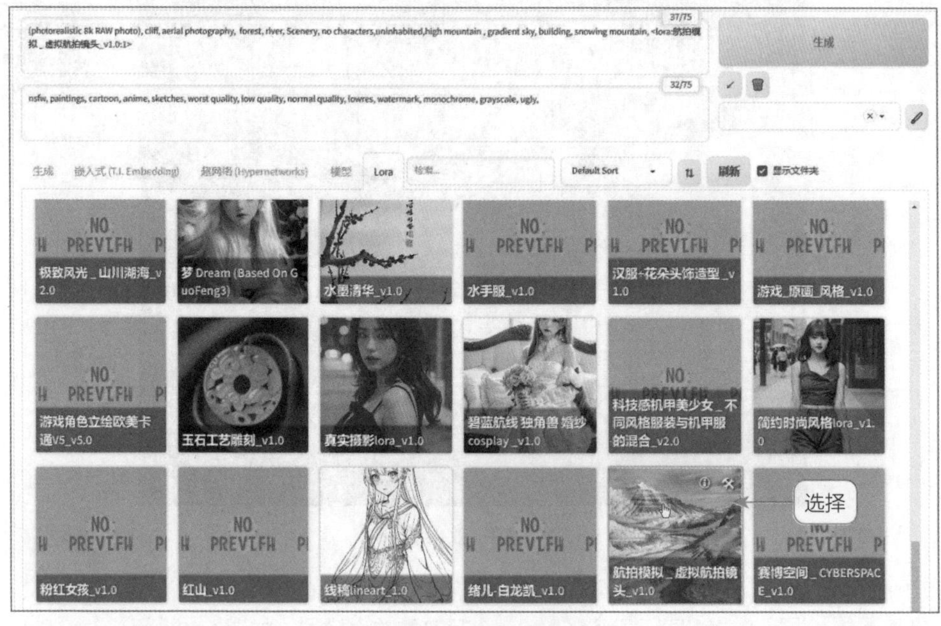

图 5.52 选择航拍 Lora 模型

步骤 04 在页面下方设置“迭代步数”为 30、“采样方法”为 DPM++ 2M SDE Karras、“宽度”为 1024、“高度”为 768，将画面尺寸调整为横图，并提升图像效果的真实感，如图 5.53 所示。

步骤 05 单击“生成”按钮，即可生成相应的航拍照片，效果如图 5.49 所示。

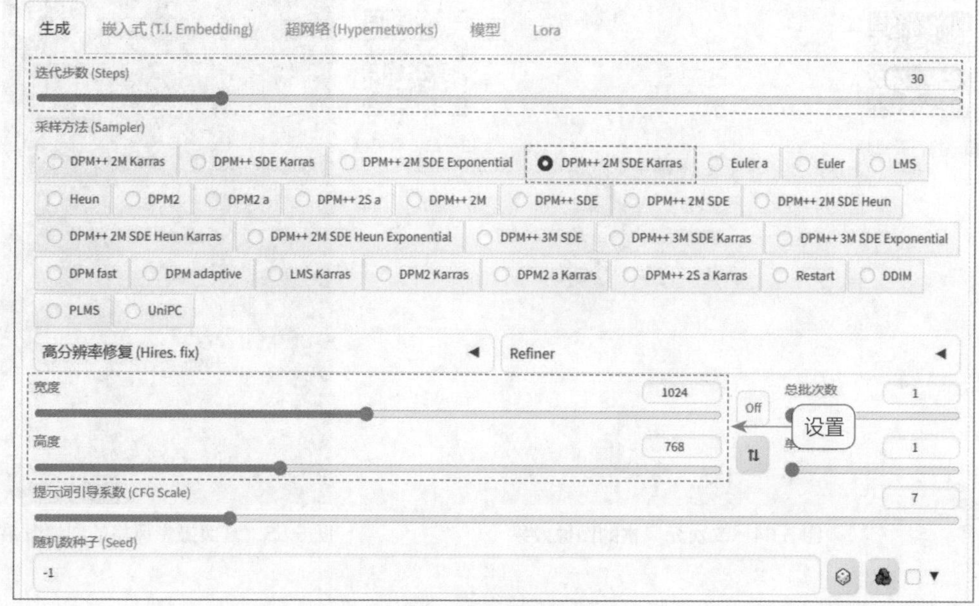

图 5.53　设置相应参数

本章小结

本章主要介绍了 Stable Diffusion 模型的相关知识，具体内容包括：下载 Stable Diffusion 模型的两种方法，如使用“绘世”启动器下载模型和在第三方模型网站中下载模型；不同模型的应用技巧，如使用大模型生成基本图像、使用 Embedding 模型微调图像、使用 Hypernetwork 模型转换风格、使用 VAE 模型修复图像、使用 Lora 模型固定画风；高质量的 Stable Diffusion 模型推荐，如基础大模型、二次元模型、写实类模型、2.5D 数绘模型和特定风格模型；最后通过一个综合实例，介绍通过大模型和 Lora 模型生成航拍摄影照片的操作方法。通过对本章的学习，读者能够更好地掌握 Stable Diffusion 模型的使用技巧。

课后习题

1. 使用二次元风格的大模型生成一张图片，效果如图 5.54 所示。
2. 使用真实摄影风格的 Lora 模型生成一张图片，效果如图 5.55 所示。

扫一扫，看视频

图 5.54　二次元风格的图像效果

扫一扫，看视频

图 5.55　真实摄影风格的图像效果

第 06 章 Stable Diffusion 模型训练

模型训练是机器学习中不可或缺的一步，对于模型的最终表现具有决定性的影响。深入了解 Stable Diffusion 模型的各种训练方法，不仅能让读者领略 AI 绘画技术的魅力，更能为图像生成任务提供宝贵的启示。

本章要点

- Embedding 模型训练，提高 AI 生成图像的质量
- Lora 模型训练，让 AI 生成的图像画风更具个性
- 综合实例：融合二次元国风人物大模型

6.1 Embedding 模型训练，提高 AI 生成图像的质量

Stable Diffusion 的用途远不止 AI 绘画，其作为数学模型中的佼佼者，不仅可以应用于图像生成，还可以在众多领域中大展身手。Stable Diffusion 模型具有极强的适应性，可以根据系统的当前状况预测其未来状态，无论是热传递、化学反应，还是金融市场中的信息传播，都可以通过它来进行理解和预测。

本节将从最基础的 Embedding 模型开始，详细介绍如何训练 Stable Diffusion 模型。Embedding，又名 Textual Inversion，中文名为“嵌入或文本反转”，它可以使算法更加高效地处理图像数据，并提高 AI 生成图像的质量和准确性。

6.1.1 AI 训练简介

AI 训练是指利用大量数据和计算资源来训练人工智能模型，使其能够在新数据上执行准确的预测、分类、识别等任务。AI 训练的主要过程如下。

❶ 数据收集和准备工作，如数据清洗、格式转换、数据预处理等。

❷ 选择适当的模型，根据具体的任务需求和数据特点，选择适当的机器学习或深度学习模型，如 CNN、RNN 等。

❸ 模型的训练，在准备好数据和选择好模型之后，可以开始训练模型。在这个过程中，需要选择适当的训练算法，如 SGD、Adam 等，并设置好参数，如学习率、正则化系数等。

❹ 模型的部署和应用，在训练好模型之后，需要将其部署到实际应用中。

需要注意的是，AI 训练是一个需要耗费大量计算资源和时间的过程，通常需要使用 GPU 或者 TPU（Tensor Processing Unit，张量处理单元，是一种为机器学习而定制的芯片）等加速设备。同时，为了确保算法的公正性和透明性，也需要注意数据隐私和安全等方面的问题。

【知识拓展】了解 AI 训练概念中的重点词汇

❶ CNN（convolutional neural network，卷积神经网络）：一种深度学习模型，特别适用于处理图像数据。它通过卷积层、池化层等结构，对图像进行特征提取和分类。

❷ RNN（recurrent neural network，循环神经网络）：一种用于处理序列数据的神经网络模型，它通过记忆单元和循环结构，对序列数据进行建模和预测。

❸ SGD（stochastic gradient descent，随机梯度下降）：一种用于训练神经网络的优化算法。它通过每次迭代时随机选择一小部分的数据，计算梯度并更新模型参数，以加快模型的训练速度。

❹ Adam（adaptive moment estimation，自适应矩估计）：一种自适应学习率的优化算法，结合了 momentum（动量优化算法）和 RMSprop（自适应学习率的优化算法）的思想。它通过计算梯度的指数移动平均值，动态调整学习率，以加速训练并提高模型的收敛性能。

6.1.2 Embedding 模型训练概述

Embedding，即将高维数据映射到低维空间的过程，在机器学习和自然语言处理中占据重要地位。其实质是用实值向量表示数据，这些向量能在连续数值空间中表示语义。

Embedding 模型训练可以使语言模型以紧凑高效的方式，对输入文本的上下文信息进行编码。这种技术允许模型利用上下文信息生成更连贯和更恰当的输出文本，即使输入文本被分成多个片段，也不会影响输出文本的准确性。

Embedding 模型训练的主要价值在于其语义表示，可以进行向量运算，并且能在多个自然语言处理任务中共享和迁移。此外，预训练 Embedding 并在小型数据集上进行微调，有助于提高语言模型在各种自然语言处理应用程序中的准确性和运行效率。

Embedding 模型训练在大语言模型中的应用也日益重要，特别是解决长文本输入问题。首先创建基于文本的向量 Embedding，并将其存储在数据库中，然后使用检索技术找到与问题最相似的文档，最后将问题和检索得到的 Embedding 一起提供给大语言模型，如 ChatGPT，可以让 AI 回答与长文本相关的问题。

简单来说，用户可以将 Embedding 视为一种预先训练的模型指导，它在模型处理过程中提供操作指示。举个例子，如果 Embedding 中包含关于“花”的信息，那么模型所生成的图像都将呈现出“花”的特征。

然而，在正常的操作中，只要给定的提示词足够详尽，嵌入式模型的作用就显得不那么重要了。有趣的是，用户可以尝试“反向”运用它。例如，将“画坏的手”的信息纳入 Embedding 中，并结合使用反向提示词，这样模型在进行处理时，就能够避免生成 Embedding 中所提示的“画坏的手”这种图像。

6.1.3 练习实例：对 Stable Diffusion 进行配置

在利用 Stable Diffusion 进行绘画的过程中，Embedding 能够将输入的图像转化为向量表示，这样有助于算法对其进行处理，进而生成新的图像。在开始进行 Embedding 模型训练前，用户需要进行一些基本的配置，具体操作方法如下。

扫一扫，看视频

步骤 01 进入“设置”页面，切换至“训练”选项卡，选中“如果可行，训练时将 VAE 和 CLIP 模型从显存移动到内存，可节省显存”复选框，如图 6.1 所示。单击“保存设置”按钮，使其生效。

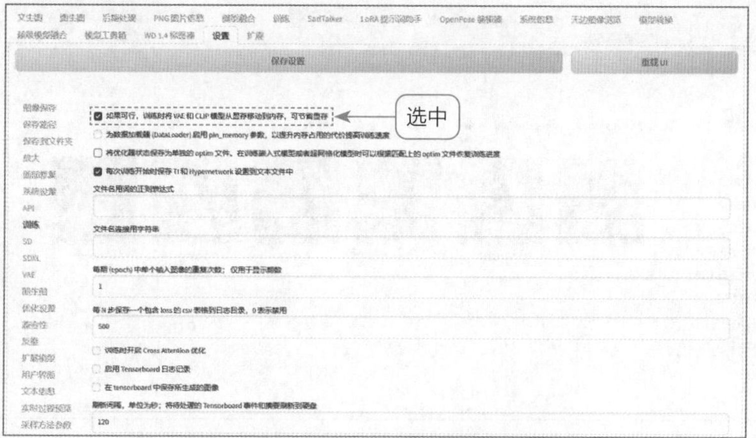

图 6.1 选中“如果可行，训练时将 VAE 和 CLIP 模型从显存移动到内存，可节省显存”复选框

专家提示

选中“如果可行，训练时将 VAE 和 CLIP 模型从显存移动到内存，可节省显存”复选框，主要作用是节省显存资源。将 VAE 和 CLIP 模型从显存移动到内存可以释放显存资源，以便用于其他模型的训练或运行。这样可以减少对 GPU 的占用，从而可以运行更大规模的模型或者同时运行多个模型，这对于需要大量显存资源的项目来说非常有用。

步骤 02 在 Stable Diffusion 的根目录下新建一个 train 文件夹，在其中创建一个子文件夹，子文件夹的名称建议设置为与嵌入式模型一样，以便于区分，如图 6.2 所示。

步骤 03 打开刚创建的子文件夹，在其中创建两个图像文件夹，分别为 input 和 output，如图 6.3 所示。

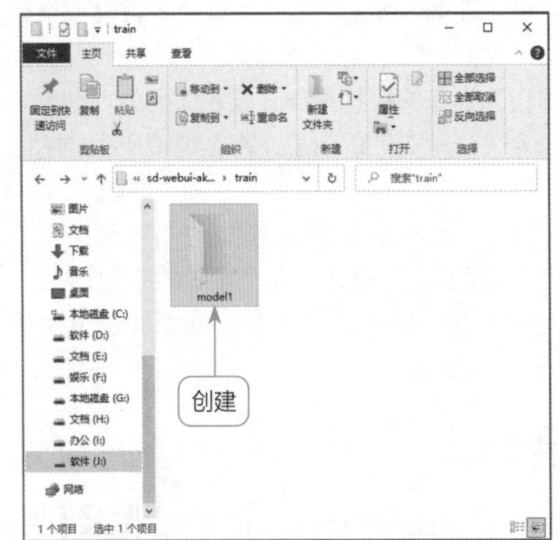

图 6.2 创建相应子文件夹

图 6.3 创建两个图像文件夹

步骤 04 打开 input 文件夹，将需要训练的图片放入该文件夹中，如图 6.4 所示。注意，图片最好预先裁剪为 512px × 512px 的分辨率。

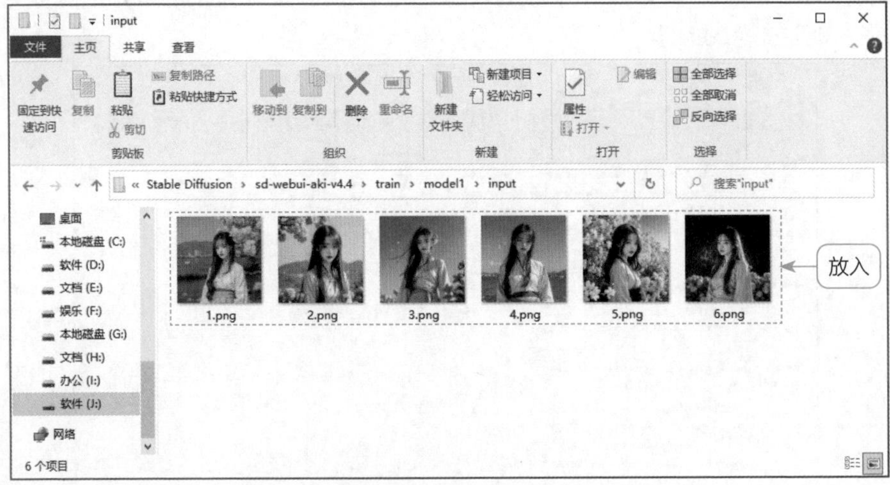

图 6.4 将需要训练的图片放入 input 文件夹

6.1.4 练习实例：对图像进行预处理操作

图像预处理可以提高模型训练的效率和稳定性，同时也可以提高模型的生成质量。通过预处理操作可以提取图像的特征，为模型提供更有代表性的输入信息，从而提高模型的性能和准确性，具体操作方法如下。

扫一扫，看视频

步骤 01 在“训练”页面中，切换至“图像预处理”选项卡，在“源目录”文本框中输入 input 文件夹的路径，在“目标目录”文本框中输入 output 文件夹的路径，在页面下方选中“创建水平翻转副本”（用于建立镜像副本）和“使用 BLIP 生成标签（自然语言）”复选框，单击“预处理”按钮，如图 6.5 所示。

图 6.5 单击“预处理”按钮

步骤 02 执行操作后，显示相应的预处理进度。稍等片刻，当页面右侧显示 Preprocessing finished（预处理完成）的提示信息时，说明预处理已经成功了，如图 6.6 所示。

图 6.6 成功完成预处理

专家提示

BLIP（Basic language inference paradigms，基本语言推理范式）是一种用于自然语言处理和语言推理的模型，可以生成标签来描述文本中的信息。BLIP 生成标签的效果受到多种因素的影响，如数据集的质量、预处理的质量、模型的参数设置等。因此，在使用 BLIP 生成标签时，需要根据具体情况进行优化和调整。

步骤 03 图像预处理完成后，进入 output 文件夹，即可看到处理结果，包括图片和 caption（包含提示词信息）文档，如图 6.7 所示。

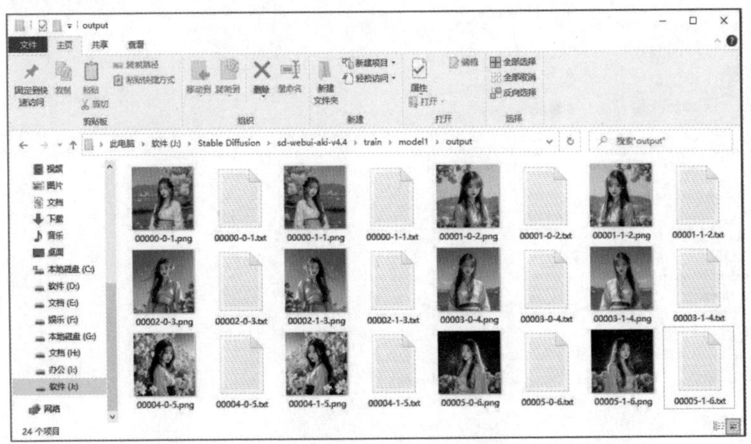

图 6.7 output 文件夹中的图片和 caption 文档

6.1.5 练习实例：创建嵌入式模型

扫一扫，看视频

嵌入式模型通常是指将模型嵌入到硬件设备或系统中，以实现实时或离线应用。需要注意的是，在模型的优化和集成过程中，可能需要进行多次迭代和调试，以获得最佳的运行性能和应用效果。下面介绍在 Stable Diffusion 中创建嵌入式模型的操作方法。

步骤 01 在“训练”页面中切换至“创建嵌入式模型”选项卡，设置“名称”为 model1、“每个词元的向量数”为 6，如图 6.8 所示。

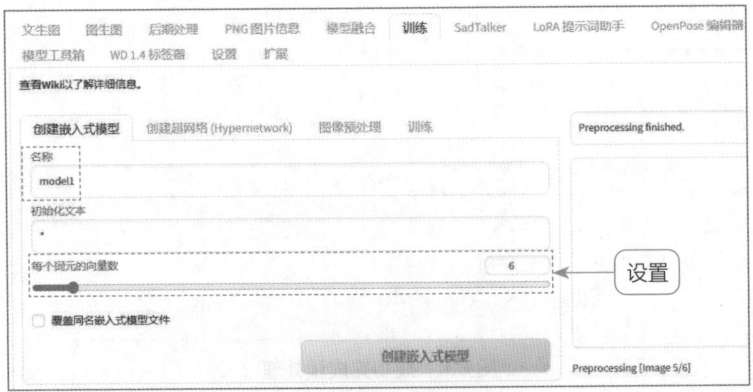

图 6.8 设置相应参数

专家提示

在 Stable Diffusion 中，每个词元（token）的向量数取决于预训练模型的架构和输入数据的特性。通常情况下，预训练语言模型使用 Transformer 架构，每个词元会被转换为固定长度的向量表示。

在 Transformer 架构中，每个词元会被分割成一个单词序列，每个单词被表示为一个向量。这些向量通常具有不同的长度，但经过填充操作后，它们会被调整为相同的长度。

对于输入数据，如文本或图像，每个输入也会被转换为一系列向量。这些向量可以是文本中的词元向量，也可以是图像中的像素向量。另外，对于图像输入，通常会使用 CNN 或其他图像处理技术来提取特征向量。

步骤 02 单击“创建嵌入式模型”按钮，页面右侧会显示嵌入式模型的保存路径，表示嵌入式模型创建成功，如图 6.9 所示。

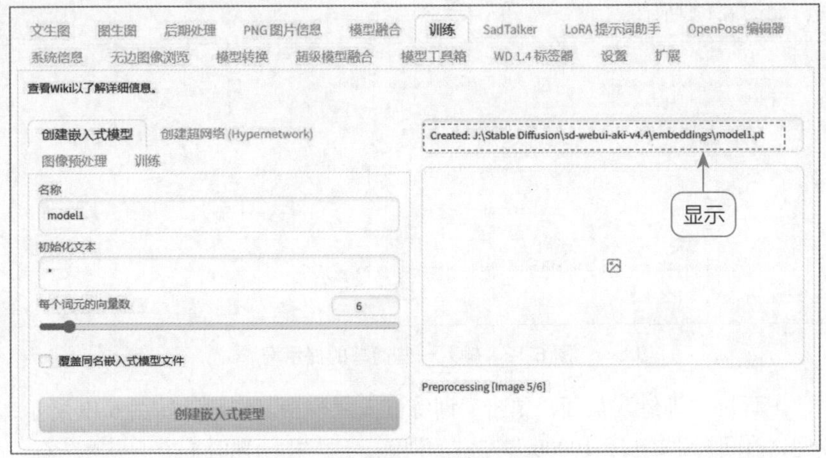

图 6.9　嵌入式模型创建成功

6.1.6　练习实例：开始进行 Embedding 模型训练

在 Stable Diffusion 中，模型训练的过程又称为“炼丹”，这是因为基于深度学习技术的模型训练过程与“炼丹”有相似之处。完成前面的操作后，接下来即可开始训练 Embedding 模型，具体操作方法如下。

扫一扫，看视频

步骤 01 在“训练”页面中，切换至“训练”选项卡，在“嵌入式模型（Embedding）”列表框中选择前面创建的嵌入式模型，在“数据集目录”文本框中输入 output 文件夹的路径，在“提示词模板”列表框中选择 subject_filewords.txt（包含主题文件和单词的文本文件）选项，相关设置如图 6.10 所示。

步骤 02 在页面下方继续设置“最大步数”为 10000（表示完成这么多步骤后，训练将停止），选中“进行预览时，从文生图选项卡中读取参数（提示词等）”复选框，用于读取文生图中的参数信息，相关设置如图 6.11 所示。

图 6.10　选择 subject_filewords.txt 选项

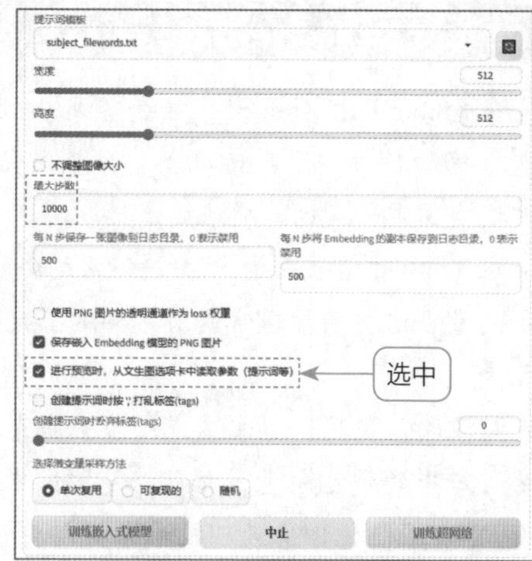

图 6.11　选中相应复选框

步骤 03 设置完成后，进入“文生图”页面，选择一个合适的大模型，并输入一些简单的提示词，如图 6.12 所示。

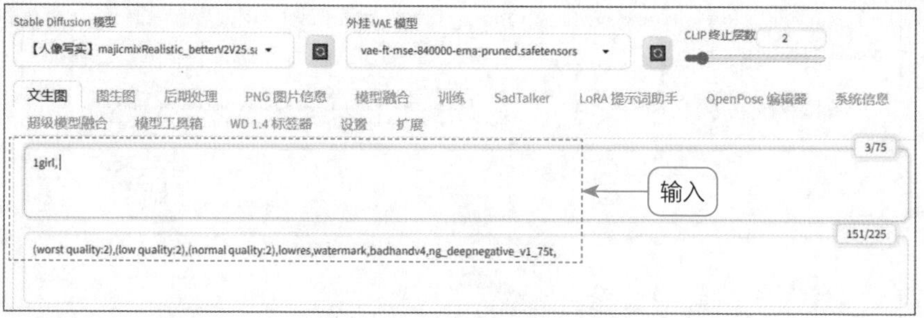

图 6.12　输入一些简单的提示词

步骤 04 返回“训练”页面，单击“训练嵌入式模型”按钮，如图 6.13 所示，即可开始训练模型，时间会比较长，10000 步左右的训练，通常需要耗时 1 个半小时左右。

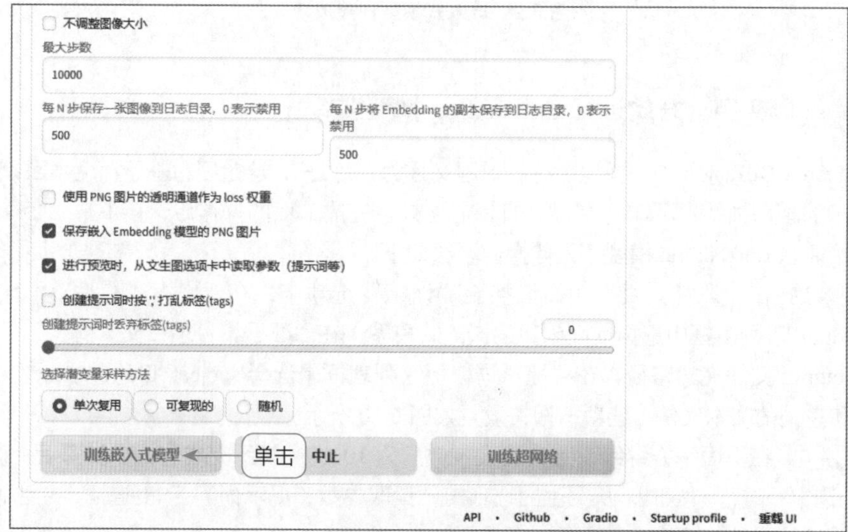

图 6.13　单击“训练嵌入式模型”按钮

步骤 05 训练完成后，可以在扩展模型中切换至“嵌入式（T.I. Embedding）”选项卡，在其中即可查看训练好的嵌入式模型，如图 6.14 所示。用户在进行文生图或图生图操作时，可以直接选择该模型进行绘图。

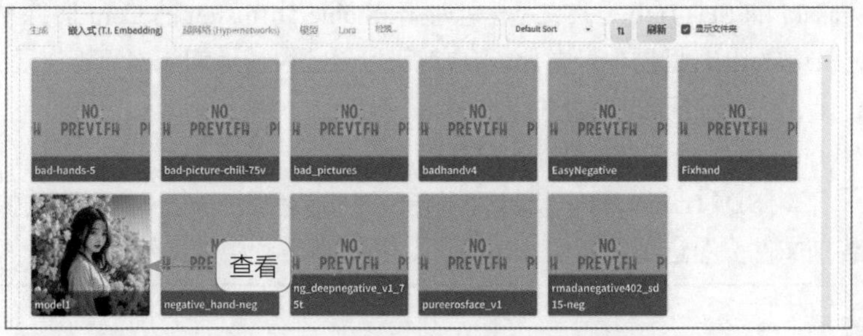

图 6.14　查看训练好的嵌入式模型

专家提示

需要注意的是，在模型的训练过程中，每隔 500 步，页面右侧会显示模型训练的效果预览图，如图 6.15 所示。如果用户觉得满意，可以单击“中止”按钮来结束训练；如果不满意，可以让训练操作继续执行。通常需要到 10000 步左右，才可能出现比较不错的出图效果，有些配置差的计算机可能要到 30000 步才可以。

图 6.15　显示模型训练的效果预览图

6.2　Lora 模型训练，让 AI 生成的图像画风更具个性

Lora 模型训练是一种基于深度学习的模型训练方法，它通过学习大量的图像数据，提取出图像中的特征和规律，从而生成具有个性的图像。这种训练方法不仅具有高效性，而且可以生成更加丰富、多样的图像风格。

6.2.1 练习实例：Lora 模型训练的准备工作

扫一扫，看视频

在训练 Lora 模型之前，用户需要先下载相应的训练器，如这里使用的秋葉 aaaki 的 SD-Trainer，它是一个基于 Stable Diffusion 的 Lora 训练 WebUI。使用 SD-Trainer，只需少量图片，用户就可以轻松快捷地训练出属于自己的 Lora 模型，让 AI 按照自己的想法进行绘画。

下面介绍 Lora 模型训练的一些具体准备工作。

步骤 01 下载 SD-Trainer 的安装包后，选择该安装包并右击，在弹出的快捷菜单中选择“解压到当前文件夹”选项，如图 6.16 所示，将其解压到当前文件夹中。

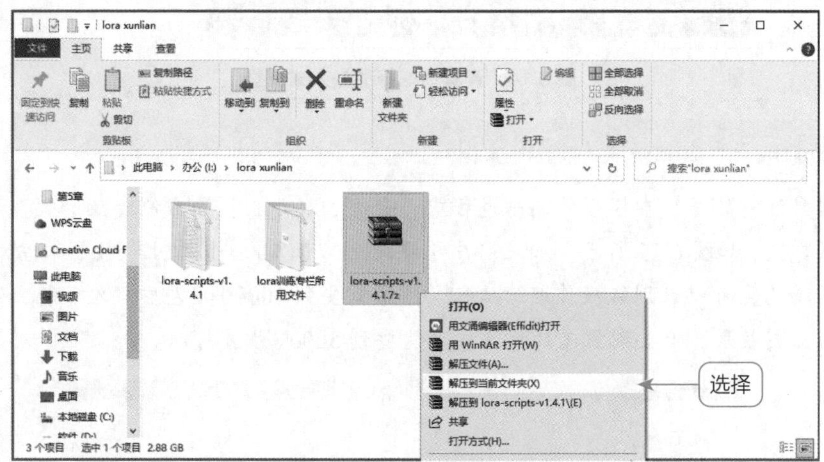

图 6.16　选择“解压到当前文件夹”选项

步骤 02 解压完成后，进入安装目录下的 train 文件夹，创建一个用于存放 Lora 模型的文件夹，如 lora5（建议与要训练的 Lora 模型名称一致），如图 6.17 所示。

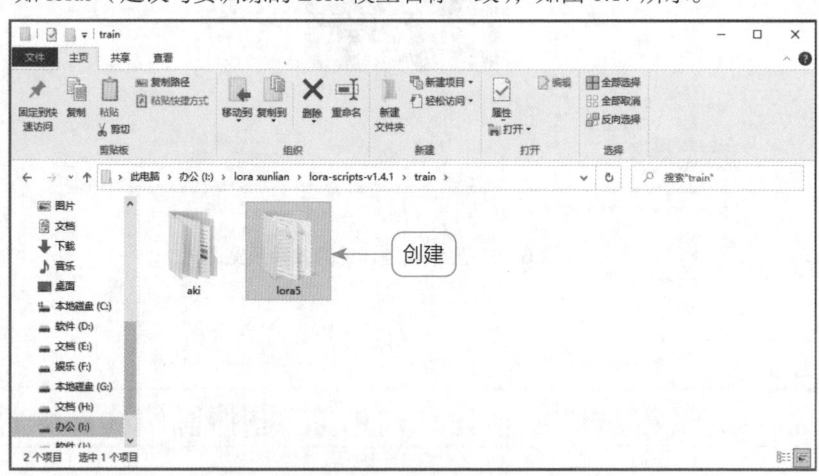

图 6.17　创建一个存放 Lora 模型的文件夹

步骤 03 进入 lora5 文件夹，在其中再创建一个名为 10_lora5 的文件夹，并将准备好的训练图片放入其中，如图 6.18 所示。

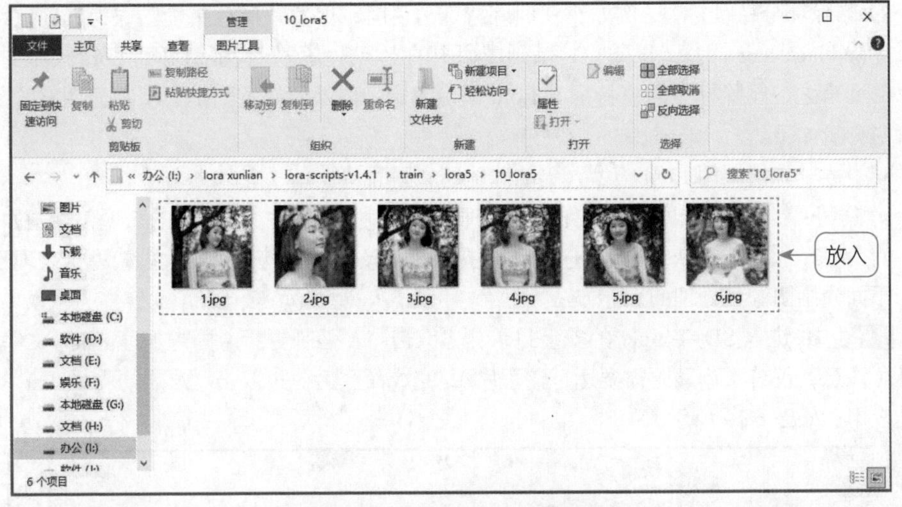

图 6.18 放入相应的训练图片

【技巧提示】训练图片素材的处理技巧

用户需要先明确自己的训练主题，如特定的人物、物品或画风。确定好主题后，还需要准备用于训练的图片素材。图片素材的质量直接关系到模型的表现，因此一个理想的训练集应具备以下要求。

❶ 准备不少于 15 张高质量的图片，通常建议准备 20 ~ 50 张图。注意，由于本书只是用于讲解操作方法，因此并没有用到这么多图片。

❷ 确保图片主体内容清晰可识别、特征鲜明，同时保持图片构图简单，避免干扰元素。

❸ 如果选择人物照片，尽量以脸部特写为主（包括多个角度和表情），同时还可以混入几张不同姿势和服装的全身照片。

❹ 避免使用重复或相似度过高的图片。

准备好图片素材之后，需要对这些图片进行进一步处理。

❶ 对于低像素的图片，可以使用 Stable Diffusion 的后期处理功能进行高清放大处理。

❷ 统一图片的分辨率，确保分辨率是 64 的倍数。在显存较低的情况下，可以将图片裁切为 512px × 512px 的分辨率；在显存较高的情况下，可以将图片裁切为 768px × 768px 的分辨率。

6.2.2 练习实例：图像预处理和打标优化

扫一扫，看视频

图像预处理主要是对训练图片进行标记，有助于提升 AI 的学习效果。在生成 tags 打标文件后，还需要优化文件内的标签，通常采用以下两种优化方式。

❶ 保留所有标签：不删减任何标签，直接应用于训练，这种方法常用于训练不同画风或追求高效快速训练人物模型的情境，其优劣分析如下。

- 优势：省去了处理标签的时间和精力，同时减少了出现过拟合情况的可能性。
- 劣势：因为风格变化大，需要输入大量标签进行调用。同时，在训练时需要增加 epoch（指整个数据集的一次前向和一次反向传播过程）训练轮次，导致训练时间拉长。

❷ 删除部分特征标签：例如，在训练特定角色时，保留“黑色头发”作为其独有特征，因此删除 black hair 标签，以防止将基础模型中的“黑色头发”特征引导到 Lora 模型的训练中。简而言之，删除标签即将特征与 Lora 模型绑定，而保留标签则扩大了画面调整的范围，其优劣分析如下。

- 优势：方便调用 Lora 模型，更准确地还原画面特征。
- 劣势：容易导致出现过拟合的情况，同时泛化性能降低。过拟合的表现包括画面细节丢失、模糊、发灰、边缘不齐、无法执行指定动作等，特别是在大型模型上表现不佳。

下面介绍图像预处理的操作方法。

步骤 01 进入 SD-Trainer 的安装目录，先双击“A 强制更新 - 国内加速 .bat”文件进行更新（注意，仅首次启动时需要运行该程序），完成命令后，再双击“A 启动脚本 .bat”文件启动应用，如图 6.19 所示。

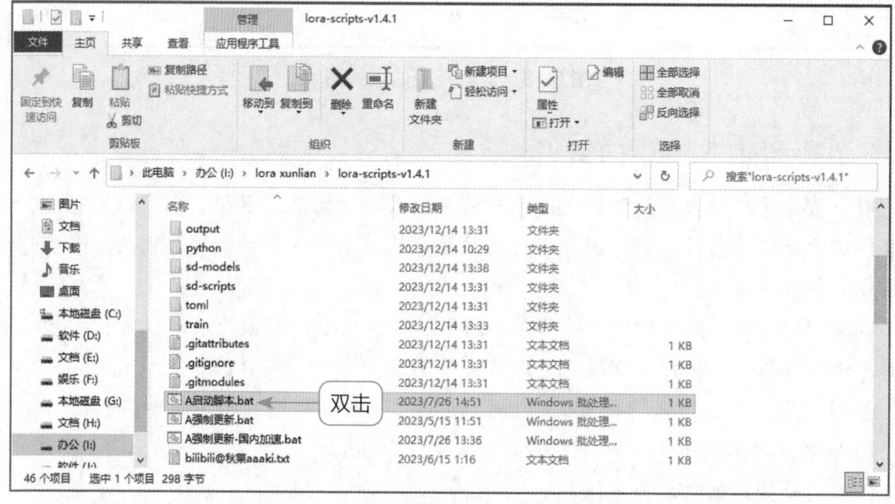

图 6.19　双击“A 启动脚本 .bat”文件

步骤 02 执行操作后，即可打开 SD-Trainer | SD 训练 UI，页面会显示 SD-Trainer 的更新日志，单击左侧的“WD 1.4 标签器”链接，如图 6.20 所示。

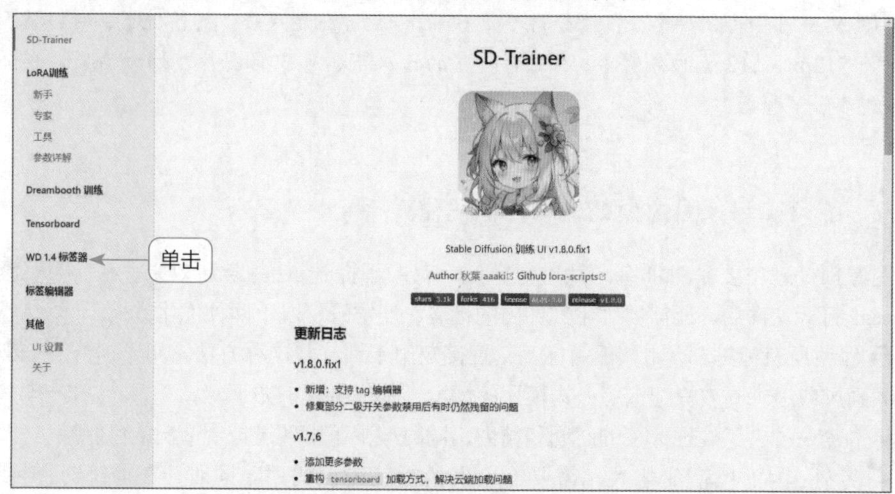

图 6.20　单击左侧的“WD 1.4 标签器”链接

步骤 03 执行操作后，进入“WD 1.4 标签器”页面，设置相应的图片文件夹路径（5.2.1小节中创建的 10_lora5 文件夹的路径），并输入相应的附加提示词（用逗号分隔），作为起手通用提示词，用于提升画面的质感，如图 6.21 所示。

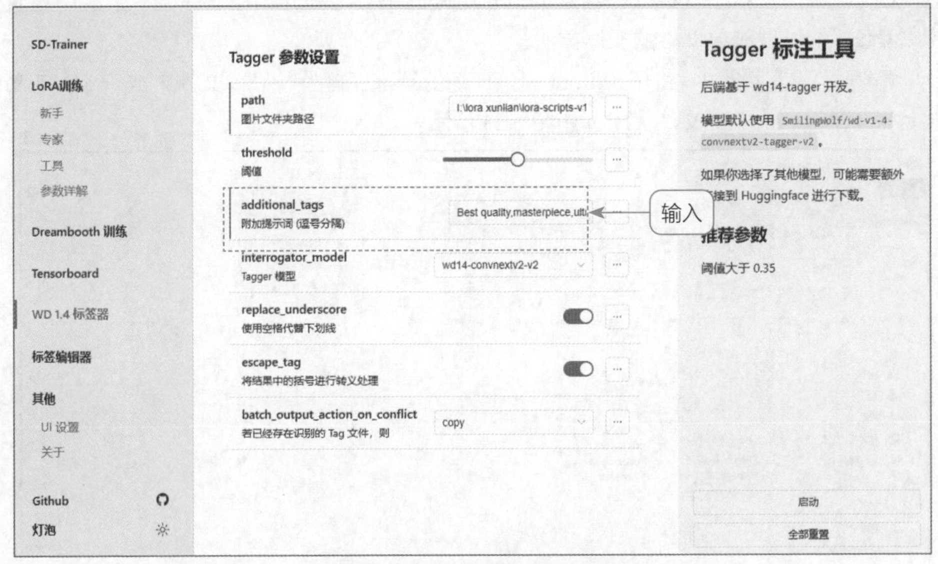

图 6.21 输入相应的附加提示词

步骤 04 单击右下角的“启动”按钮，即可进行图像预处理，可以在“命令提示符”窗口中查看处理结果，同时还会在 10_lora5 文件夹中生成相应的标签文档，如图 6.22 所示。

图 6.22 查看处理结果和生成的标签文档

6.2.3 练习实例：设置训练模型和数据集

扫一扫，看视频

SD-Trainer 提供了“新手”和“专家”两种 Lora 模型训练模式，建议新手采用“新手”模式，参数的设置比较简单。下面介绍在“新手”模式中设置训练模型和数据集的操作方法。

步骤 01 将用于 Lora 模型训练的基础底模型（底模文件）放入 SD-Trainer 安装目录下的 sd-models 文件夹中，如图 6.23 所示。

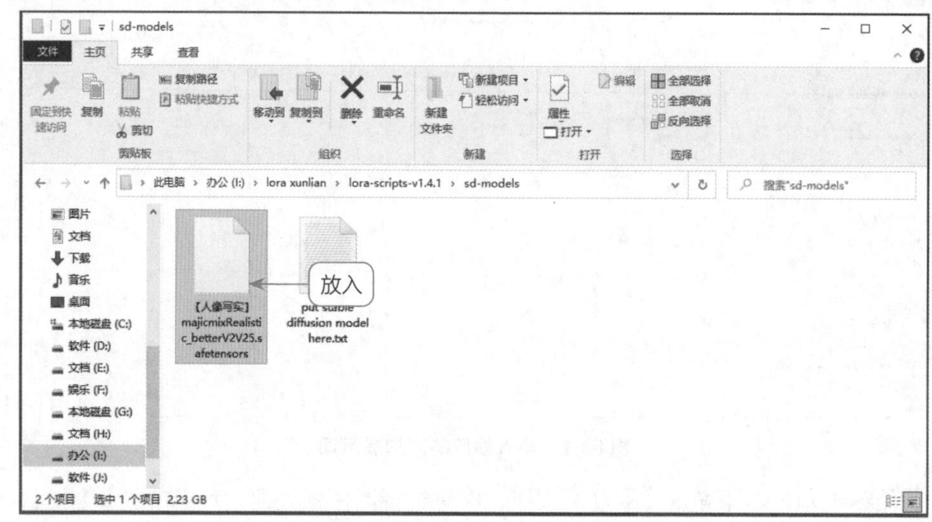

图 6.23 在相应文件夹中放入基础底模型

步骤 02 打开 SD-Trainer | SD 训练 UI，单击左侧的“新手”链接进入其页面，在“训练用模型”选项区中设置相应的底模文件路径（上一步准备的基础底模型），在“数据集设置”选项区中设置相应的训练数据集路径（10_lora5 文件夹的路径），如图 6.24 所示。

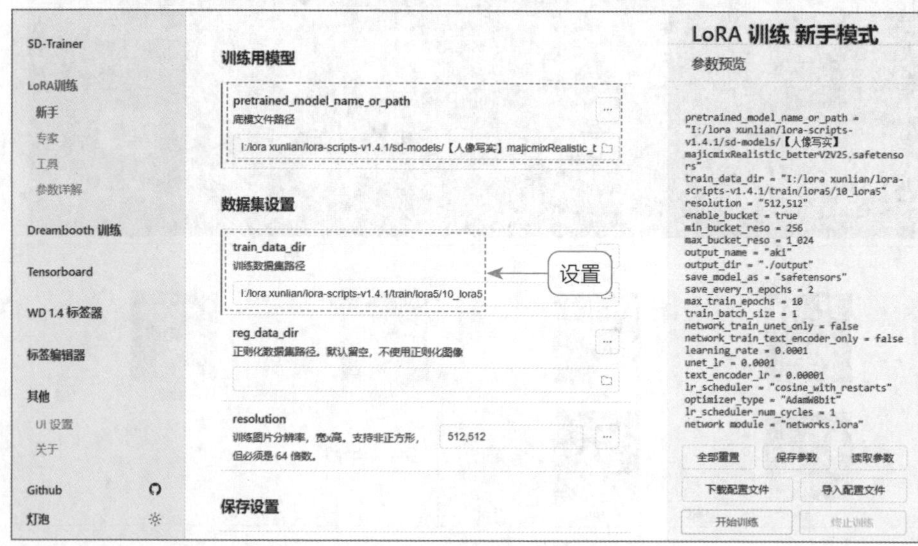

图 6.24 设置相应参数

专家提示

10_lora5 中的 10 是 repeat 数，即在训练过程中，对于每一张图片，需要重复训练的次数。这个数字通常用于控制模型训练的精度和稳定性。

在修改 repeat 数时，需要根据具体的训练过程和模型要求来确定。一般来说，增加 repeat 数可以提高模型的训练精度，但也会增加训练时间和计算资源的消耗。因此，用户需要根据实际情况进行权衡和选择。

6.2.4 练习实例：配置参数并开始训练

完成前面的基本设置后，接下来需要配置 SD-Trainer 的训练参数，并开始进行 Lora 模型训练，具体操作方法如下。

步骤 01 在“新手”页面的“保存设置”选项区中，设置相应的模型保存名称和路径，如图 6.25 所示。

图 6.25 设置相应的模型保存名称和路径

步骤 02 在页面下方继续设置训练相关参数、学习率与优化器参数、训练预览图参数等选项，相关参数如下。对于这些参数的具体功能，用户可以进入 SD-Trainer | SD 训练 UI 中的“参数详解”页面进行查看，本书由于页面有限，不再一一进行介绍。

```
pretrained_model_name_or_path = "I:/lora xunlian/lora-scripts-v1.4.1/sd-models/【人像写实】majicmixRealistic_betterV2V25.safetensors"
train_data_dir = "I:/lora xunlian/lora-scripts-v1.4.1/train/lora5/10_lora5"
resolution = "512,512"
enable_bucket = true
min_bucket_reso = 256
```

```
max_bucket_reso = 1_024
output_name = "lora5"
output_dir = "./output"
save_model_as = "safetensors"
save_every_n_epochs = 2
max_train_epochs = 10
train_batch_size = 1
network_train_unet_only = false
network_train_text_encoder_only = false
learning_rate = 0.0001
unet_lr = 0.0001
text_encoder_lr = 0.00001
lr_scheduler = "cosine_with_restarts"
optimizer_type = "AdamW8bit"
lr_scheduler_num_cycles = 1
network_module = "networks.lora"
network_dim = 32
network_alpha = 32
logging_dir = "./logs"
caption_extension = ".txt"
shuffle_caption = true
keep_tokens = 0
max_token_length = 255
seed = 1_337
prior_loss_weight = 1
clip_skip = 2
mixed_precision = "fp16"
save_precision = "fp16"
xformers = true
cache_latents = true
persistent_data_loader_workers = true
lr_warmup_steps = 0
```

步骤 03 设置完成后，单击“开始训练”按钮，在“命令提示符”窗口中可以查看模型的训练进度，如图 6.26 所示。

步骤 04 模型训练完成后，进入 output 文件夹，即可看到训练好的 Lora 模型，如图 6.27 所示。

```
C:\Windows\system32\cmd.exe
mean ar error (without repeats): 0.0
preparing accelerator
loading model for process 0/1
load StableDiffusion checkpoint: I:/lora xunlian/lora-scripts-v1.4.1/sd-models/【人像写实】majicmixRealistic_betterV2V25
.safetensors
UNet2DConditionModel: 64, 8, 768, False, False
loading u-net: <All keys matched successfully>
loading vae: <All keys matched successfully>
loading text encoder: <All keys matched successfully>
Enable xformers for U-Net
import network module: networks.lora
[Dataset 0]
caching latents.
checking cache validity...
100%|████████████████████████████████████████| 6/6 [00:00<?, ?it/s]
caching latents...
100%|████████████████████████████████████| 6/6 [00:01<00:00,  3.12it/s]
create LoRA network. base dim (rank): 32, alpha: 32
neuron dropout: p=None, rank dropout: p=None, module dropout: p=None
create LoRA for Text Encoder:
create LoRA for Text Encoder: 72 modules.
create LoRA for U-Net: 192 modules.
enable LoRA for text encoder
enable LoRA for U-Net
prepare optimizer, data loader etc.
bin I:\lora xunlian\lora-scripts-v1.4.1\python\lib\site-packages\bitsandbytes\libbitsandbytes_cuda118.dll
use 8-bit AdamW optimizer | {}
override steps. steps for 10 epochs is / 指定エポックまでのステップ数: 420
running training / 学習開始
  num train images * repeats / 学習画像の数×繰り返し回数: 42
  num reg images / 正則化画像の数: 0
  num batches per epoch / 1epochのバッチ数: 42
  num epochs / epoch数: 10
  batch size per device / バッチサイズ: 1
  gradient accumulation steps / 勾配を合計するステップ数 = 1
  total optimization steps / 学習ステップ数: 420
steps:   0%|                                      | 0/420 [00:00<?, ?it/s]
epoch 1/10
steps:   6%|██                | 24/420 [00:43<11:55,  1.81s/it, avr_loss=0.236]
```

查看

图 6.26　查看模型的训练进度

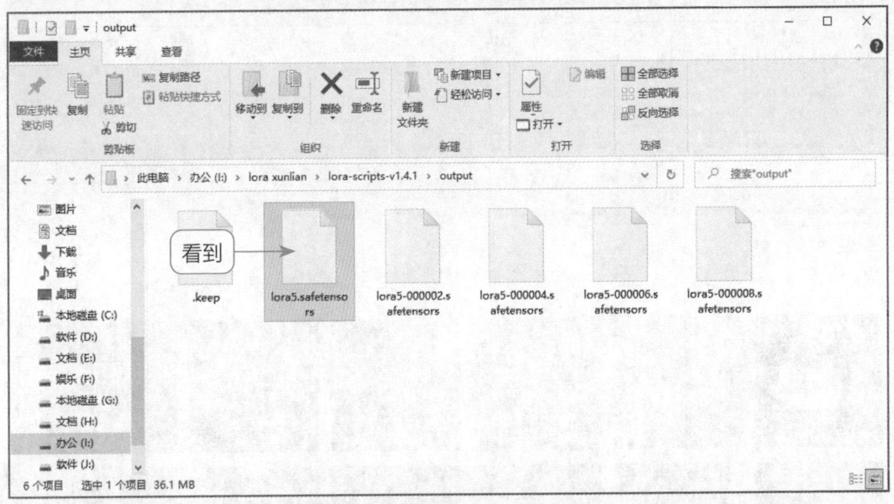

图 6.27　看到训练好的 Lora 模型

6.2.5　练习实例：测试 Lora 模型

本小节将训练好的 Lora 模型放入 Stable Diffusion 的 Lora 模型文件夹中，并测试该 Lora 模型的绘画效果，原图与效果图对比如图 6.28 所示。从图 6.28 中可以看到，通过 Lora 模型生成的图像会带有原图的画风，包括人物脸型、发型、服饰和背景等元素都非常相似。

扫一扫，看视频

图 6.28　原图与效果图对比

下面介绍测试 Lora 模型的操作方法。

步骤 01 进入“文生图”页面，选择训练 Lora 模型时使用的大模型，输入简单的提示词。切换至 Lora 选项卡，单击“刷新”按钮即可看到新安装的 Lora 模型，选择该 Lora 模型并将其添加到提示词输入框中，用于固定图像画风，如图 6.29 所示。

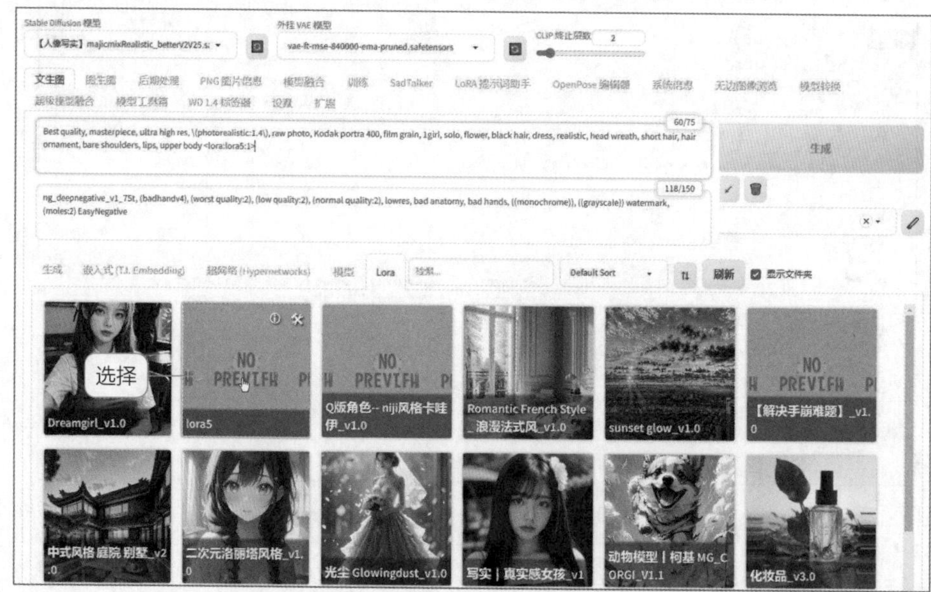

图 6.29　将 Lora 模型添加到提示词输入框中

步骤 02 在页面下方设置“采样方法”为 DPM++ 2M Karras，使得采样结果更加真实、自然，其他参数保持默认即可，如图 6.30 所示。

步骤 03 单击“生成”按钮，即可生成相应画风的图像，效果如图 6.28（右图）所示。

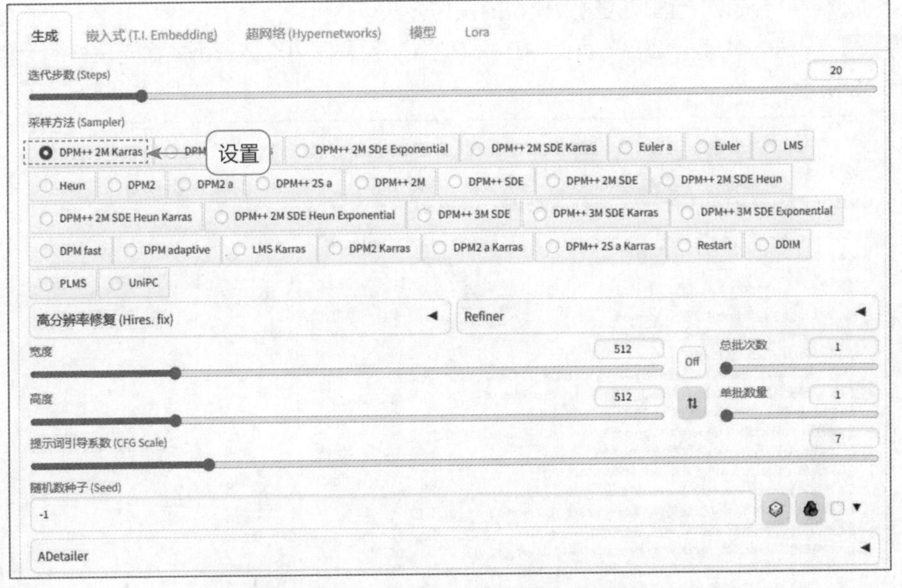

图 6.30　设置“采样方法”为 DPM++ 2M Karras

6.3　综合实例：融合二次元国风人物大模型

扫一扫，看视频

合并模型是指通过加权混合多个学习模型，从而生成为一个综合模型。简单来说，就是给每个模型分配一个权重，并将它们融合在一起。例如，本实例通过融合二次元风格和国风人物类的大模型，生成二次元国风人物效果，如图 6.31 所示。

图 6.31　效果展示

下面介绍融合二次元国风人物大模型的操作方法。

步骤 01 进入“模型融合”页面，在“模型 A”列表框中选择一个二次元风格的大模型，如图 6.32 所示。

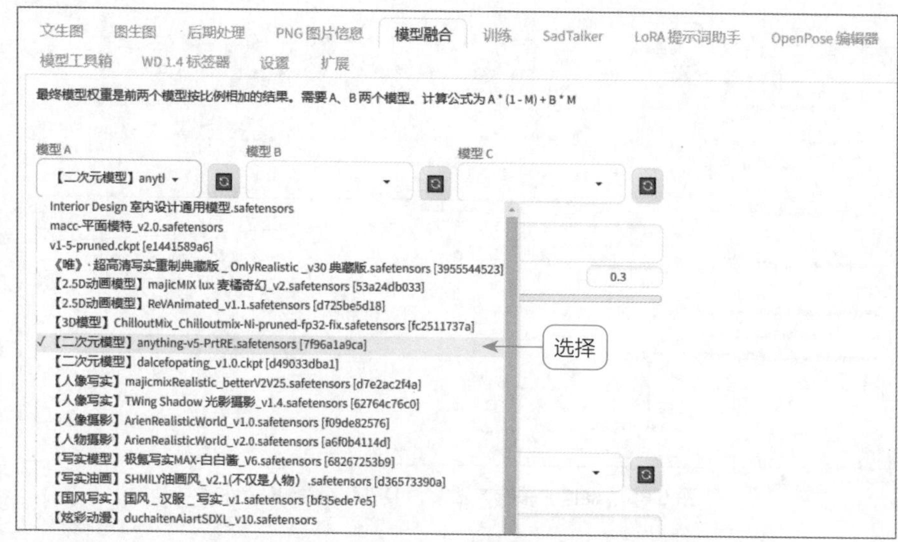

图 6.32　选择一个二次元风格的大模型

步骤 02 在“模型 B”列表框中选择一个国风人物类的大模型，并设置“自定义名称（可选）”为“二次元国风人物”，作为合并后的新模型名称，如图 6.33 所示。

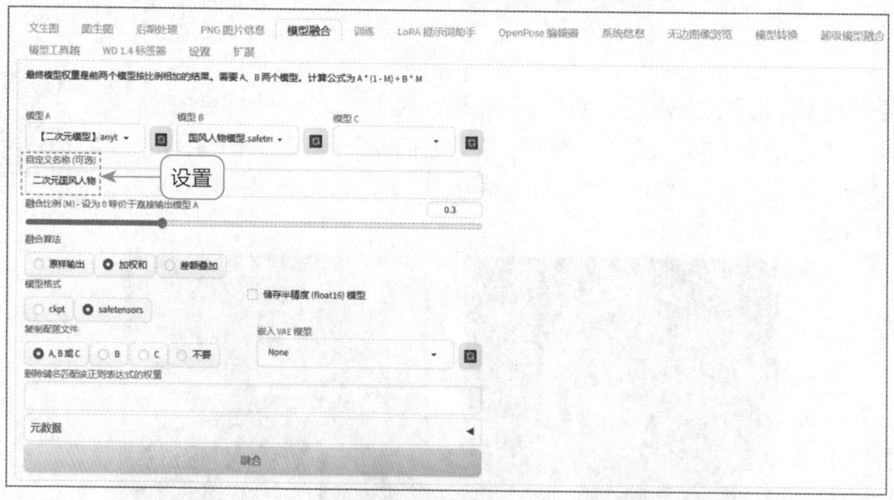

图 6.33　设置“自定义名称（可选）”参数

步骤 03 单击“融合”按钮，即可开始合并选择的两个大模型，并显示合并进度，如图 6.34 所示。

步骤 04 模型合并完成后，在右侧会显示输出的新模型路径，可以看到新模型已自动放置在 Stable Diffusion 的主模型目录中，如图 6.35 所示。

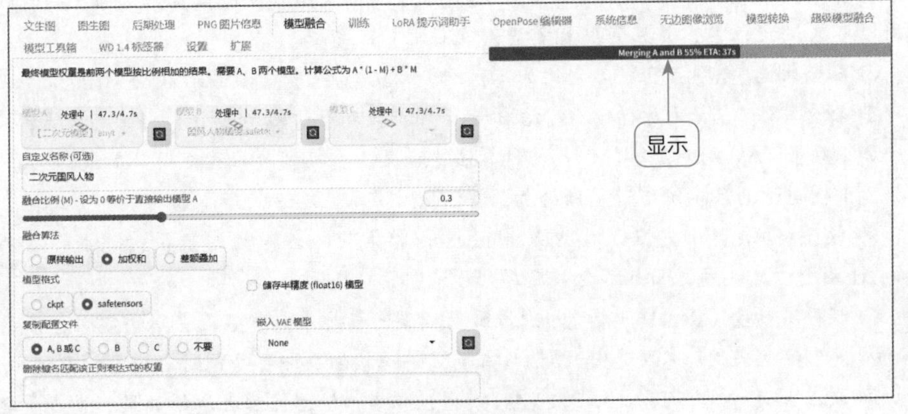

图 6.34　显示合并进度

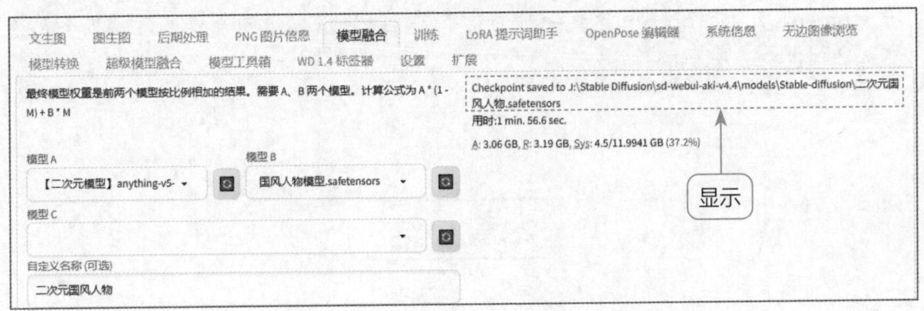

图 6.35　显示合并后的新模型路径

步骤 05 进入“文生图”页面，在“Stable Diffusion 模型”列表框中选择刚才合并的新模型，并输入相应的提示词，指定生成图像的画面内容，如图 6.36 所示。

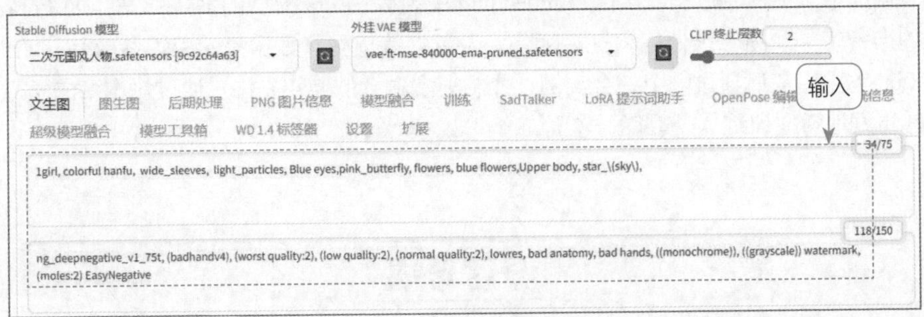

图 6.36　输入相应的提示词

步骤 06 设置相应的出图尺寸（512px × 768px），单击两次“生成”按钮，即可生成兼具二次元风格和国风风格的人物图像，效果如图 6.31 所示。

【技巧提示】“模型融合”页面中的参数设置技巧

在“模型融合”页面中，相关参数的设置技巧如下。

❶ 模型 A、模型 B、模型 C：最少需要合并 2 个模型，最多可同时合并 3 个模型。

❷ 自定义名称（可选）：设置融合模型的名字，建议把 2 个模型和所占比例都加入名

称中，如 Anything_v4.5_0.5_3Guofeng3_0.5。注意，如果用户没有设置该选项，则会默认使用模型 A 的文件名，并且会覆盖模型 A 文件。

③ 融合比例（M）：模型 A 占比为（1–M）×100%，模型 B 占比为 M×100%。

④ 融合算法：包括“原样输出（结果 =A）”“加权和［结果 =A×（1–M）+B×M］”“差额叠加［结果 =A+（B–C）×M］”3 种算法，合并 2 个模型时推荐使用“加权和”算法，合并 3 个模型时则只能使用“差额叠加”算法。

⑤ 模型格式：ckpt 是默认格式，safetensors 格式可以理解为 ckpt 的升级版，拥有更快的 AI 绘图生成速度，而且不会被反序列化攻击。

⑥ 储存半精度（float16）模型：通过降低模型的精度来减少显存占用的空间。

⑦ 复制配置文件：建议选中“A，B 或 C”单选按钮，即可复制所有模型的配置文件。

⑧ 嵌入 VAE 模型：嵌入当前的 VAE 模型，相当于给图像加上滤镜效果，缺点是会增加模型的容量。

⑨ 删除键名匹配该正则表达式的权重：可以理解为用户想删除模型内的某个元素时，可以将其键值进行匹配删除。

本章小结

本章主要介绍了 Stable Diffusion 模型训练的相关知识，具体内容包括：Embedding 模型训练的方法，如 Embedding 模型训练概述、对 Stable Diffusion 进行配置、对图像进行预处理操作、创建嵌入式模型、开始训练 Embedding 模型等；Lora 模型的训练方法，如 Lora 模型训练的准备工作、图像预处理和打标优化、设置训练模型和数据集、配置参数并开始训练、测试 Lora 模型；最后通过一个综合实例，介绍模型融合的操作方法。通过对本章的学习，读者能够更好地掌握训练 AI 模型的技巧。

课后习题

1. 使用 bad_pictures 这种 Embedding 模型优化 AI 生成的人物角色，效果如图 6.37 所示。
2. 使用古风类 Lora 模型固定 AI 生成的图像画风，效果如图 6.38 所示。

扫一扫，看视频

图 6.37　优化 AI 生成的人物角色效果

扫一扫，看视频

图 6.38　古风类 Lora 模型生成的图像效果

第 07 章 提示词的用法与语法格式

使用 Stable Diffusion 的文生图或图生图功能进行 AI 绘画时，用户可以通过给定一些提示词或上下文信息，让 AI 生成与这些文本描述相关的图像效果。本章将介绍提示词的使用技巧、语法格式、反推技巧等内容。

本章要点

- 告别混乱，轻松掌握提示词的正确用法
- 解锁提示词语法秘密，让 AI 画作更生动
- 以图生文，不可不知的提示词反推技巧
- 打造万能提示词词库，让创意无限发挥
- 综合实例：使用 Prompt matrix 筛选提示词

7.1 告别混乱，轻松掌握提示词的正确用法

Stable Diffusion 中的提示词又称 tag，是一种文本描述信息，用于指导生成图像的方向和画面内容。提示词可以是关键词、短语或句子，用于描述所需的图像样式、主题、风格、颜色、纹理等。清晰的提示词可以帮助 Stable Diffusion 生成更符合用户需求的图像效果。

7.1.1 提示词简介

提示词在 AI 领域扮演着至关重要的角色。为了更好地理解提示词的含义，我们可以首先回顾一下 AI 的发展历程。在 AI 的早期阶段，模型通常是基于规则和算法进行训练和运行的。随着深度学习技术的兴起，现代 AI 系统开始依赖于大规模的数据库进行训练。这些数据库为模型提供了丰富的信息，使它们能够从中学习并模仿人类的行为。

尽管 AI 系统已经取得了显著的进步，但它们仍然无法像人类一样准确地理解和处理自然语言。为了解决这个问题，提示词应运而生。提示词是一种特殊的文本信息，它被设计用来指导 AI 模型的行为，帮助它们更好地理解和处理人类输入的信息。

提示词的原理很简单：当 AI 模型执行任务时，用户提供正向或反向的反馈信息来指导 AI 模型的行为，这种反馈信息就构成了提示词。通过提示词，用户可以向 AI 模型传达更准确、更具体的期望和要求。这使得 AI 模型能够更好地适应不同的任务和环境，并且能够提供更符合用户需求的结果。

在图像生成领域，提示词的应用尤为广泛，它是一种调节绘图 AI 模型的方法。通过输入想要的内容和效果，AI 模型就能理解用户想表达的含义，并据此生成相应的图像。提示词为用户提供了一种简单而直观的方式来控制绘图模型的行为，使用户可以轻松地实现各种复杂的图像生成任务。

总的来说，提示词是连接人类和 AI 模型的桥梁，它使用户能够以更自然、更直观的方式与 AI 模型进行交互，并实现更高效、更准确的任务执行效果。

7.1.2 掌握提示词的书写规范

目前，大部分的 AI 模型都是基于英文进行训练的，因此输入的提示词主要支持英文，并且可能包含一些辅助 AI 模型理解的数字和符号。由于 AI 模型能够直接生成图像，无须经历传统的手绘或摄影过程，国内的一些 AI 爱好者便将这一过程比喻为“施展魔法”。在这种比喻中，提示词就像施放魔法的“咒语”，而生成参数则是增强魔法效果的“魔杖”。下面介绍 Stable Diffusion 的一些提示词书写规范。

❶ Stable Diffusion 的提示词类型如下。

- 正向提示词（Prompt）：用于描述希望生成的图像内容。
- 反向提示词（Negative prompt）：用于排除不希望出现在图像中的元素。

❷ Stable Diffusion 的提示词输入规则如下。

- 尽量使用英文提示词。
- 不需严格遵循英文语法，以关键词组的形式输入，使用英文逗号分隔。
- 除了特定语法外，大部分情况下字母大小写和断行不会对画面内容产生影响。

❸ 提示词的限制规则：提示词输入有 75 个字符的限制。需要注意的是，这里的 75 并非指 75 个英文单词，因为模型的参数计算是基于标记的，一个单词可能对应多个参数。

❹ 提示词的作用：引导和辅助 AI 模型的绘图过程。注意，即使没有填写任何提示词内容，AI 模型也能生成图像，而且效果可能更好。

❺ 提示词的使用技巧如下。

- 提示词并非越多越好，过多的提示词可能会导致 AI 模型理解时的语意冲突。
- 在绘图过程中，用户可以根据出图效果不断修改提示词内容。

专家提示

通过不断尝试新的提示词组合和使用不同的参数设置，用户可以发现更多的可能性并探索新的创意方向。

在书写提示词时，需要注意以下几点。

❶ 具体、清晰地描述所需的图像内容，避免使用模糊、抽象的词汇。

❷ 根据需要使用多个关键词组合，以覆盖更广泛的图像内容。

❸ 使用正向提示词的同时，可以添加一些修饰语或额外的信息，以增强提示词的引导效果。

❹ Stable Diffusion 生成的图像结果可能受到多种因素的影响，包括输入的提示词、模型本身的性能和训练数据等。因此，即便使用了正确的正向提示词，也可能会生成不符合预期的图像。

7.1.3 套用提示词的基本公式

Stable Diffusion 的提示词输入框分为两部分：上面为正向提示词输入框，下面为反向提示词输入框，如图 7.1 所示。

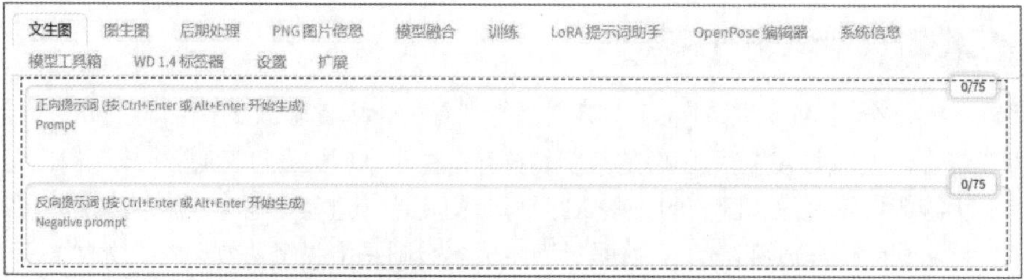

图 7.1　Stable Diffusion 的提示词输入框

虽然很多提示词看着密密麻麻的一大段，但实际上都逃不开一个简单的提示词书写公式，即“画面质量 + 画面风格 + 画面主体 + 画面场景 + 其他元素”，对应的说明如下。

❶ 画面质量：通常为起手通用提示词。

❷ 画面风格：包括绘画风格、构图方式等。
❸ 画面主体：包括人物、物体等细节描述。
❹ 画面场景：包括环境、点缀元素等细节描述。
❺ 其他元素：包括视角、特色、光线等。

7.1.4 练习实例：使用正向提示词绘制画面内容

扫一扫，看视频

Stable Diffusion 中的正向提示词是指那些能够引导 AI 模型生成符合用户需求的图像效果的提示词，这些提示词可以描述所需的全部图像信息。

正向提示词可以是各种内容，以提高图像质量，如 masterpiece（杰作）、best quality（最佳质量）、extremely detailed face（极其细致的面部）等。这些提示词可以根据用户的需求和目标来定制，以帮助 AI 模型生成更高质量的图像，效果如图 7.2 所示。

图 7.2　效果展示

下面介绍使用正向提示词绘制画面内容的操作方法。

步骤 01 进入“文生图”页面，根据前面介绍的书写公式输入相应的正向提示词，如图 7.3 所示。注意，按 Enter 键换行并不会影响提示词的效果。

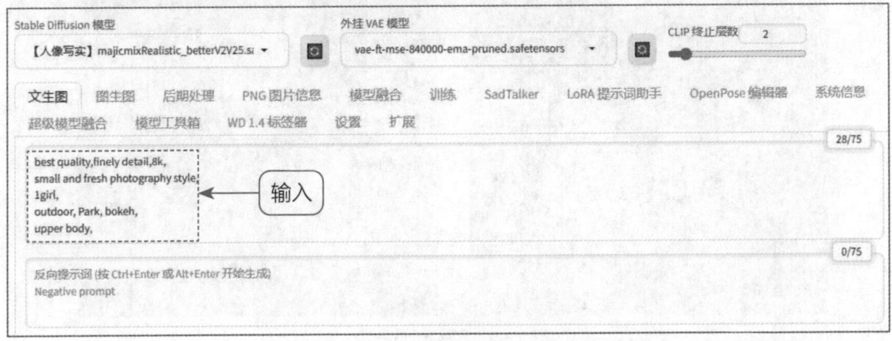

图 7.3　输入相应的正向提示词

步骤 02 在页面下方设置“采样方法”为 DPM++ 2M Karras、“宽度”为 512、“高度”为 680、“总批次数”为 2，提高生成图像的质量和分辨率，如图 7.4 所示。

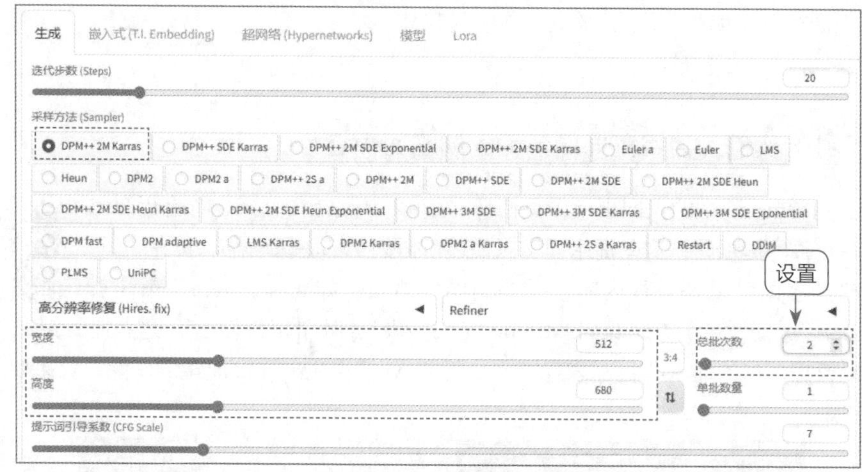

图 7.4　设置相应参数

步骤 03 单击“生成”按钮，即可生成与提示词描述相对应的图像，但画面有些模糊，整体质量不佳，效果如图 7.2 所示。

7.1.5　练习实例：使用反向提示词优化出图效果

扫一扫，看视频

Stable Diffusion 中的反向提示词（又称为负向提示词）是指用来描述不希望在所生成的图像中出现的特征或元素的提示词。反向提示词可以帮助 AI 模型排除某些特定的内容或特征，从而使生成的图像更加符合用户的需求。下面在上一例效果的基础上输入反向提示词，对图像进行优化和调整，让人物细节更清晰、完美，效果如图 7.5 所示。

图 7.5　效果展示

下面介绍使用反向提示词优化出图效果的操作方法。

步骤 01 在“文生图”页面中输入相应的反向提示词，如图 7.6 所示。反向提示词可以让 Stable Diffusion 更加准确地满足用户的需求，避免生成不必要的内容或特征。

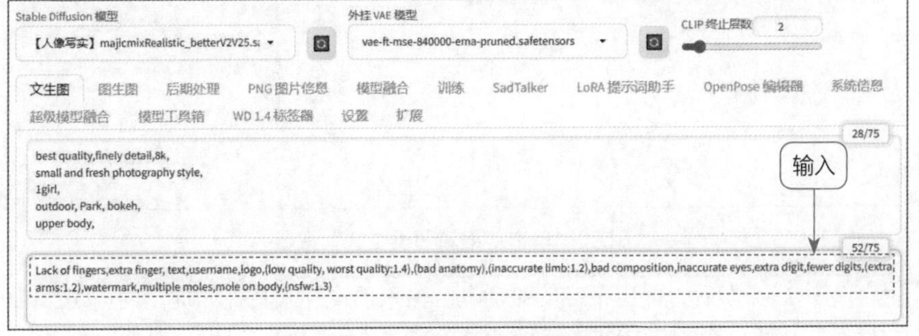

图 7.6　输入相应的反向提示词

步骤 02 单击“生成”按钮，在生成与提示词描述相对应的图像的同时，画面质量会更好，效果如图 7.5 所示。

专家提示

需要注意的是，反向提示词可能会对生成的图像产生一定的限制，因此用户需要根据具体需求进行权衡和调整。

7.1.6　练习实例：使用预设提示词快速生成图像

当用户找到比较合适的提示词后，可以将其保存，便于下次出图时能够快速调用预设提示词，提升出图效率，效果如图 7.7 所示。

扫一扫，看视频

图 7.7　效果展示

下面介绍使用预设提示词快速生成图像的操作方法。

步骤 01 在“文生图”页面中的“生成”按钮下方，单击“编辑预设样式”按钮，如图 7.8 所示。

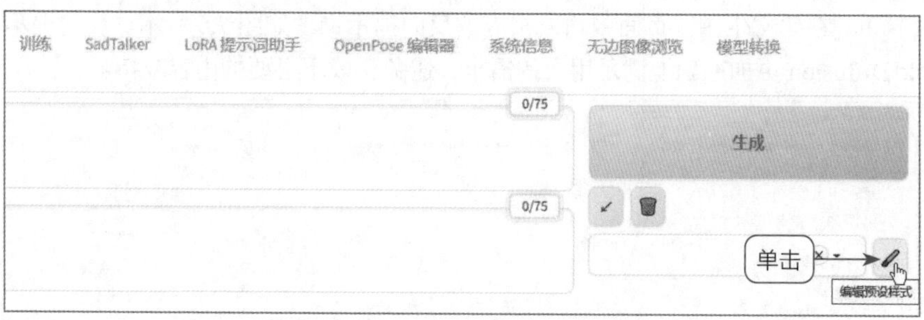

图 7.8　单击“编辑预设样式”按钮

步骤 02 执行操作后，弹出相应的对话框，输入预设样式名称和提示词，如图 7.9 所示。先单击“保存”按钮保存预设样式提示词，再单击“关闭”按钮退出。

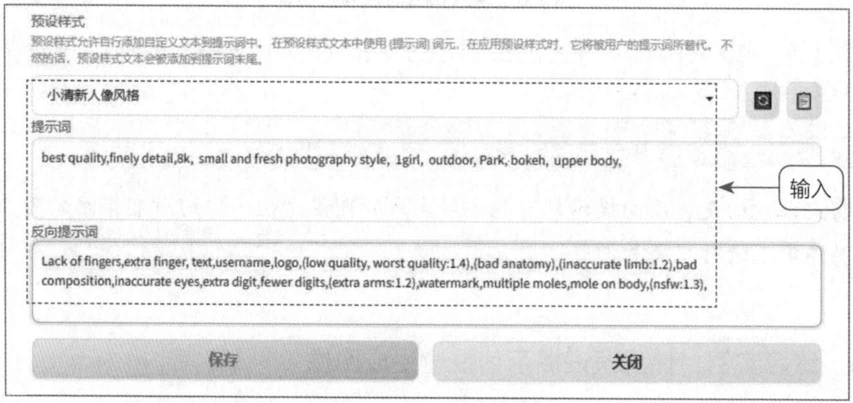

图 7.9　输入预设样式名称和提示词

步骤 03 根据提示词的内容适当调整生成参数，在“预设样式”列表框中选择前面创建的预设样式，如图 7.10 所示。

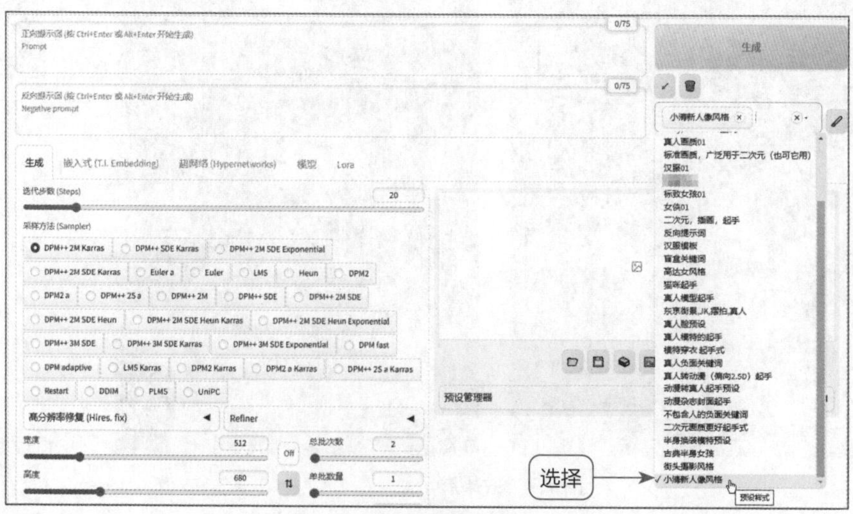

图 7.10　选择前面创建的预设样式

步骤 04 此时不需要写任何提示词，直接单击“生成”按钮，Stable Diffusion 会自动调用该预设样式中的提示词，并快速生成相应的图像，效果如图 7.7 所示。

【技巧提示】编辑预设样式中的提示词内容

用户可以进入安装 Stable Diffusion 的根目录下，找到一个名为 styles.csv 的数据文件，打开该文件后即可编辑预设样式中的提示词内容，如图 7.11 所示。修改提示词后，单击“保存”按钮，即可将提示词自动同步应用到 Stable Diffusion 的预设样式中。

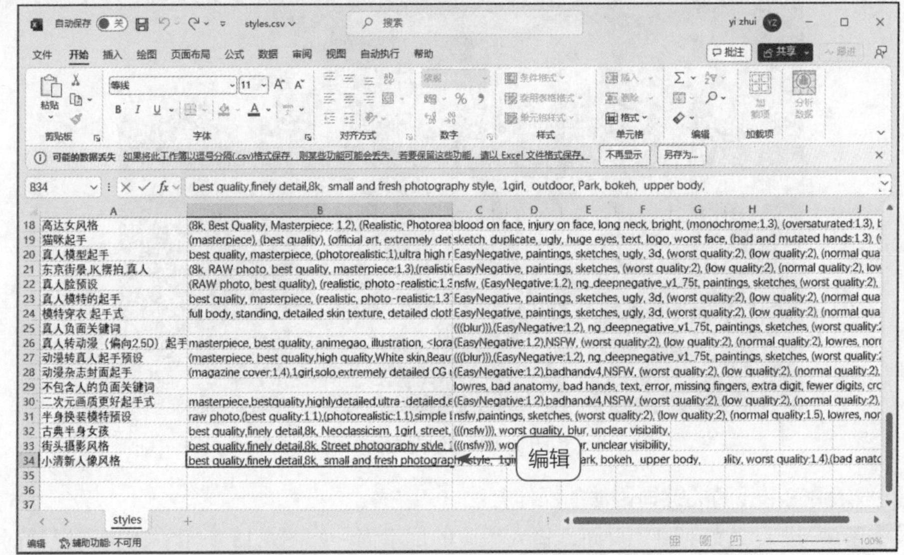

图 7.11　编辑预设样式中的提示词内容

7.2　解锁提示词语法秘密，让 AI 画作更生动

Stable Diffusion 中的提示词可以使用自然语言和用逗号隔开的单词来书写，具有很大的灵活性和可变性，用户可以根据具体需求对提示词进行更复杂的组合和应用。当然，前提是需要使用正确的提示词语法格式，本节将介绍相关的技巧。

7.2.1　练习实例：使用强调关键词语法

提示词的权重具有先后顺序，越靠前的提示词，影响程度越大。通常用户会先描述整体画风，再描述局部画面，最后控制光影效果。然而，如果不对提示词中的个别元素进行控制，只是简单地堆砌关键词，权重效果通常并不明显。因此，用户需要使用语法来更加精细地控制图像的输出结果。

扫一扫，看视频

其中，强调关键词就是 Stable Diffusion 中的一种非常重要的语法格式。通过使用特定的语法结构，如圆括号 ()、方括号 [] 和大括号 {}，可以调整关键词的权重，从而影响 AI 在生

成图像时对特定元素的重视程度。

通常情况下，大括号 {} 在权重控制中较少使用，而圆括号 () 和方括号 [] 更为常见。通过灵活运用这些括号类型，用户可以更好地控制 AI 绘图过程中关键词的权重，从而获得更加符合期望的图像效果，如图 7.12 所示。

图 7.12　效果展示

下面介绍使用强调关键词语法的操作方法。

步骤 01 进入“文生图”页面，输入相应的提示词，如图 7.13 所示。在正向提示词中，“(Chinese style)（中国风）”代表关键词 Chinese style 提升 1.1 倍权重，“(hanfu:1.5)（汉服）”代表关键词 hanfu 提升 1.5 倍权重。

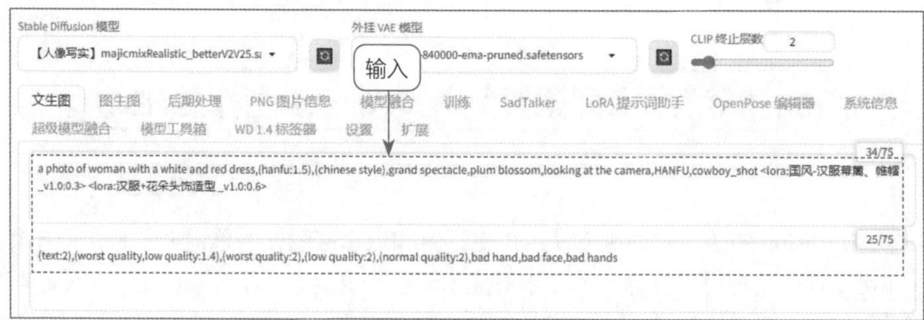

图 7.13　输入相应的提示词

【知识拓展】提示词权重的作用

提示词权重用于控制生成图像中相应提示词的影响程度，具体作用如下。

❶ 当权重数值较高时，AI 模型会更加重视该关键词，并在生成图像时更加突出该部分元素。这意味着，在最终生成的图像中，与高权重关键词相关的内容会更加明显和突出。

❷ 当权重数值较低时，AI 模型对关键词的重视程度会降低，最终生成的图像中与该关键词相关的内容会相对较少或不明显。

步骤 02 在页面下方设置“采样方法”为 DPM++ 2M Karras、“宽度”为 680、“高度”为 512，提高生成图像的质量和分辨率，如图 7.14 所示。

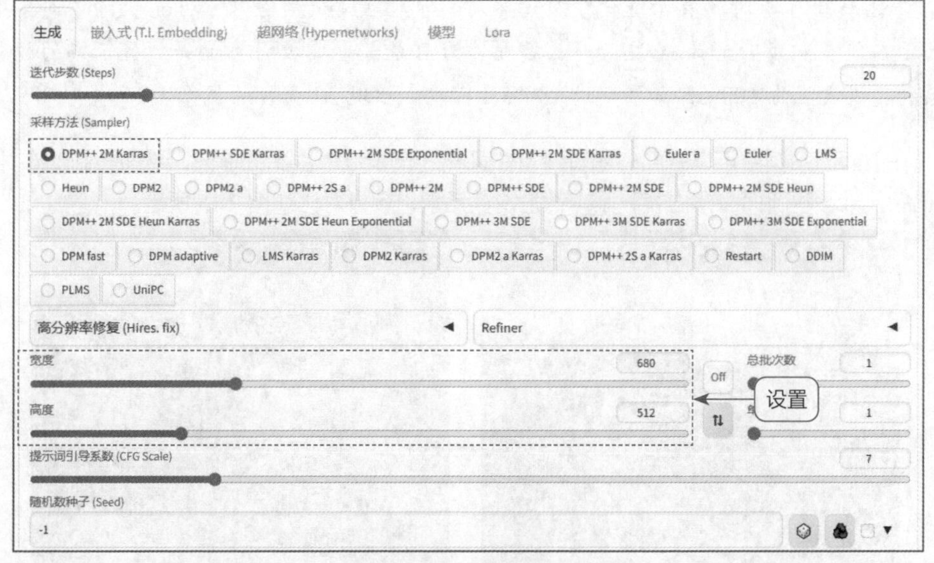

图 7.14 设置相应参数

步骤 03 单击“生成”按钮，即可生成相应的图像，效果如图 7.12 所示。

【技巧提示】提示词权重的设置技巧

除了圆括号外，使用大括号可以将括号内的提示词权重提升 1.05 倍，而且可以通过嵌套实现复数加权，但与圆括号不同，不支持 {blonde hair: 1.5} 这样的写法。在实践中，大括号使用得比较少，圆括号则更为常见，因为它调整起来更加方便。

另外，使用方括号可以将括号内的元素权重除以 1.1，相当于降低到约 0.9 倍权重。降权的语法同样支持多层嵌套，但与大括号类似，也不支持 [blonde hair: 0.8] 这样的写法。在实践应用中，如果用户想方便地调整提示词，可以使用圆括号内加数字的方式。

专家提示

再次提醒大家注意，在 Stable Diffusion 中最好使用英文提示词，因为它无法很好地理解中文字符。因此，用户在输入提示词时，务必确保全程使用英文输入法。不过，值得一提的是，用户无须遵循严格的英文语法结构，只需以关键词组的形式分段输入提示词，并使用英文逗号和空格分隔词组。

7.2.2 练习实例：使用分步绘制语法

分步绘制又称为渐变绘制，该语法的原理是通过参数来控制整个图像生成过程中用于绘制特定关键词的步数占比。分步绘制的语法格式为 [from:to:when]，使用 when 来控制画面中不同元素的融合比例。

扫一扫，看视频

专家提示

when 小于 1 时，表示迭代步数（参与总步骤数）的百分比；when 大于 1 时，则表示在前多少步时作为 A 渲染，之后则作为 B 渲染。需要注意的是，提示词的权重总和建议设置为 100%，如果超过 100%，可能会出现 AI 失控的现象。

在下面的案例中可以看到，随着沙漠在采样迭代步数中占比的提升，后面绘制的森林元素已经很难影响画面主体内容，基本都是沙漠元素，效果对比如图 7.15 所示。

图 7.15　效果对比

下面介绍使用分步绘制语法的操作方法。

步骤 01 进入“文生图”页面，输入提示词，适当设置生成参数，单击“生成”按钮生成相应的图像，效果如图 7.16 所示。在正向提示词中，[desert : forest : 0.2] 表示前面 20% 的步骤画沙漠，后面 80% 的步骤画森林，这样生成的结果有非常明显的森林特征。

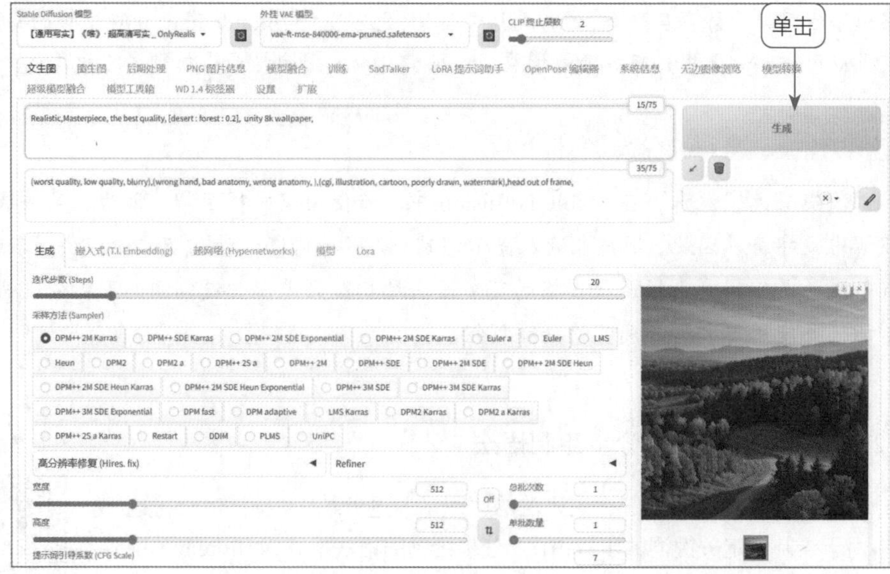

图 7.16　生成相应的图像效果

步骤 02 将正向提示词中的 [desert : forest : 0.2] 改为 [desert : forest : 0.8]，保持其他生成参数不变，单击“生成”按钮生成相应的图像，效果如图 7.17 所示。[desert : forest : 0.8] 表示前面 80% 的步骤画沙漠，后面 20% 的步骤画森林，这样生成的结果全是沙漠。

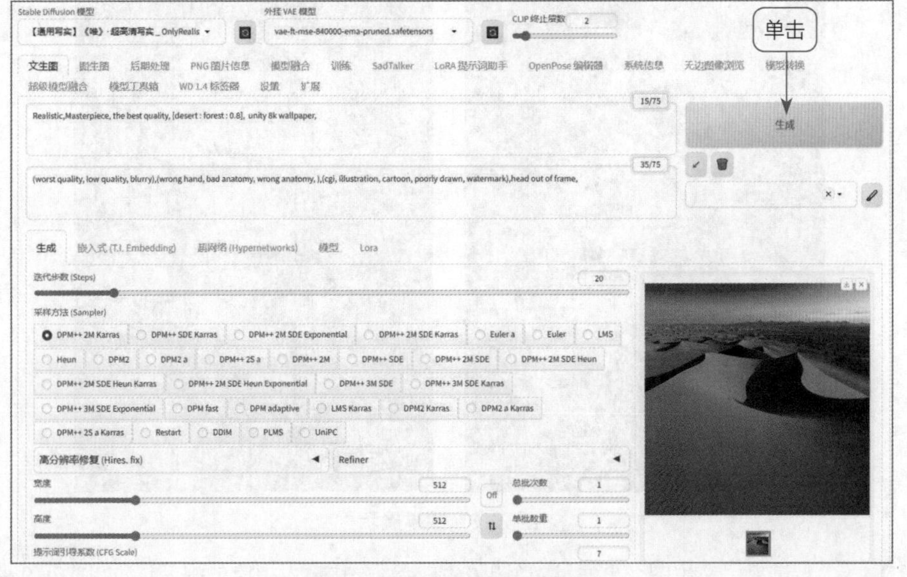

图 7.17　生成相应的图像效果

【知识拓展】分步绘制的其他语法格式

● 分步绘制的语法使用“:（冒号）”符号，可以按照指定的权重融合两个元素，常用的书写格式还有以下两种。

● [to:when]。例如，提示词为 [yellow hair:0.2]，表示后面 20% 的步骤画黄色头发，前面 80% 的步骤中不画。

● [from::when]。例如，提示词为 [yellow hair::0.2]，表示前面 20% 的步骤画黄色头发，后面 80% 的步骤中不画。

7.2.3　练习实例：使用融合语法

扫一扫，看视频

在模型绘制过程中，融合语法（又称为混合语法）会将提示词中的前后元素特征关联起来，最终呈现出融合图像的特征。融合语法通过将不同的关键词以特定的方式组合在一起，从而实现更复杂的图像效果。融合语法的格式为 A AND B，即用 AND 将关键词 A 和 B 连接起来，注意 AND 必须大写。

专家提示

用户也可以使用“|”符号来代替 AND，表示逻辑或操作，即两个元素会交替出现，达到融合的效果。

例如，要实现 yellow hair（黄色头发）和 green hair（绿色头发）的渐变效果，可以写成

yellow hair | green hair 或 yellow hair AND green hair。Stable Diffusion 在处理这两个元素时，会按照画一步黄色头发，再画一步绿色头发的方式循环进行绘画，效果如图 7.18 所示。

下面介绍使用融合语法的操作方法。

图 7.18　效果展示

步骤 01 进入“文生图”页面，适当调整生成参数，并输入相应的提示词，如图 7.19 所示，在正向提示词中使用融合语法来控制人物头发的颜色。

图 7.19　输入正向提示词

专家提示

融合语法也支持加权，如 (yellow hair: 1.3) | (green hair: 1.2)，其中的“ | ”符号表示元素融合，无须考虑两个元素之间的权重之和是否等于 100%。

步骤 02 单击“生成”按钮，即可生成黄色和绿色混合的人物发色效果，如图 7.20 所示。

图 7.20 生成黄色和绿色混合的人物发色效果

步骤 03 如果想要黄色更多一些，绿色更少一些，可以给相应提示词加权重，如图 7.21 所示。

图 7.21 修改提示词

步骤 04 再次单击“生成”按钮，生成相应的图像，可以看到头发中的黄色变得更明显，而绿色则相对少了一些，效果如图 7.18 所示。

7.2.4 练习实例：使用打断语法

打断语法是指断开前后提示词之间的联系，从而在一定程度上减少提示词相互干扰的情况。打断语法的格式相对简单易懂，只需在提示词之间添加关键词 BREAK（打断）即可，即断开前后提示词之间的联系，AI 模型会将前后断开的内容视为两段话来理解。使用打断语法的前后出图效果对比如图 7.22 所示。

扫一扫，看视频

图 7.22　效果对比

下面介绍使用打断语法的操作方法。

步骤 01 进入“文生图”页面，输入相应的提示词，适当设置生成参数，单击“生成”按钮生成图像，效果如图 7.23 所示。在提示词中指定了女孩服装的颜色，其中领带的颜色被裤子的颜色污染成了蓝色。

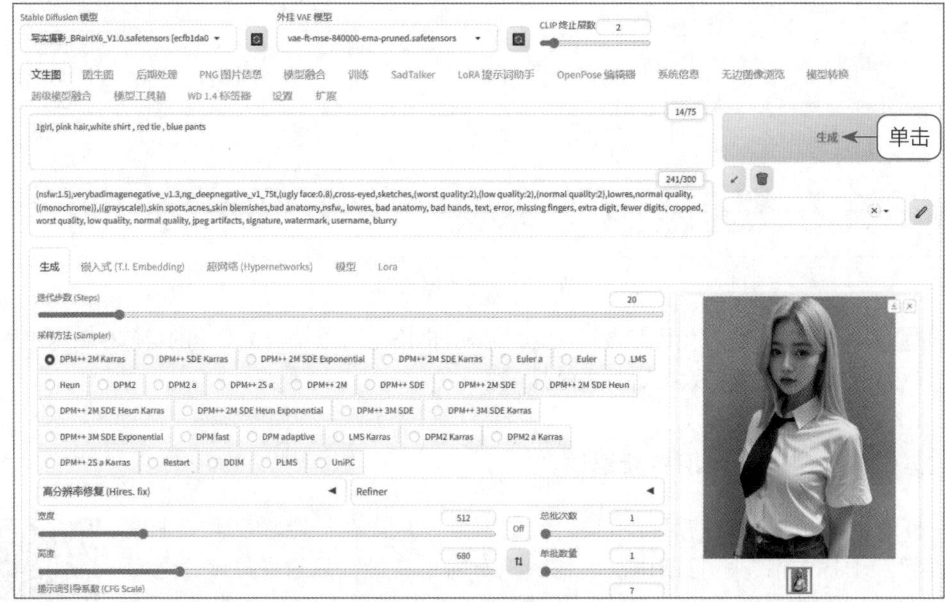

图 7.23　生成图像效果

专家提示

在提示词输入框中，使用鼠标框选相应的提示词，按住 Ctrl 键的同时，按↑或↓方向键，可以快速增加或减小该提示词的权重。

步骤 02 使用打断语法适当修改正向提示词，保持其他生成参数不变，单击“生成”按钮生成相应的图像，效果如图 7.24 所示。在打断语法的帮助下，“污染”问题得到了解决，领带呈现出正确的红色。

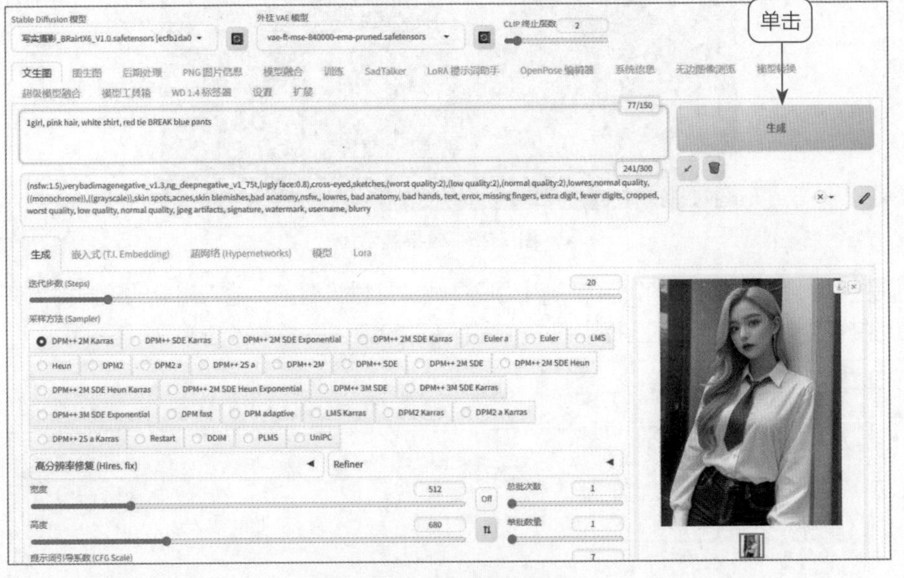

图 7.24　修改领带的颜色

专家提示

AI 模型在理解提示词时，不会像人类那样逐字逐句地阅读，而是结合上下文内容进行统一分析并解读。因此，AI 模型在运行过程中，有时会出现前后某些关键词相互影响的情况，这种现象就称为“污染”。

7.2.5　练习实例：使用交替绘制语法

交替绘制语法也可以实现关键词融合的效果，用户可以在多个提示词之间加上“|”（竖杠）符号，并在外侧加上中括号，以实现关键词的交替验算。交替绘制语法格式为 [A | B | …]，运算时 AI 模型会在 A 和 B 的内容间交替切换并绘制图像。

扫一扫，看视频

专家提示

使用交替绘制语法绘制图像时系统每次只能理解单独的关键词，而不是将前后关键词一起理解。因此，最终的效果只能融合视觉特征，而无法针对颜色等信息进行融合。通常情况下，交替绘制语法常用于绘制奇幻、魔幻等风格的图像。

例如，使用交替绘制语法可以生成“牛和马的混合生物”图像，效果如图 7.25 所示。下面介绍使用交替绘制语法的操作方法。

图 7.25　效果展示

步骤 01 进入“文生图”页面，对生成参数进行适当调整，输入相应的正向提示词，表示使用交替绘制语法来循环画提示词中描述的两种元素，如图 7.26 所示。

图 7.26　输入相应的正向提示词

步骤 02 单击“生成”按钮，即可生成“牛和马的混合生物”图像，效果如图 7.25 所示。

7.3　以图生文，不可不知的提示词反推技巧

在 AI 绘画的过程中，用户常常会遇到这种情况：看到其他人创作了一张令人惊叹的图片，但无论如何按照其提供的提示词和模型进行尝试，都无法成功复制图片，甚至图片中没有提供任何提示词，导致用户难以使用合适的提示词来描述该画面。

面对这种情况，用户可以反推这张图片的提示词。反推提示词是 Stable Diffusion 图生图的功能之一，能够实现“以图生文”的效果。图生图的基本逻辑是通过上传的图片，使用反

推提示词或自主输入提示词，基于所选的 Stable Diffusion 模型生成相似风格的图片。本节将介绍提示词的反推技巧，帮助用户快速画出相似风格的图片效果。

7.3.1　练习实例：使用 CLIP 反推提示词

CLIP 反推提示词是根据用户在图生图中上传的图片，使用自然语言来描述图片信息。由于 CLIP 已经学习了大量的图像和文本，因此可以生成相对准确的文本描述。

整体来看，CLIP 喜欢反推自然语言风格的长句子提示词，这种提示词对 AI 的控制力度较差，但是大体的画面内容基本一致，只是风格变换较大，原图与效果图对比如图 7.27 所示。

图 7.27　原图与效果图对比

下面介绍使用 CLIP 反推提示词的操作方法。

步骤 01 进入“图生图”页面，上传一张原图，单击“CLIP 反推”按钮，如图 7.28 所示。

图 7.28　单击“CLIP 反推”按钮

步骤 02 等待一段较长时间，即可在正向提示词输入框中反推出原图的提示词，用户可以将提示词复制到“文生图”页面的提示词输入框中，如图 7.29 所示。

图 7.29　复制提示词

专家提示

CLIP 反推的提示词并不是直接从文本生成图像，而是通过训练好的模型将给定的图像与文本描述进行关联，通过训练模型来学习图像和文本之间的映射关系，CLIP 模型能够理解图像中的内容并将其与相应的文本描述关联。

需要注意的是，CLIP 生成的文本描述可能与原始提示词并不完全一致，但仍然能够传达图像的主要内容。

步骤 03 适当设置生成参数，单击“生成”按钮，可以看到根据提示词生成的图像基本符合原图的各种元素，但由于模型和生成参数设置的差异，图片还是会有所不同，效果如图 7.30 所示。

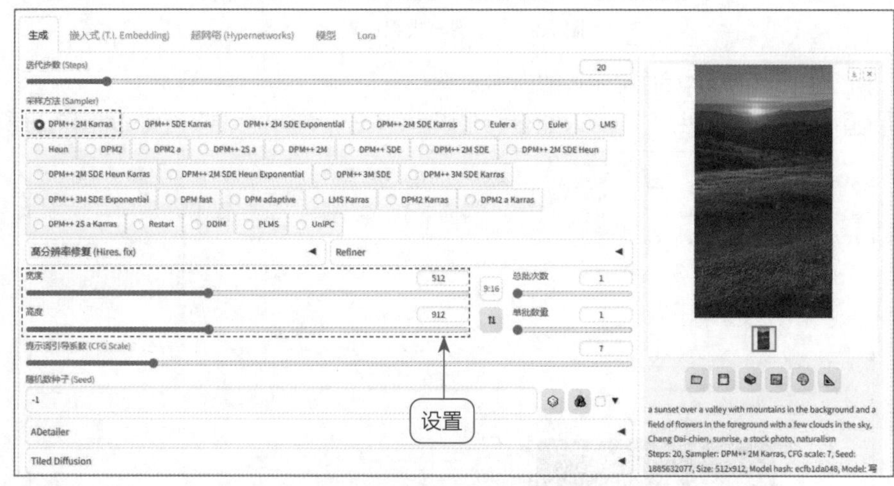

图 7.30　根据提示词生成的图像效果

扫一扫，看视频

7.3.2　练习实例：使用 DeepBooru 反推提示词

DeepBooru 更擅长用单个关键词堆砌的方式，反推的提示词相对来说会更完整，但出图效果有待优化。下面以上一例的素材进行操作，对比 DeepBooru 与 CLIP 的区别，效果如图 7.31 所示。

图 7.31　效果展示

下面介绍使用 DeepBooru 反推提示词的操作方法。

步骤 01 进入“图生图”页面，上传一张原图，单击“DeepBooru 反推”按钮，反推出原图的提示词，可以看到风格与常用的提示词相似，都是使用多组关键词的形式进行展示，如图 7.32 所示。

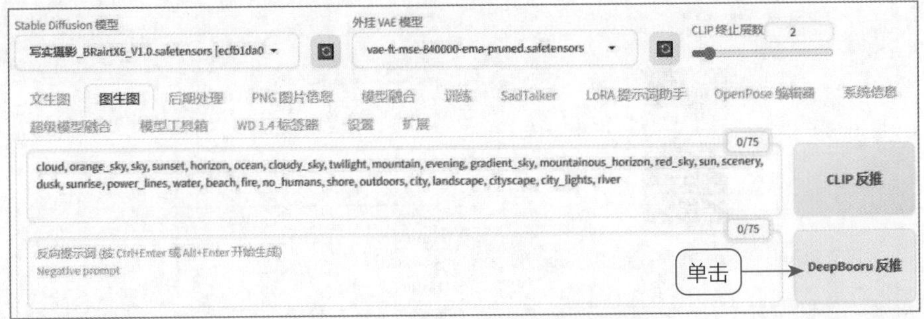

图 7.32　使用 DeepBooru 反推提示词

步骤 02 将反推的提示词复制到“文生图”页面的提示词输入框中，保持上一例的生成参数不变，单击两次“生成”按钮，虽然根据提示词生成的图像也会丢失信息，但画面质量已经比 CLIP 反推出的提示词好多了，效果如图 7.31 所示。

7.3.3　练习实例：使用 Tagger 反推提示词

WD 1.4 标签器（Tagger）是一款优秀的提示词反推插件，其精准度比 DeepBooru 更高。下面仍然以 6.3.1 小节中的素材进行操作，对比 Tagger 与前面两种提示词反推工具的区别，效果如图 7.33 所示。

扫一扫，看视频

图 7.33　效果展示

下面介绍使用 Tagger 反推提示词的操作方法。

步骤 01 进入“WD 1.4 标签器”页面，上传一张原图，Tagger 会自动反推提示词，并显示在右侧的“标签”文本框中，如图 7.34 所示。

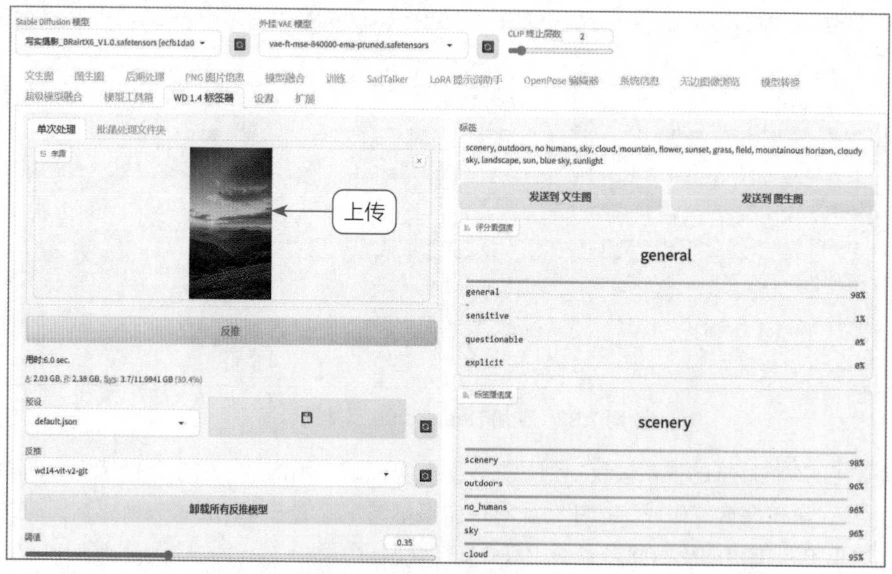

图 7.34　显示反推的提示词

步骤 02 Tagger 同时还会对提示词进行分析，单击“发送到文生图”按钮，进入“文生图”页面，会自动填入反推出来的提示词，使用与 6.3.1 小节相同的生成参数，单击两次“生成”按钮，即可生成相应的图像，画面元素的还原度要优于前面两种反推工具，如图 7.35 所示。

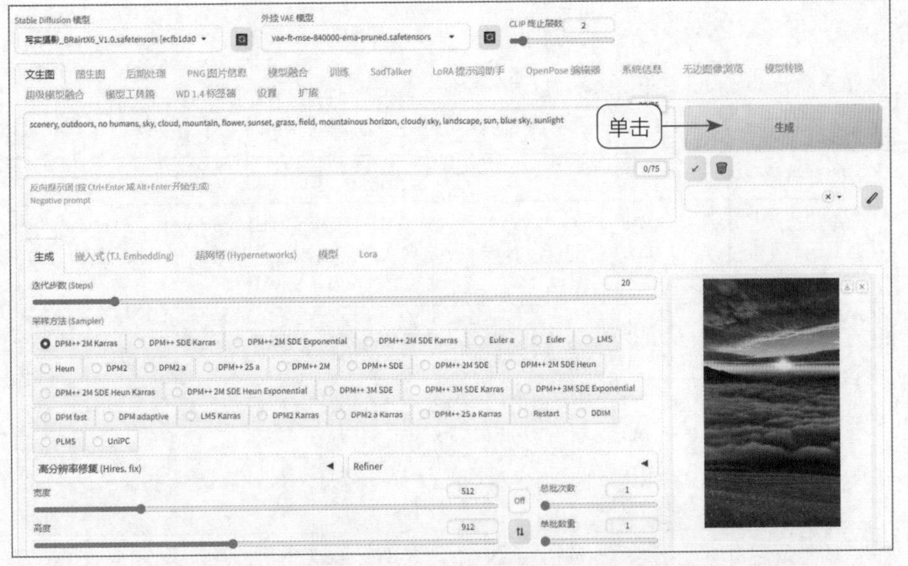

图 7.35　根据 Tagger 反推的提示词生成相应的图像

7.4　打造万能提示词词库，让创意无限发挥

提示词是指以书面或口头语言的形式向计算机系统发出的指令，这些指令可以指导计算机系统生成更加符合要求的输出结果。在图像生成领域，提示词可以用来指导生成理想的图像，帮助用户更加准确地表达自己的想法和创意。

通过提示词，用户可以将复杂的想法和创意以简洁明了的方式传达给 AI 模型，从而实现更加精准、高效和多样化的图像生成结果。因此，建立一套完整的万能提示词词库对于创意工作者来说具有重要意义，可以帮助他们更好地发挥创意，创造出更加精彩的作品。

7.4.1　提示词的基本构成

通过向 Stable Diffusion 提供简洁明了的提示词，可以引导 AI 模型生成符合描述的图像。下面将介绍提示词的基本构成类型及其在图像生成中的应用。

❶ 单词标签（word tags）：采用一种简洁明了的方式来表达画面中的元素。在书写单词标签时，用户应确保拼写正确，因为 AI 模型可能会将拼写错误的单词拆分为字母进行处理。

❷ 自然语言（natural language）：人们日常交流时使用的语言，如中文、英文等。对于在自然语言上特化训练的 AI 模型，建议用户使用描述物体的完整句子作为提示词。

❸ Emoji 字符和颜文字：用于表达情感和意图的字符，由于这些字符简洁且易于理解，因此在语义理解上具有很高的准确性。

❹ 标点符号（punctuation）：在语言表达中起着重要的作用，可以辅助文字表达不同的语义和语气。

【知识拓展】基础标点符号的用法

表 6.1 所示为 Stable Diffusion 提示词中的一些基础标点符号的用法。

表 6.1　基础标点符号的用法

名称	符号	作　用
逗号	,	用于分隔两个或多个词语或句子。在逗号的作用范围内，它有一定的权重排序功能。逗号前的词语或句子的权重较高，逗号后的词语或句子的权重较低
大括号	{}	独立使用时可增加提示词的权重。例如，flower 没有数值，默认权重为 1；而 {flower} 则表示增加默认权重，此时权重为 1.05
圆括号	()	独立使用时可增加提示词的权重。例如，flower 没有数值，默认权重为 1；而 (flower) 则表示增加默认权重，此时权重为 1.1
方括号	[]	独立使用时可减小提示词的权重。例如，[flower] 表示 flower 这个词语的权重是 0.9
冒号	:	用于表示后面的语句是前面语句的扩展或补充。例如，（flower:1.5）表示 flower 的权重是 1.5。注意，冒号后面的数字表示该词语在整体语句中的权重值

7.4.2　常用的反向提示词

反向提示词可以帮助 Stable Diffusion 更加准确地控制图像生成的结果，如果用户想要生成一个没有特定元素的图像，可以使用反向提示词来告诉 AI 模型不要包含该元素。表 6.2 所示为 Stable Diffusion 中的常用反向提示词。

表 6.2　Stable Diffusion 中的常用反向提示词

反向提示词	描　述
mutated hands and fingers	变异的手和手指
deformed	畸形的
bad anatomy	解剖学不好
disfigured	毁容
poorly drawn face	脸部画得不好
mutated	变异的
extra limb	额外的肢体
ugly	丑陋
poorly drawn hands	手画得不好
missing limb	肢体缺失
floating limbs	漂浮的四肢
disconnected limbs	肢体不连贯
malformed hands	畸形的手

续表

反向提示词	描　述
out of focus	失焦
long neck	长颈
long body	长身体

7.4.3　提高图像质量的提示词

在 Stable Diffusion 中生成图像时，使用某些提示词可以帮助用户指导 AI 模型生成更高质量的图像，满足用户对图像质量的要求。表 6.3 所示为一些提高图像质量的提示词。

表 6.3　提高图像质量的提示词

提示词	描　述
HDR、UHD、8K、4K、64K	这类关键词可以提升图像的质量
best quality	最佳质量
masterpiece	杰作
Highly detailed	高度详细
Studio lighting	工作室照明（可以为图像添加一些漂亮的纹理）
ultra–fine painting	超精细绘画
sharp focus	清晰的焦点
physically–based rendering	基于物理渲染
extreme detail description	极其详细的刻画
Professional	职业的（可以改善图像的色彩对比和细节）
提示词	描述
Vivid Colors	鲜艳的色彩（可以为图像增添活力）
Bokeh	虚化背景（可以更好地突出主体）
EOS R8, 50mm, F1.2, 8K, RAW photo:1.2	摄影师对相机设置的描述（可以增加图像的真实感）
High resolution scan	高分辨率扫描（可以赋予画面年代感）
Sketch	素描
Painting	绘画

7.4.4　模拟艺术风格的提示词

在 Stable Diffusion 中生成图像时，某些提示词可以帮助用户指导 AI 模型生成具有特定艺术风格的图像，满足用户对图像艺术性的要求。表 6.4 所示为模拟艺术风格的提示词。

表 6.4 模拟艺术风格的提示词

艺术风格	艺 术 家
肖像画（Portraits）	Derek Gores（德里克·戈尔）、Miles Aldridge（迈尔斯·奥德里奇）、Jean Baptiste-Carpeaux（让·巴普蒂斯特·卡波）、Anne-Louis Girodet（安妮 – 路易斯·吉罗代）
风景画（Landscape）	Alejandro Bursido（亚历杭德罗·布尔西多）、Jacques-Laurent Agasse（雅克 – 洛朗·阿加斯）、Andreas Achenbach（安德烈亚斯·阿琛巴赫）、Cuno Amiet（库诺·阿米特）
恐怖画（Horror）	H.R.Giger（汉斯·鲁埃德·吉格尔）、Tim Burton（蒂姆·伯顿）、Andy Fairhurst（安迪·费尔赫斯特）、Zdzislaw Beksinski（兹比格涅夫·贝克辛斯基）
动漫画（Anime）	Makoto Shinkai（新海诚）、Katsuhiro Otomo（大友克洋）、Masashi Kishimoto（岸本齐史）、Kentaro Miura（三浦建太郎）
科幻画（Sci-fi）	Chesley Bonestell（切斯利·伯内斯特尔）、Karel Thole（卡雷尔·托尔）、Jim Burns（吉姆·伯恩斯）、Enki Bilal（恩基·比拉）
摄影（Photography）	Ansel Adams（安塞尔·亚当斯）、Ray Earnes（雷·恩尼斯）、Peter Kemp（彼得·肯普）、Ruth Bernhard（露丝·伯恩哈德）
概念艺术家（视频游戏）［Concept artists（Video game）］	Emerson Tung（艾默生·董）、Shaddy Safadi（沙迪·萨法迪）

7.4.5 练习实例：使用 Photography 打造摄影风格

扫一扫，看视频

Photography（摄影）这个提示词在 AI 绘画中有非常重要的作用，它可以捕捉静止或运动的物体以及自然景观等表现形式，并通过模拟合适的光圈、快门速度、感光度等相机参数来控制 AI 的出图效果，如图 7.36 所示。

下面介绍使用 Photography 打造摄影风格的操作方法。

图 7.36 效果展示

步骤 01 进入“文生图”页面，选择一个写实类的大模型，输入相应的提示词，指定生成图像的画面内容，如图 7.37 所示。

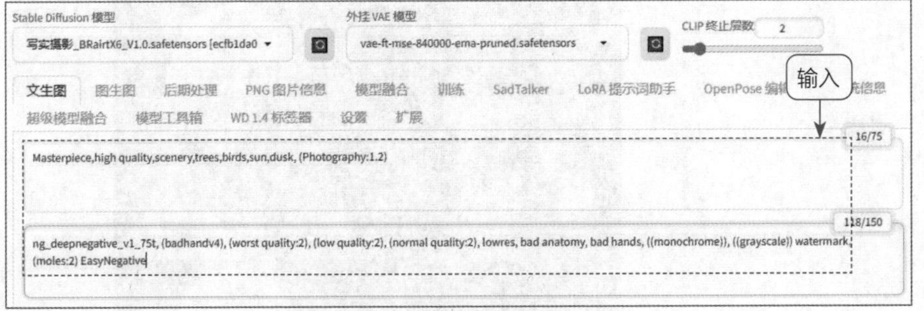

图 7.37 输入相应的提示词

步骤 02 在页面下方设置“采样方法”为 DPM++ 2M Karras、“宽度”为 912、“高度”为 512，如图 7.38 所示，使得采样结果更加真实、自然。

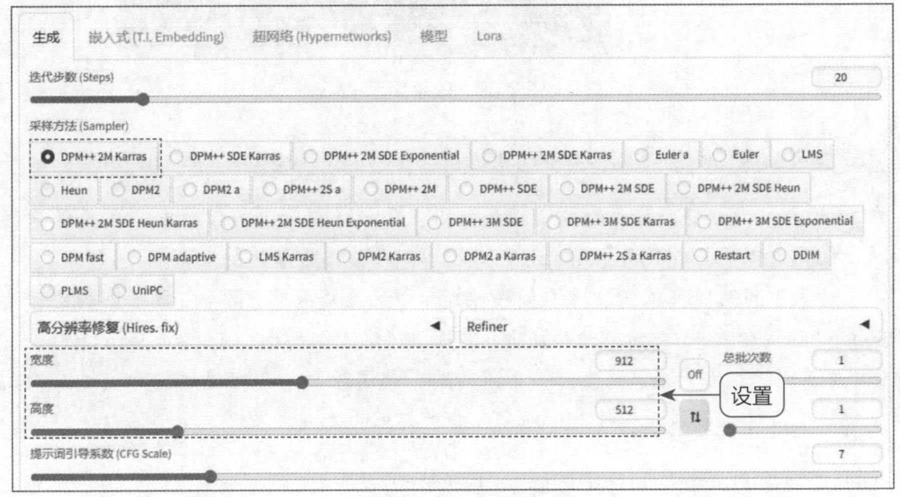

图 7.38 设置相应参数

步骤 03 单击“生成”按钮，添加提示词 (Photography:1.2)，生成的图像不仅亮部和暗部都能保持丰富的细节，而且可以营造出丰富多彩的影调，效果如图 7.36 所示。

7.5 综合实例：使用 Prompt matrix 筛选提示词

在某些情况下，一些模型在利用某些特定提示词时表现非常出色，然而在更换模型后，这些提示词可能就无法再使用了。有时，删除某些看似无用的提示词后，图像的呈现效果会变得异常，但又不清楚具体是哪些方面受到了影响。

扫一扫，看视频

这时，用户就可以使用 Prompt matrix（提示词矩阵）来深入探究其原因。Prompt matrix 用于比较不同提示词交替使用时对于绘制图片的影响，提示词之间以“|”符号

作为分割点，可以帮助用户更好地筛选提示词，效果如图 7.39 所示。

~~blonde hair~~ blonde hair

~~blue eyes~~

blue eyes

图 7.39　效果展示

> **【技巧提示】Prompt matrix 的使用技巧**
>
> 在 Prompt matrix 中，前面的提示词会被用在每一张图上，而后面被“|”符号分割的两个提示词，则会被当成 Prompt matrix，交错添加在最终生成的图上。
>
> 第 1 行第 1 列的图，就是没有添加额外提示词的生成效果；第 1 行第 2 列的图，是添加“blonde hair（金发）”提示词的生成效果；第 2 行第 1 列的图，是添加“blue eyes（蓝色眼睛）”提示词的生成效果；第 2 行第 2 列的图，是同时添加全部提示词的生成效果。这样用户就能很清楚地看到，各种提示词交互叠加起来的生成效果。

下面介绍使用 Prompt matrix 筛选提示词的操作方法。

步骤 01 进入“文生图”页面，选择一个写实类的大模型，输入相应的提示词，在正向提示词中使用“|”符号来分割多个关键词组，如图 7.40 所示。

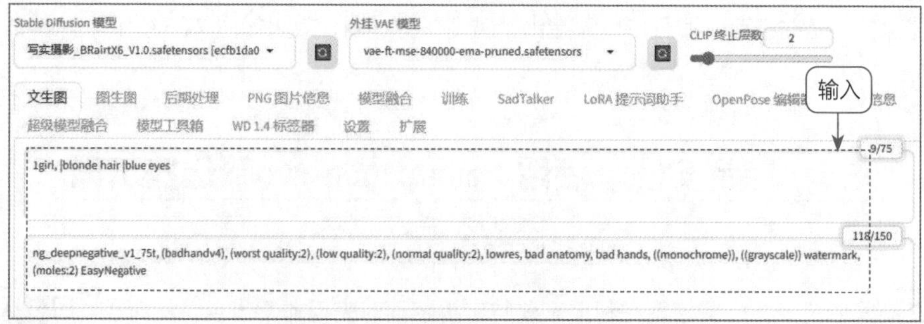

图 7.40　输入相应的提示词

步骤 02 适当调整生成参数，单击“生成”按钮，生成一张图片，复制其 Seed 值并固定随机数种子，如图 7.41 所示。

图 7.41 固定随机数种子

步骤 03 在页面下方的"脚本"列表框中选择"Prompt matrix(提示词矩阵)"选项，如图 7.42 所示，启用该功能。

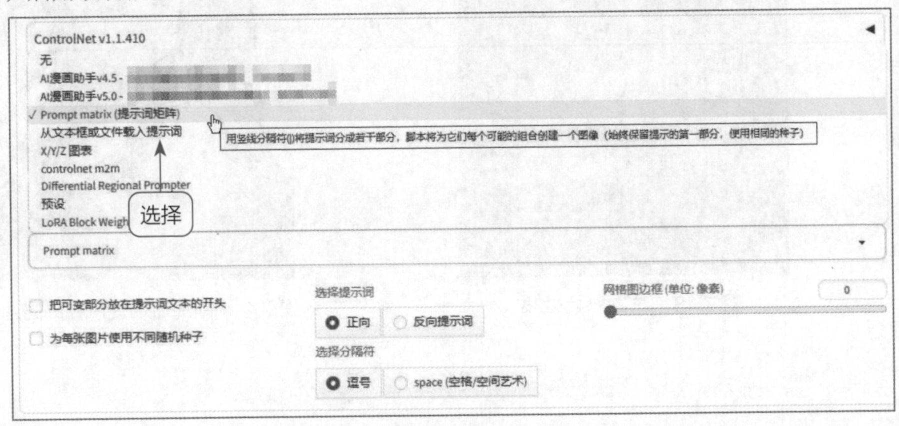

图 7.42 选择"Prompt matrix（提示词矩阵）"选项

步骤 04 单击"生成"按钮，即可生成 Prompt matrix 对比图，效果如图 7.39 所示，可以看到不同提示词组合下生成的图像效果，从而快速找到最佳的提示词组合。

本章小结

本章主要介绍了 Stable Diffusion 提示词的基本知识，具体内容包括：掌握提示词的基本用法，如提示词的概念、书写规范、基本公式、正向提示词、反向提示词、预设提示词等；掌握提示词的语法格式，如强调关键词语法、分步绘制语法、融合语法、打断语法、交替绘制语法等；掌握提示词的反推技巧，如使用 CLIP 反推提示词、使用 DeepBooru 反推提示词、使用 Tagger 反推提示词等；打造万能提示词词库，如提示词的基本构成、常用的反向提示词、提高图像质量的提示词、模拟艺术风格的提示词、使用 Photography 打造摄影风格；最后通过一个综合实例，介绍使用 Prompt matrix 筛选提示词的操作方法。通过对本章的学习，读者能够更好地掌握 Stable Diffusion 中的提示词语法格式和书写技巧。

课后习题

1. 在 Stable Diffusion 中通过正向提示词生成一张花卉图片，效果如图 7.43 所示。
2. 使用 Stable Diffusion 生成一张新海诚动漫风格的图片，效果如图 7.44 所示。

扫一扫，看视频

图 7.43　花卉图片效果

扫一扫，看视频

图 7.44　新海诚动漫风格的图片效果

第08章 ControlNet与热门扩展插件

Stable Diffusion中的扩展插件可以提供更多、更细致的绘画控制功能，以实现更复杂的图像生成和处理效果。本章主要介绍ControlNet与其他热门扩展插件的使用技巧，帮助读者更精准地控制Stable Diffusion的出图效果。

本章要点

- 一键安装ControlNet插件，让你的操作更高效
- ControlNet控图，让AI绘画瞬间变得随心所欲
- 使用Stable Diffusion扩展插件，让AI绘画的质量和效率翻倍
- 综合实例：使用Depth还原画面中的空间景深关系

8.1 一键安装 ControlNet 插件，让操作更高效

ControlNet 是一种基于 Stable Diffusion 的扩展插件，可以提供更灵活和细致的图像控制功能。掌握 ControlNet 插件，用户能够更好地实现图像处理的创意效果，让 AI 绘画作品更加生动、逼真和具有感染力。本节主要介绍 ControlNet 的定义，以及在 Stable Diffusion 中安装 ControlNet 的方法。

8.1.1 ControlNet 简介

ControlNet 是一个用于准确控制 AI 生成图像的插件，它利用 conditional generative adversarial networks（条件生成对抗网络）技术来生成图像，以获得更好的视觉效果。与传统的 GAN（generative adversarial networks，生成对抗网络）技术不同，ControlNet 允许用户对生成的图像进行精细控制，因此在计算机视觉、艺术设计、虚拟现实等领域非常有用。

简单来说，在 ControlNet 出现之前，用户是无法准确预测 AI 会生成什么图像的，就像抽奖一样不确定，这也是 Midjourney 等 AI 绘画工具的不足之处。ControlNet 出现之后，用户便可以通过各种模型准确地控制 AI 生成的画面，如上传线稿让 AI 填充颜色并渲染、控制人物的姿势等。因此，ControlNet 的作用非常强大，是 Stable Diffusion 中的必备插件之一。

如果用户使用的是“秋葉整合包”安装的 Stable Diffusion,通常可以在“文生图”或“图生图”页面的生成参数下方看到 ControlNet 插件，如图 8.1 所示。

图 8.1 ControlNet 插件的位置

专家提示

ControlNet 的原理是通过控制神经网络块的输入条件，来调整神经网络的行为。简单来说，ControlNet 能够基于用户上传的图片，提取图片的某些特征后，控制 AI 根据这个特征生成用户想要的图片，这就是它的强大之处。

8.1.2 练习实例：快速安装 ControlNet 插件

扫一扫，看视频

如果用户在 Stable Diffusion 中没有看到 ControlNet 插件，则需要重新下载和安装该插件，具体操作方法如下。

步骤 01 进入 Stable Diffusion 中的“扩展”页面，切换至“可下载”选项卡，单击“加载扩展列表”按钮，如图 8.2 所示。

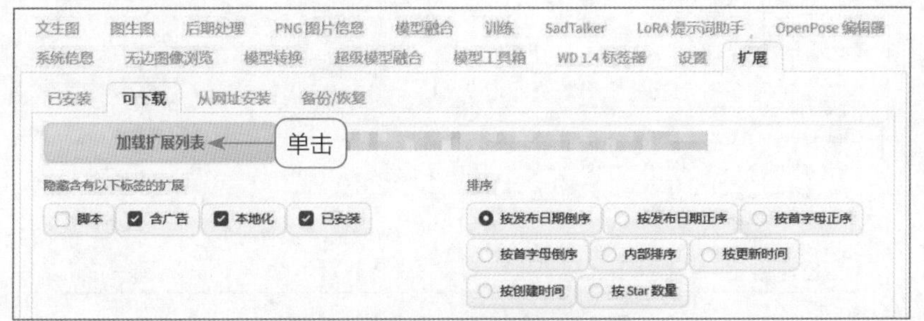

图 8.2 单击“加载扩展列表”按钮

步骤 02 执行操作后，即可加载扩展列表，在搜索框中输入 ControlNet，即可在下方的列表中显示相应的 ControlNet 插件，单击右侧的“安装”按钮，如图 8.3 所示，即可自动安装。注意，如果计算机中已经安装了 ControlNet 插件，则列表中可能不会显示该插件。

图 8.3 单击“安装”按钮

ControlNet 插件安装完成后，需要重启 WebUI。需要注意的是，必须完全重启 WebUI。如果用户是从本地启动的 WebUI，则需要重启 Stable Diffusion 的启动器；如果用户使用的是云端部署，则需要暂停 Stable Diffusion 的运行后，再重启 Stable Diffusion。

8.1.3 练习实例：下载与安装 ControlNet 模型

扫一扫，看视频

安装 ControlNet 插件后，在“模型”列表框中是看不到任何模型的，因为 ControlNet 的模型需要单独下载，只有下载 ControlNet 必备的模型后，才能正常使用 ControlNet 插件的相关功能。下面介绍下载与安装 ControlNet 模型的操作方法。

步骤 01 在 Hugging Face 网站中进入 ControlNet 模型的“下载”页面，单击相应模型栏中的 Download file（下载文件）按钮，如图 8.4 所示，即可下载模型。注意，这里必须要下载后缀名为 .pth 的文件，文件大小一般为 1.45GB。

图 8.4　单击 Download file 按钮

专家提示

在下载 ControlNet 模型时，需要注意文件名中 v11 后面的字母。其中，字母 p 表示该版本可供下载和使用，字母 e 表示该版本正在进行测试，字母 u 表示该版本尚未完成。

步骤 02 ControlNet 模型下载完成后，将模型文件存放到 Stable Diffusion 安装目录下的 sd-webui-aki-v4.4\extensions\sd-webui-controlnet\models 文件夹中，即可完成 ControlNet 模型的安装，如图 8.5 所示。

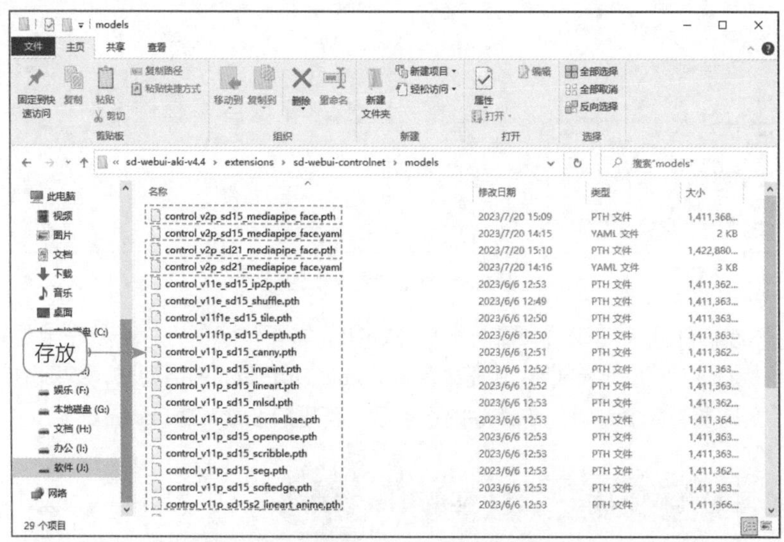

图 8.5　将模型文件存放到相应文件夹中

【技巧提示】ControlNet 单元数量的设置技巧

ControlNet 模型下载并安装完成后，再次启动 Stable Diffusion WebUI，即可看到已经安装的 ControlNet 模型。如果用户是第一次安装 ControlNet 插件，可能只有 1 个或 2 个单元（unit），若想要更多的 ControlNet 单元，可以进入“设置”页面，切换至 ControlNet 选项卡，适当设置“多重 Controlnet:ControlNet unit 数量（需重启）”参数，如图 8.6 所示。

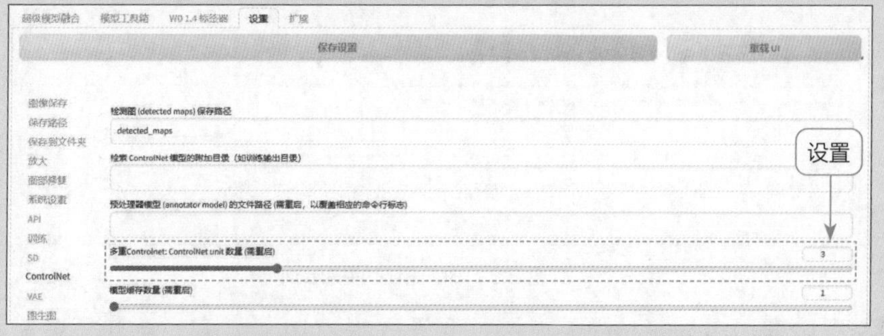

图 8.6　设置“多重 Controlnet:ControlNet unit 数量（需重启）”参数

最多可以开启 10 个 ControlNet 单元，但一般用不到那么多，而且 10 个 ControlNet 单元可能会导致绘图时显卡崩溃，正常情况下只需开启 3 ~ 5 个 ControlNet 单元即可。

8.2　ControlNet 控图，让 AI 绘画瞬间变得随心所欲

ControlNet 中的控制类型非常多，而且每种类型都有其独特的特点，对于新手来说，完全记住这些控制类型可能会有些困难。因此，本节将介绍一些常用的 ControlNet 控制类型的特点，并提供展示效果图，帮助读者更好地掌握 ControlNet 的控图技巧和使用场景。

8.2.1　练习实例：使用 Canny 识别图像边缘信息

Canny 用于识别输入图像的边缘信息，从而提取出图像中的线条。通过 Canny 将上传的图片转换为线稿，用户可以根据关键词生成与上传图片具有相同构图的新画面，原图与效果图对比如图 8.7 所示。

扫一扫，看视频

图 8.7　原图与效果图对比

下面介绍使用 Canny 识别图像边缘信息的操作方法。

步骤 01 进入“文生图”页面，选择一个二次元风格的大模型，输入相应的提示词，指

定生成图像的风格和主体内容，如图 8.8 所示。

图 8.8　输入相应的提示词

步骤 02 展开 ControlNet 选项区，上传一张原图，选中“启用”复选框（启用 ControlNet 插件）、“完美像素模式”复选框（自动匹配合适的预处理器分辨率）、“允许预览”复选框（预览预处理结果），如图 8.9 所示。

图 8.9　选中相应的复选框

步骤 03 在 ControlNet 选项区下方，选中“Canny（硬边缘）”单选按钮，系统会自动选择 canny（硬边缘检测）预处理器，在“模型”列表中选择配套的 control_canny-fp16 [e3fe7712] 模型，该模型可以识别并提取图像中的边缘特征并输送到新的图像中，单击 Run preprocessor（运行预处理程序）按钮 💥，如图 8.10 所示。

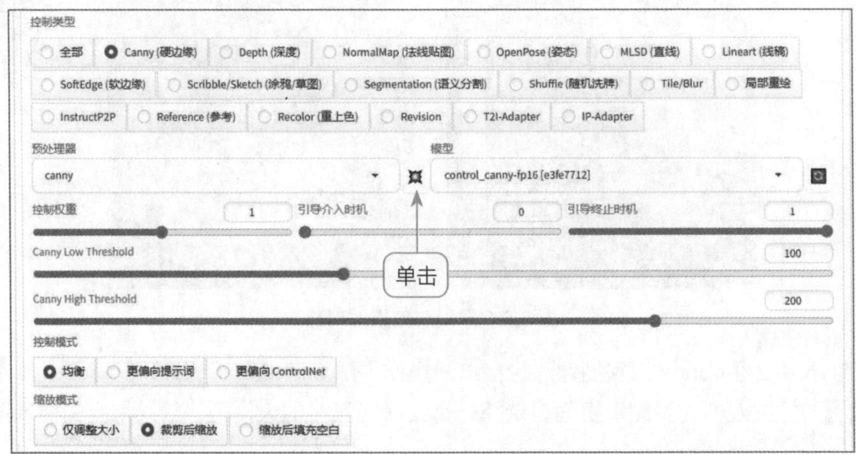

图 8.10　单击 Run preprocessor 按钮

专家提示

在 Canny 控制类型中，除了 canny 预处理器外，还有一个 invert（对白色背景黑色线条图像反相处理）预处理器。该预处理器的功能是将线稿进行颜色反转，可以轻松实现将手绘线稿转换成模型可识别的预处理线稿图。

步骤 04 执行操作后，即可根据原图的边缘特征生成线稿图，如图 8.11 所示。

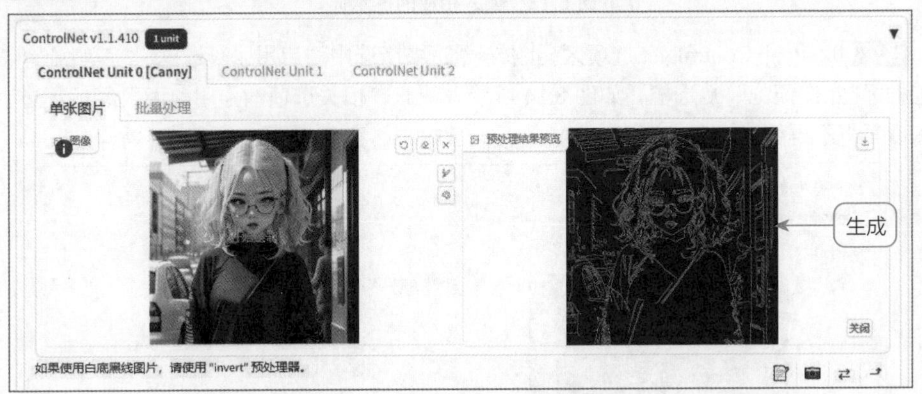

图 8.11　生成线稿图

步骤 05 保持默认的生成参数设置，单击“生成”按钮，即可生成相应的新图，人物的姿态和构图基本与原图一致，效果如图 8.7（右图）所示。

8.2.2　练习实例：使用 MLSD 分析图像线条结构

扫一扫，看视频

MLSD 可以提取图像中的直线边缘，被广泛应用于需要提取物体线性几何边界的领域，如建筑设计、室内设计和路桥设计等，原图与效果图对比如图 8.12 所示。

图 8.12　原图与效果图对比

下面介绍使用 MLSD 分析图像线条结构的操作方法。

步骤 01 进入“文生图”页面，选择一个室内设计的通用大模型，输入相应的提示词，指定生成图像的画面内容，如图 8.13 所示。

图 8.13　输入相应的提示词

步骤 02 展开 ControlNet 选项区，上传一张原图，选中“启用”复选框、“完美像素模式”复选框、“允许预览”复选框，如图 8.14 所示。注意，相关选项的作用前面已经解释过，此处和后面将不再赘述。

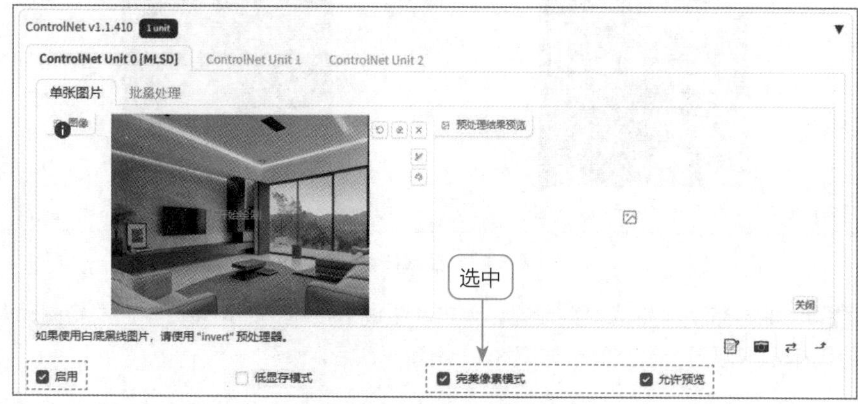

图 8.14　选中相应的复选框

步骤 03 在 ControlNet 选项区下方，选中“MLSD（直线）”单选按钮，系统会自动选择 mlsd 预处理器，在“模型”列表中选择配套的 control_mlsd-fp16 [e3705cfa] 模型，如图 8.15 所示。该模型只会保留画面中的直线特征，而忽略曲线特征。

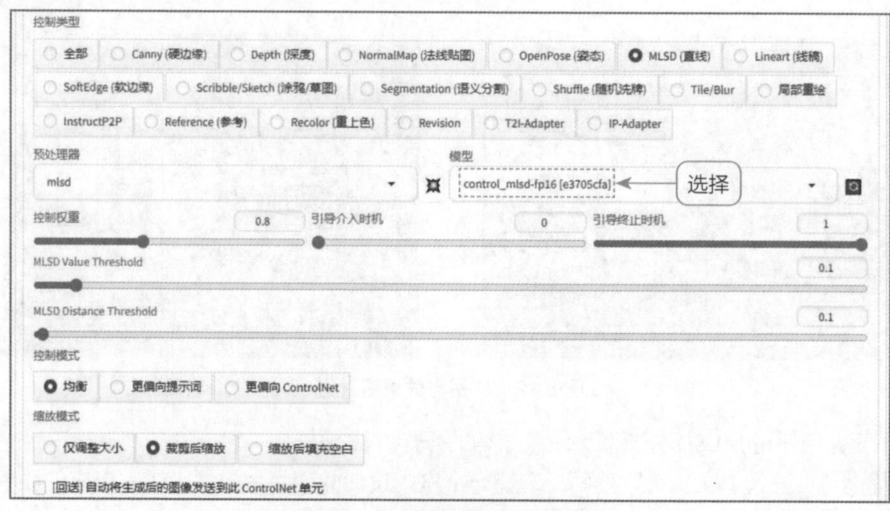

图 8.15　选择相应的预处理器和模型

专家提示

需要注意的是，Stable Diffusion 中有很多看似相同的选项名称，可能在不同位置的大小写、中文解释和功能都不相同，这是因为它用到的文件不一样。如 MLSD，它的控制类型名称为“MLSD（直线）”，预处理器文件的名称为 mlsd，而用到的具体模型文件名称为 control_mlsd-fp16 [e3705cfa]。

步骤 04 单击 Run preprocessor 按钮，即可根据原图的直线边缘特征生成线稿图，如图 8.16 所示。

图 8.16　生成线稿图

步骤 05 对生成参数进行适当调整，主要选择一种写实风格的采样方法，并将图像尺寸设置为与原图一致，如图 8.17 所示。

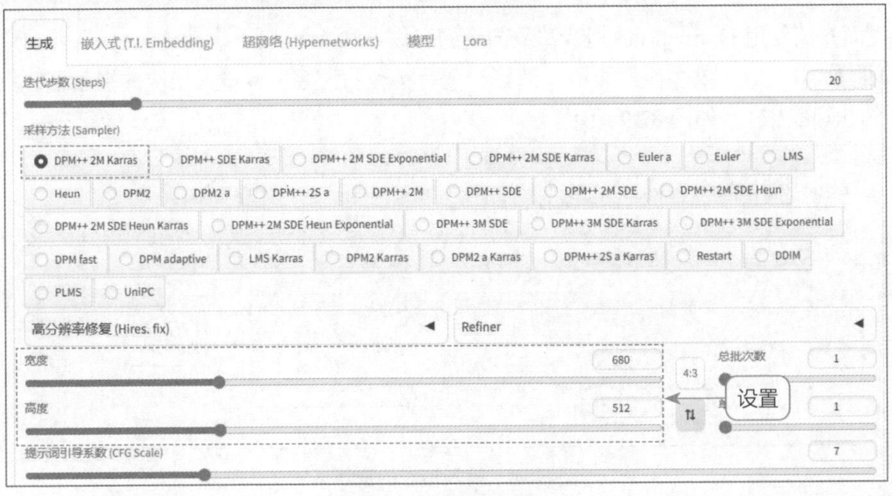

图 8.17　设置相应参数

步骤 06 单击“生成”按钮，即可生成相应的新图，跟原图的构图和布局基本一致，效果如图 8.12（右图）所示。

8.2.3 练习实例：使用 NormalMap 提取法线向量

扫一扫，看视频

NormalMap 可以从原图中提取 3D（Three Dimensions，三维）物体的法线向量，绘制的新图与原图的光影效果完全相同，原图与效果图对比如图 8.18 所示。NormalMap 可以实现在不改变物体真实结构的基础上也能反映光影分布的效果，被广泛应用在 CG（Computer Graphics，计算机图形学）动画渲染和游戏制作等领域。

图 8.18　原图与效果图对比

专家提示

NormalMap 常用于呈现物体表面更为逼真的光影细节。通过本实例中的原图和效果图对比，可以清楚地看到，应用 NormalMap 进行控图后，生成的图像中的光影效果得到了显著增强。

下面介绍使用 NormalMap 提取法线向量的操作方法。

步骤 01 进入“文生图”页面，选择一个写实类的大模型，输入相应的提示词，指定生成图像的画面内容，如图 8.19 所示。

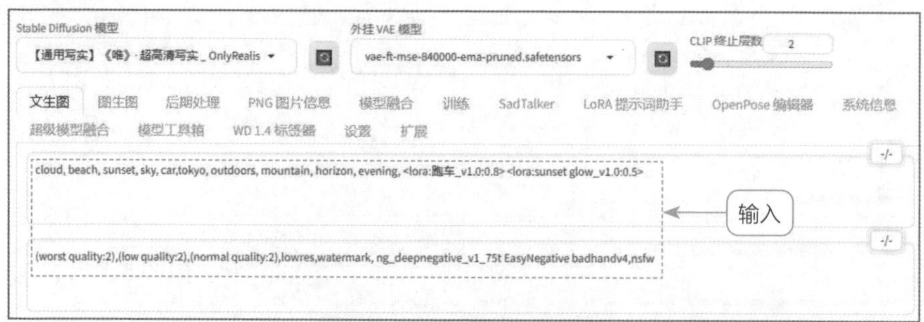

图 8.19　输入相应的提示词

步骤 02 展开 ControlNet 选项区，上传一张原图，选中“启用”复选框、“完美像素模式”复选框、“允许预览”复选框，如图 8.20 所示。

步骤 03 在 ControlNet 选项区下方，选中“NormalMap（法线贴图）”单选按钮，然后选择 normal_bae（Bae 法线贴图提取）预处理器和相应的模型，如图 8.21 所示。该模型会根据画面中的光影信息，模拟出物体表面的凹凸细节，准确地还原画面的内容布局。

图 8.20　分别选中相应的复选框

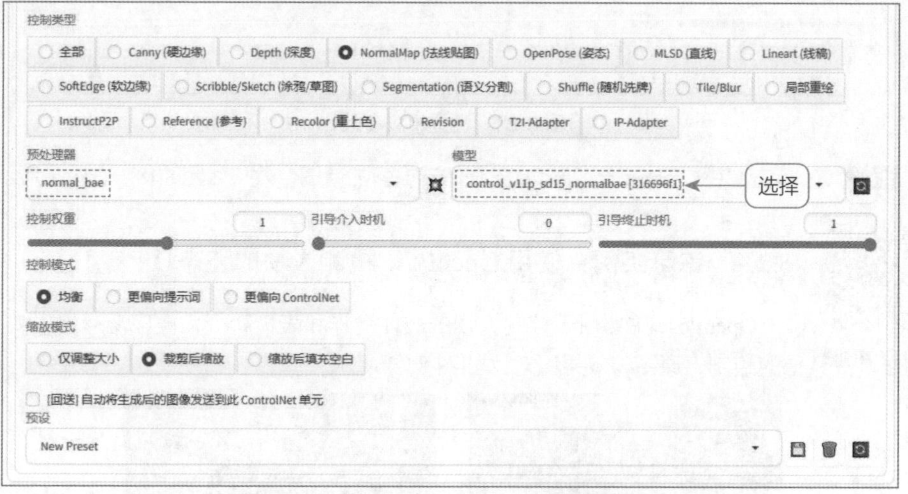

图 8.21　选择相应的预处理器和模型

步骤 04 单击 Run preprocessor 按钮 ，即可根据原图的法线向量特征生成法线贴图，如图 8.22 所示。

图 8.22　生成法线贴图

步骤 05 对生成参数进行适当调整，主要选择一种写实风格的采样方法，并将图像尺寸设置为与原图一致，如图 8.23 所示。

图 8.23　设置相应参数

步骤 06 单击“生成”按钮，即可生成立体感很强的新图，效果如图 8.18（右图）所示。

扫一扫，看视频

8.2.4　练习实例：使用 OpenPose 检测人物的姿态

OpenPose 主要用于控制人物的肢体动作和表情特征，被广泛运用于人物图像的绘制，原图与效果图对比如图 8.24 所示。

图 8.24　原图与效果图对比

下面介绍使用 OpenPose 检测人物姿态的操作方法。

步骤 01 进入“文生图”页面，选择一个写实类的大模型，输入相应的提示词，指定生成图像的画面内容，如图 8.25 所示。

图 8.25 输入相应的提示词

步骤 02 展开 ControlNet 选项区，上传一张原图，选中“启用”复选框、“完美像素模式”复选框、“允许预览”复选框，如图 8.26 所示。

图 8.26 选中相应的复选框

步骤 03 在 ControlNet 选项区下方，选中“OpenPose（姿态）”单选按钮，然后选择 openpose_hand（OpenPose 姿态及手部）预处理器和相应的模型，如图 8.27 所示。该模型可以通过姿势识别实现对人体动作的精准控制。

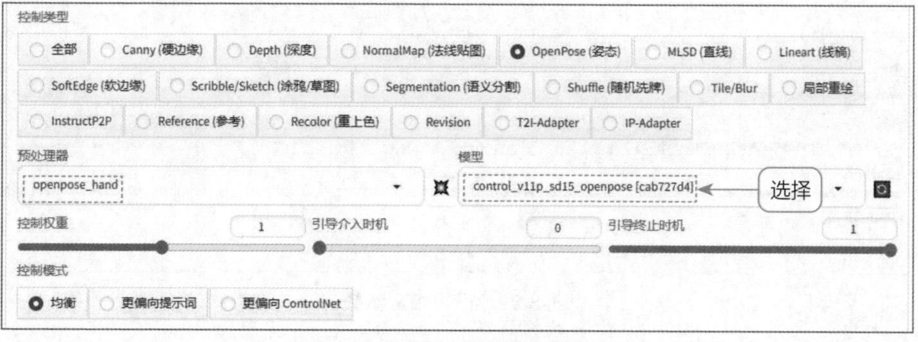

图 8.27 选择预处理器和模型

步骤 04 单击 Run preprocessor 按钮 ，即可检测人物的姿态及手部动作，并生成相应的骨骼姿势图，如图 8.28 所示。

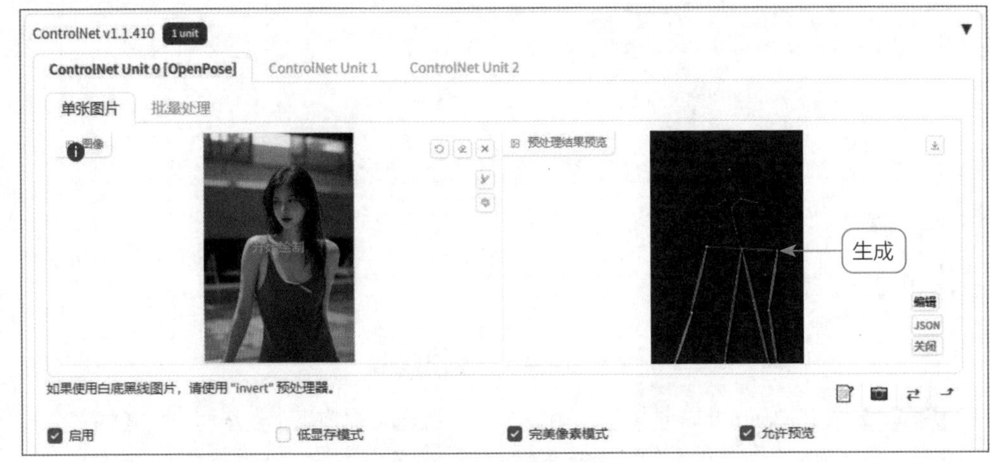

图 8.28　生成骨骼姿势图

专家提示

OpenPose 的主要特点是能够检测到人体结构的关键点，如头部、肩膀、手肘、膝盖等部位，同时忽略人物的服饰、发型、背景等细节元素。

步骤 05 对生成参数进行适当调整，主要选择一种写实风格的采样方法，并将图像尺寸设置为与原图一致，如图 8.29 所示。

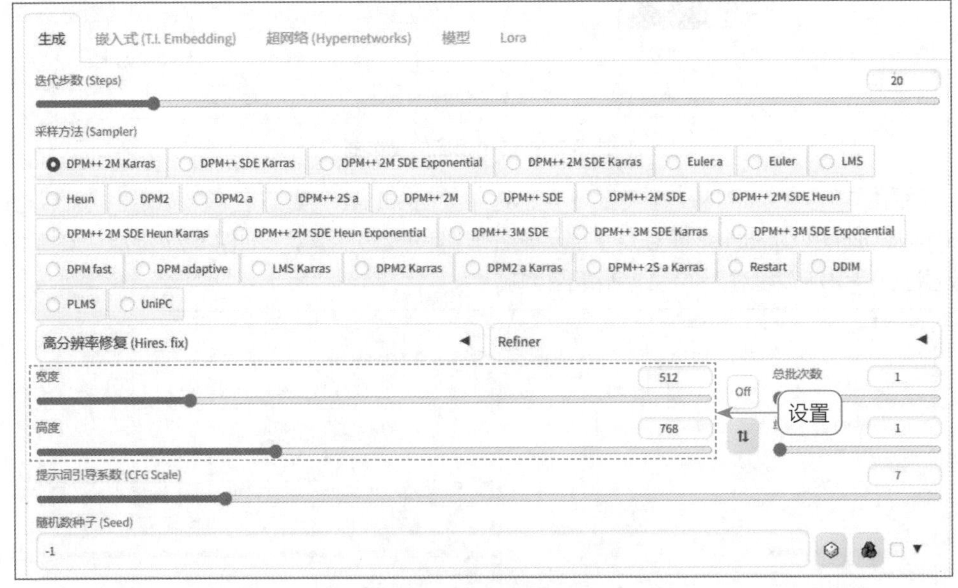

图 8.29　设置相应参数

步骤 06 单击“生成”按钮，即可生成与原图人物姿势相同的新图，同时画面中的人物外观和背景都变成了提示词中描述的内容，效果如图 8.24（右图）所示。

8.2.5 练习实例：使用 Scribble/Sketch 实现涂鸦绘画

Scribble/Sketch 具有根据涂鸦或草图绘制精美图像效果的能力，对于那些没有手绘基础或缺乏绘画天赋的用户来说，无疑是一个巨大的福音。Scribble/Sketch 检测生成的预处理图像就像蜡笔涂鸦的线稿，在控图效果上更加自由，原图与效果图对比如图 8.30 所示。

图 8.30 原图与效果图对比

下面介绍使用 Scribble/Sketch 实现涂鸦绘画的操作方法。

步骤 01 进入“文生图”页面，选择一个写实类的大模型，输入相应的提示词，指定生成图像的画面内容，如图 8.31 所示。

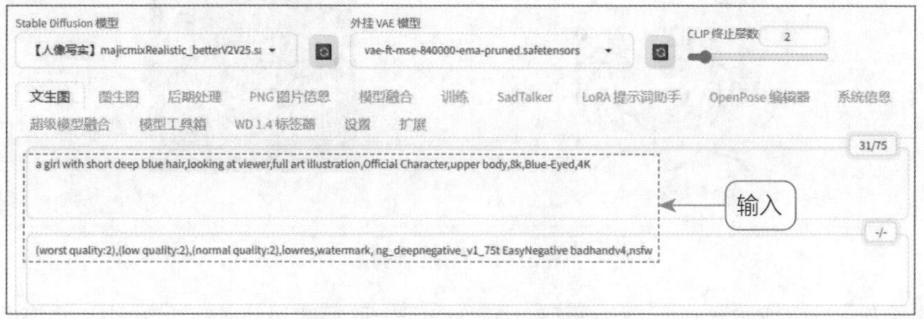

图 8.31 输入相应的提示词

步骤 02 展开 ControlNet 选项区，上传一张原图，选中“启用”复选框、“完美像素模式”复选框、“允许预览”复选框，如图 8.32 所示。

图 8.32 选中相应的复选框

步骤 03 在 ControlNet 选项区下方，选中“Scribble/Sketch（涂鸦 / 草图）”单选按钮，然后选择 scribble_xdog（涂鸦 – 强化边缘）预处理器和相应的模型，如图 8.33 所示。xdog 是一种经典的图像边缘提取算法，能保持较好的线稿控制效果。

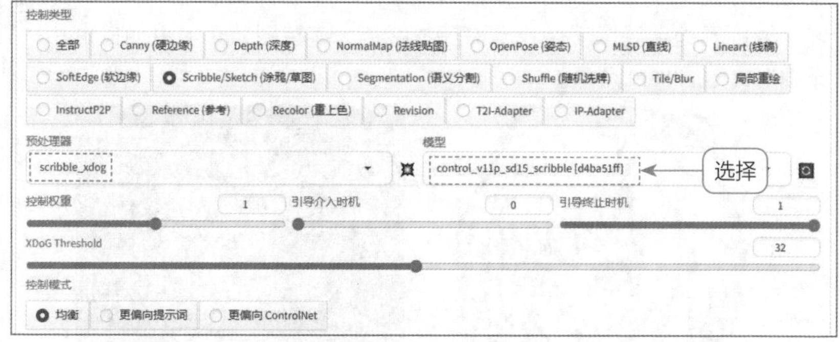

图 8.33 选择相应的预处理器和模型

步骤 04 单击 Run preprocessor 按钮，即可检测原图的轮廓线，并生成涂鸦画，如图 8.34 所示。

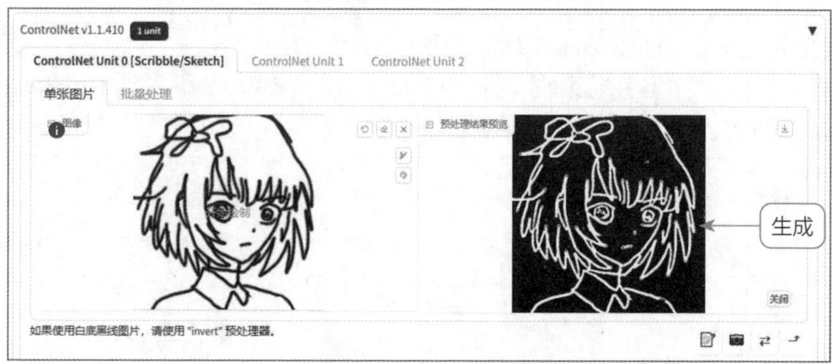

图 8.34 生成涂鸦画

步骤 05 对生成参数进行适当调整，主要选择一种写实风格的采样方法，并将图像尺寸设置为与原图一致，如图 8.35 所示。

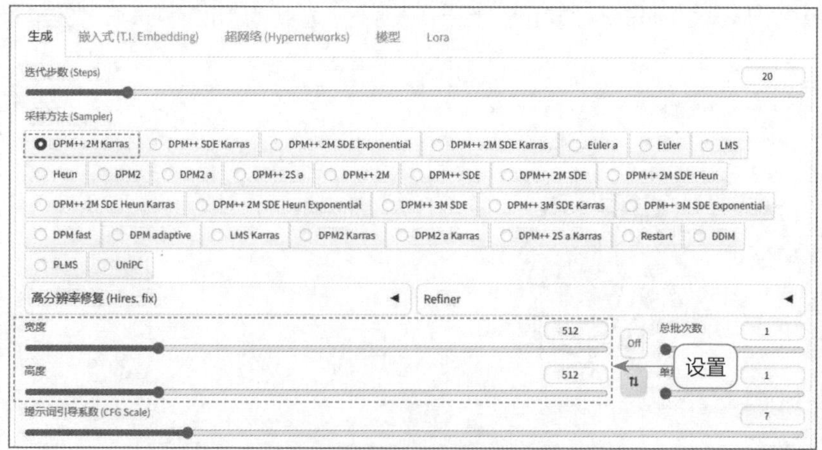

图 8.35 设置相应参数

步骤 06 单击“生成”按钮，即可根据涂鸦的线稿生成相应的人物图像，在保持画面基本内容的同时，人物的细节部分与提示词中描述的内容基本一致，效果如图 8.30（右图）所示。

8.2.6 练习实例：使用 Segmentation 分割图像区域

Segmentation 的完整名称是 Semantic Segmentation（语义分割），简称为 Seg。Segmentation 是深度学习技术的一种应用，能够在识别物体轮廓的同时，将图像划分成不同的部分，同时为这些部分添加语义标签，这将有助于实现更为精确的抠图效果。原图与效果图对比如图 8.36 所示。

扫一扫，看视频

图 8.36 原图与效果图对比

下面介绍使用 Segmentation 分割图像区域的操作方法。

步骤 01 进入“文生图”页面，选择一个写实类的大模型，输入相应的提示词，指定生成图像的画面内容，如图 8.37 所示。

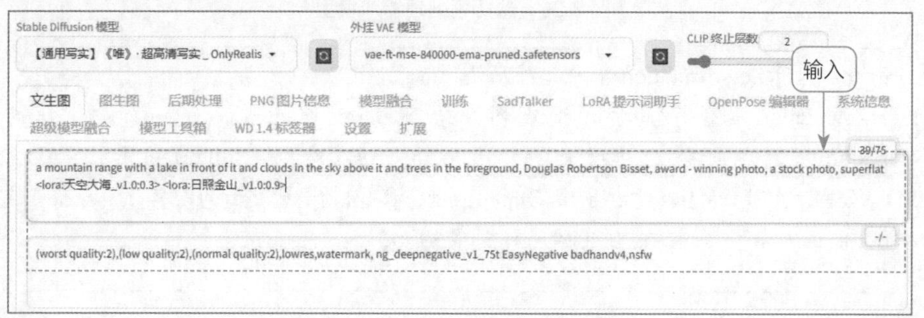

图 8.37 输入相应的提示词

步骤 02 展开 ControlNet 选项区，上传一张原图，选中“启用”复选框、“完美像素模式”复选框、“允许预览”复选框，如图 8.38 所示。

步骤 03 在 ControlNet 选项区下方，选中“Segmentation（语义分割）”单选按钮，然后选择 seg_ofade20k（语义分割 –OneFormer 算法 –ADE20k 协议）预处理器和相应的模型，如图 8.39 所示。该模型会将一个标签（或类别）与图像联系起来，用来识别并形成不同类别的像素集合。

图 8.38　选中相应的复选框

图 8.39　选择预处理器和模型

【知识拓展】Seg mentation 中的三种预处理器

Seg mentation 提供了三种预处理器，分别为 seg_ofade20k、seg_ofcoco（语义分割 –OneFormer 算法 –COCO 协议）、seg_ufade20k（语义分割 –UniFormer 算法 –ADE20k 协议），如图 8.40 所示。其中，前缀 OneFormer 和 UniFormer 表示的是算法；后缀 COCO 和 ADE20k 则表示模型训练时使用的两种图片数据库。

图 8.40　Seg mentation 提供了三种预处理器

步骤 04 单击 Run preprocessor 按钮💥，经过 Seg mentation 预处理器检测后，即可生成包含不同颜色的板块图，就像现实生活中的区块地图，如图 8.41 所示。

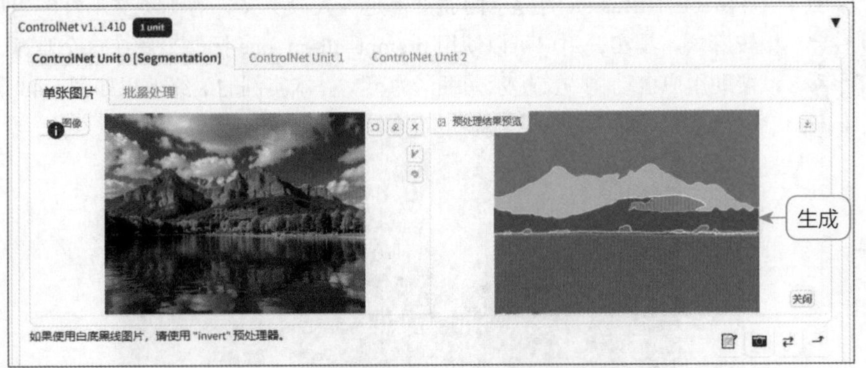

图 8.41 生成包含不同颜色的板块图

步骤 05 对生成参数进行适当调整，主要选择一种写实风格的采样方法，并将图像尺寸设置为与原图一致，如图 8.42 所示。

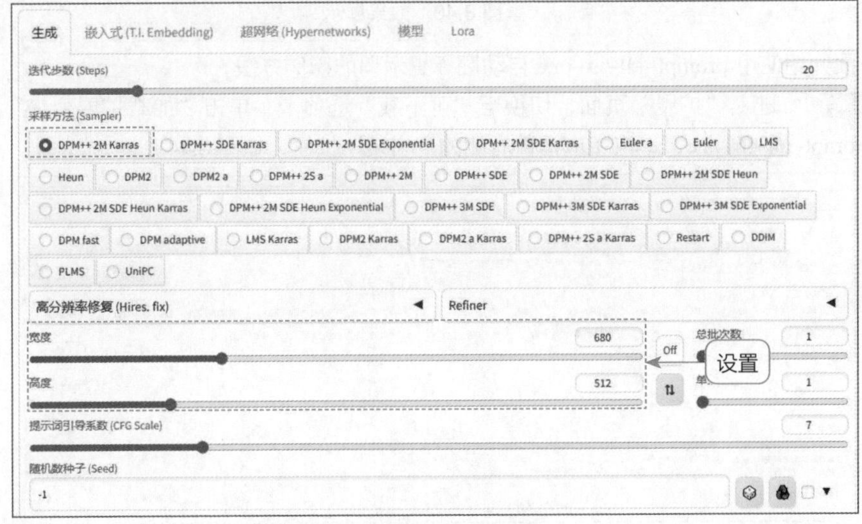

图 8.42 设置相应参数

步骤 06 单击“生成”按钮，即可生成相应的新图，并根据不同颜色的板块图来还原画面的内容，同时根据提示词的描述改变画面风格，效果如图 8.36（右图）所示。

8.3 使用 Stable Diffusion 扩展插件，让 AI 绘画的质量和效率翻倍

Stable Diffusion 中的扩展插件非常丰富，而且功能多种多样，能够帮助用户提升 AI 绘画的出图质量和效率。本节将介绍一些比较实用的扩展插件，能够帮助读者更好地使用 Stable Diffusion 的绘图功能。

8.3.1 练习实例：使用 prompt-all-in-one 自动翻译提示词

扫一扫，看视频

Stable Diffusion 的提示词通常都是一大段英文，对于英文不好的用户来说比较麻烦。其实，用户可以使用 prompt-all-in-one 插件来解决这个难题，它可以帮助用户自动将中文提示词翻译为英文。本实例的最终效果如图 8.43 所示。

图 8.43 效果展示

下面介绍使用 prompt-all-in-one 自动翻译提示词的操作方法。

步骤 01 进入“扩展”页面，切换至“可下载”选项卡，单击“加载扩展列表”按钮，搜索 prompt-all-in-one，单击相应插件右侧的“安装”按钮，如图 8.44 所示。

图 8.44 单击“安装”按钮

步骤 02 插件安装完成后，切换至“已安装”选项卡，单击“应用更改并重启”按钮，如图 8.45 所示，重启 WebUI。

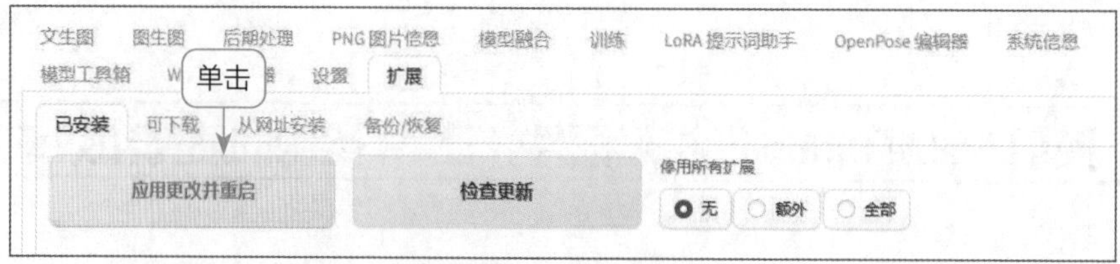

图 8.45 单击“应用更改并重启”按钮

步骤 03 进入“文生图”页面，可以看到提示词输入框的下方显示了自动翻译插件，在插件右侧的“请输入新关键词”文本框中，输入相应的中文提示词，按 Enter 键确认即可自动将提示词翻译成英文并填入到提示词输入框中，如图 8.46 所示。

图 8.46　自动翻译中文提示词

步骤 04 使用相同的操作方法，输入并翻译相应的反向提示词，主要用于避免生成低画质的图像，如图 8.47 所示。

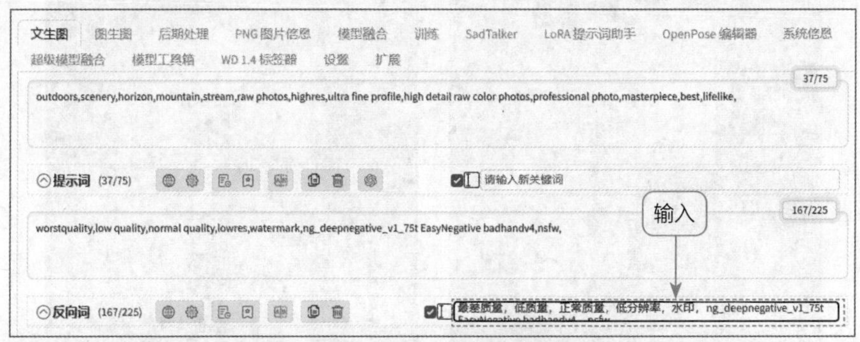

图 8.47　输入并翻译相应的反向提示词

步骤 05 对生成参数进行适当调整，主要选择一种写实风格的采样方法，并将图像尺寸设置为横图，从而更好地展示横向风景，如图 8.48 所示。

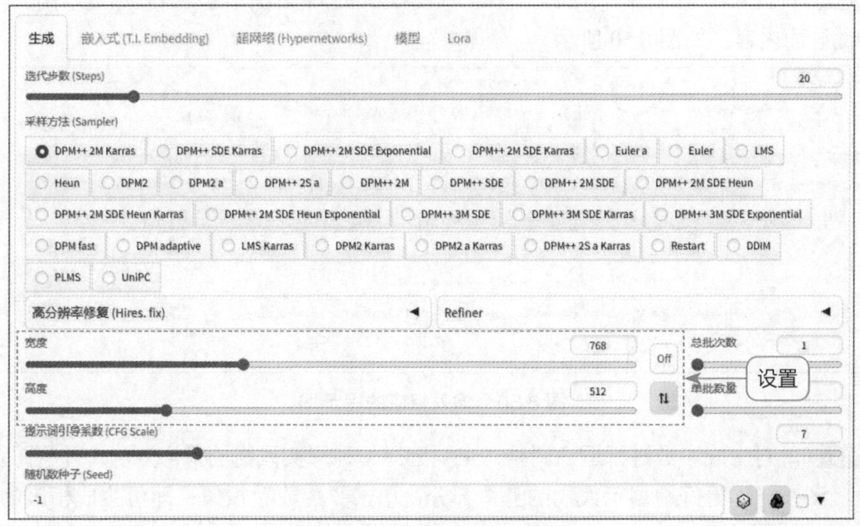

图 8.48　设置相应参数

步骤 06 单击“生成”按钮，即可生成相应的图像，完美地还原中文提示词中描述的画面内容，效果如图 8.43 所示。

8.3.2 练习实例：使用 After Detailer 优化与修复人脸

扫一扫，看视频

ADetailer 插件可以自动修复低分辨率下生成的人物全身照的脸部，轻松解决低显存下人物脸部变形的情况。本实例使用 ADetailer 插件后，不仅修复了人物歪曲的嘴部，而且整个脸部的细节也变得更丰富，效果对比如图 8.49 所示。

图 8.49 效果对比

下面介绍使用 ADetailer 优化与修复人脸的操作方法。

步骤 01 进入“文生图”页面，选择一个写实类的大模型，输入相应的提示词，指定生成图像的画面内容，如图 8.50 所示。

图 8.50 输入相应的提示词

步骤 02 对生成参数进行适当调整，主要选择一种写实风格的采样方法，并将图像尺寸设置为竖图，能够更好地展示人物的身体部分，单击“生成”按钮，即可生成相应的图像，效果如图 8.51 所示。

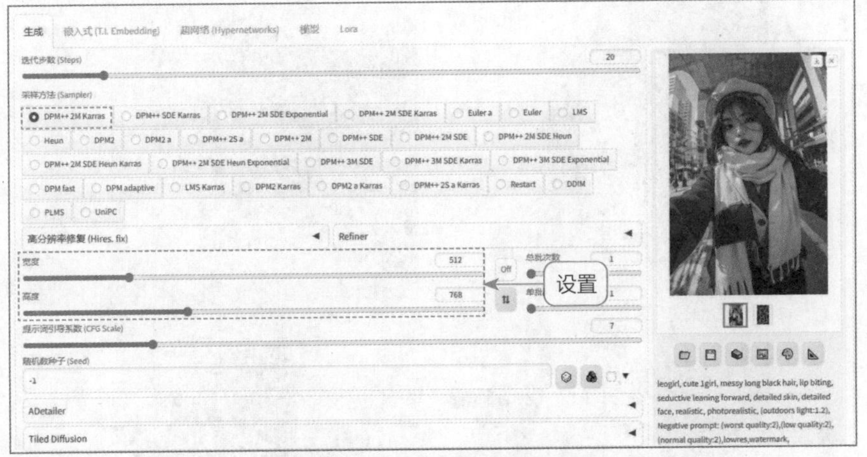

图 8.51　生成的图像效果

步骤 03 在页面下方固定图像的 Seed 值，展开 ADetailer 选项区，选中"启用 After Detailer"复选框，开启人脸修复功能，设置"After Detailer 模型"为 mediapipe_face_full，该模型可用于修复真实人脸，如图 8.52 所示。

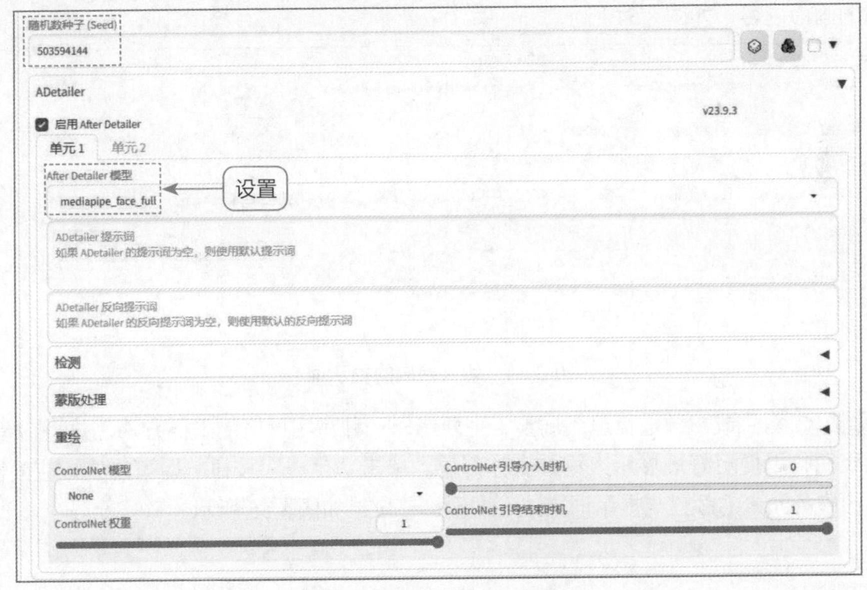

图 8.52　设置相应参数

步骤 04 再次单击"生成"按钮，对图像中的人脸进行修复处理，效果如图 8.49（右图）所示。

8.3.3　练习实例：使用 Cutoff 精准控制各元素的颜色

在进行 AI 绘画时，如果提示词中设定的颜色过多，很容易出现不同元素之间颜色混乱的情况，Cutoff 插件能很好地帮助用户解决这个问题，让画面中各元素的颜色不会相互"污染"，效果对比如图 8.53 所示。

扫一扫，看视频

图 8.53 效果对比

下面介绍使用 Cutoff 精准控制各元素颜色的操作方法。

步骤 01 进入“文生图”页面，选择一个写实类的大模型，输入相应的提示词，指定生成图像的画面内容，如图 8.54 所示。

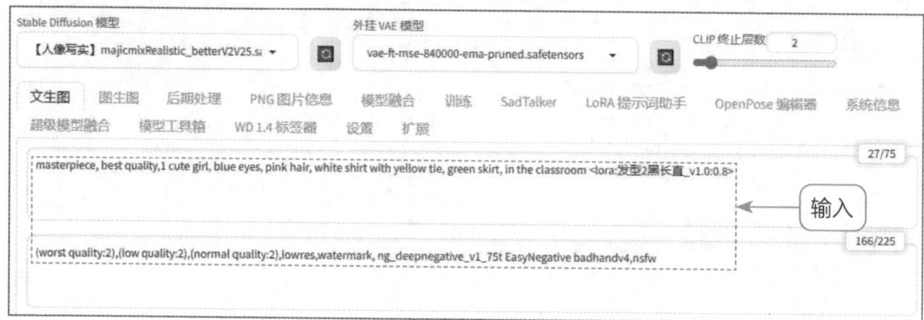

图 8.54 输入相应的提示词

步骤 02 对生成参数进行适当调整，主要选择一种写实风格的采样方法，并将图像尺寸设置为竖图，以便更好地展示人物的身体部位。单击“生成”按钮，即可生成相应的图像，但是画面中各元素的颜色与提示词描述不太相符，效果如图 8.55 所示。

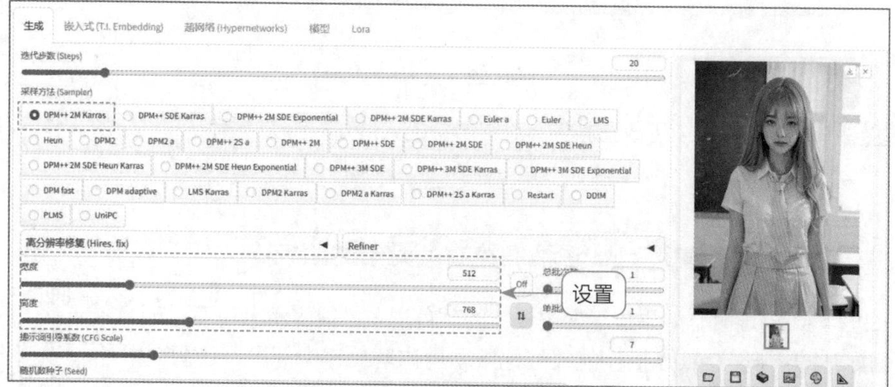

图 8.55 生成相应的图像效果

步骤 03 在页面下方展开 Cutoff 选项区，选中“启用”复选框，并在“分隔目标提示词（逗号分隔）”文本框中输入想要分隔的词语，如图 8.56 所示。

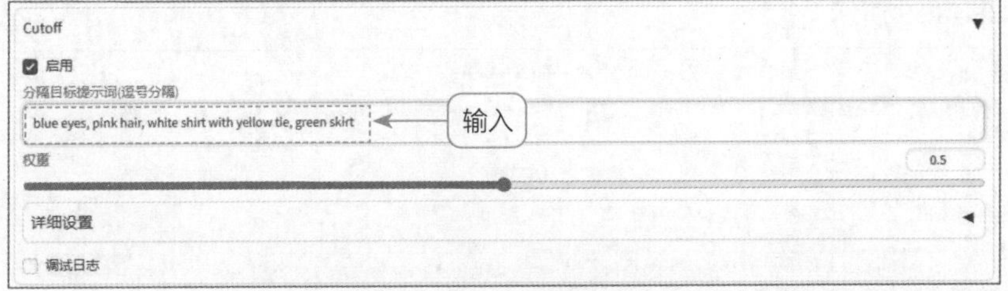

图 8.56　输入想要分隔的词语

步骤 04 再次单击“生成”按钮，即可生成相应的图像，并能够根据提示词的要求，准确绘制出各元素的颜色，效果如图 8.53（右图）所示。

【技巧提示】通过网址安装插件

除了可以在“扩展”页面的“可下载”选项卡中直接搜索插件外，用户还可以切换至“从网址安装”选项卡，在“扩展的 git（一种代码托管技术）仓库网址”文本框中输入插件的下载链接，单击“安装”按钮，如图 8.57 所示，快速安装插件。

图 8.57　单击“安装”按钮

8.3.4　练习实例：使用 Ultimate SD Upscale 无损放大图像

Ultimate SD Upscale 是一款非常受欢迎的图像放大插件，比较适合低显存的计算机，它会先将图像分割为一个个小的图块后再分别放大，然后拼合在一起，能够实现图像的无损放大，让图像细节更加丰富、清晰，效果如图 8.58 所示。

扫一扫，看视频

图 8.58　效果展示

下面介绍使用 Ultimate SD Upscale 无损放大图像的操作方法。

步骤 01 进入“图生图”页面，选择原图生成时使用的大模型，并输入与原图一致的提示词，如图 8.59 所示。

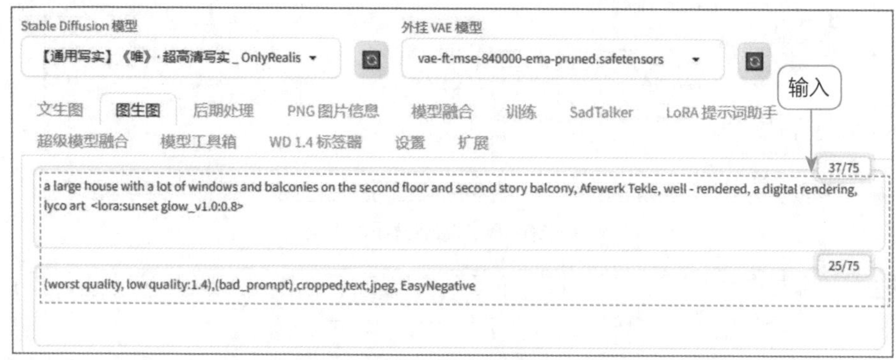

图 8.59 输入相应的提示词

步骤 02 在页面下方的“图生图”选项卡中上传一张原图，如图 8.60 所示。

步骤 03 设置与原图一致的“采样方法”和“重绘尺寸”等生成参数，同时设置“迭代步数”为 20、“重绘幅度”为 0.25（避免参数过高导致图像失真），让新图的效果与原图基本一致，如图 8.61 所示。

图 8.60 上传一张原图

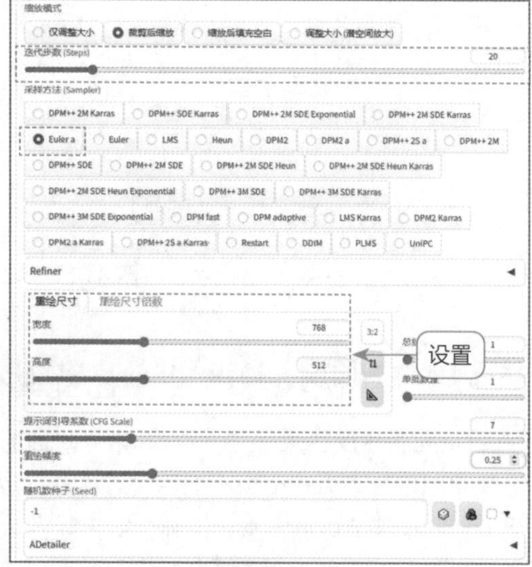

图 8.61 设置相应参数

步骤 04 在页面底部的“脚本”列表框中选择 Ultimate SD upscale 选项，展开相应的插件选项区，设置 Target size type（目标尺寸类型）为 Scale from image size（从图像大小缩放）、“放大算法”为 ESRGAN_4x（逼真写实类）、“类型”为 Chess（分块），以减少图像伪影，如图 8.62 所示。

步骤 05 单击“生成”按钮，即可生成相应的图像，并将图像放大为原来的 2 倍，同时保持画面元素基本不变，效果如图 8.58 所示。

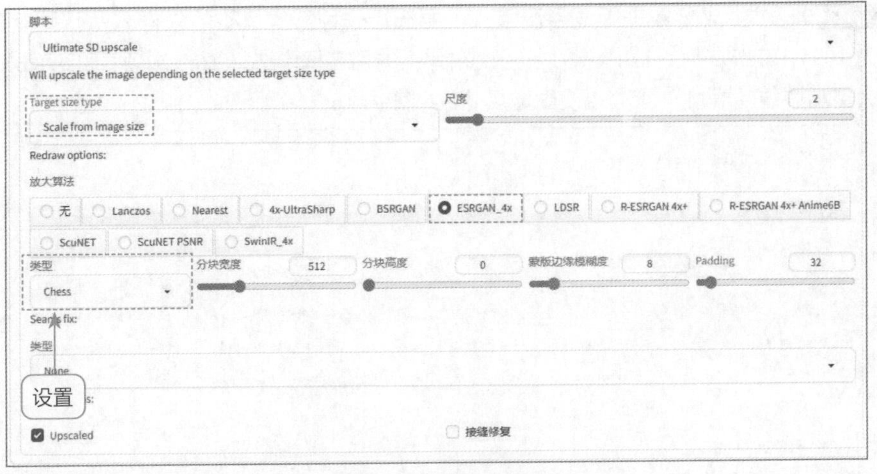

图 8.62　设置插件参数

8.3.5　练习实例：使用 Aspect Ratio Helper 固定图像横纵比

使用 Aspect Ratio Helper 插件可以固定 AI 生成图像的横纵比，如 2:3、16:9 等。该插件会自动将数值调整为对应的横纵比。当用户锁定横纵比后，调整其中一项数值时，另一项也会跟随变化，非常方便，可以直接生成相应尺寸的图像，效果如图 8.63 所示。

扫一扫，看视频

图 8.63　效果展示

下面介绍使用 Aspect Ratio Helper 固定图像横纵比的操作方法。

步骤 01 进入“文生图”页面，选择一个写实类的大模型，输入相应的提示词，指定生成图像的画面内容，如图 8.64 所示。

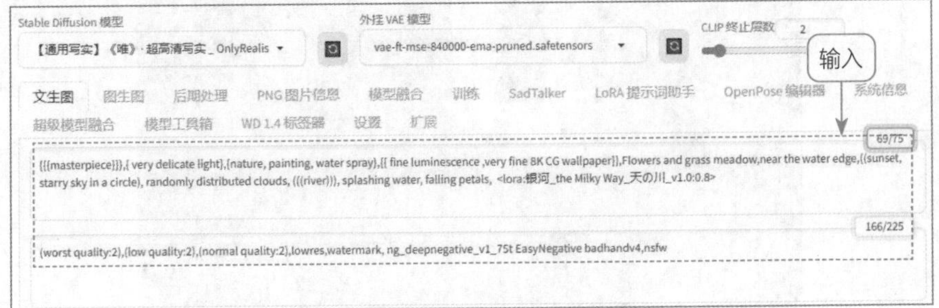

图 8.64　输入相应的提示词

步骤 02 对生成参数进行适当调整，主要选择一种写实风格的采样方法，并设置“宽度”为 1024，单击右侧的 Off（关）按钮，在弹出的列表框中选择 16:9 选项，如图 8.65 所示。系统会自动调整“高度”参数，使图像尺寸比例变为 16:9。

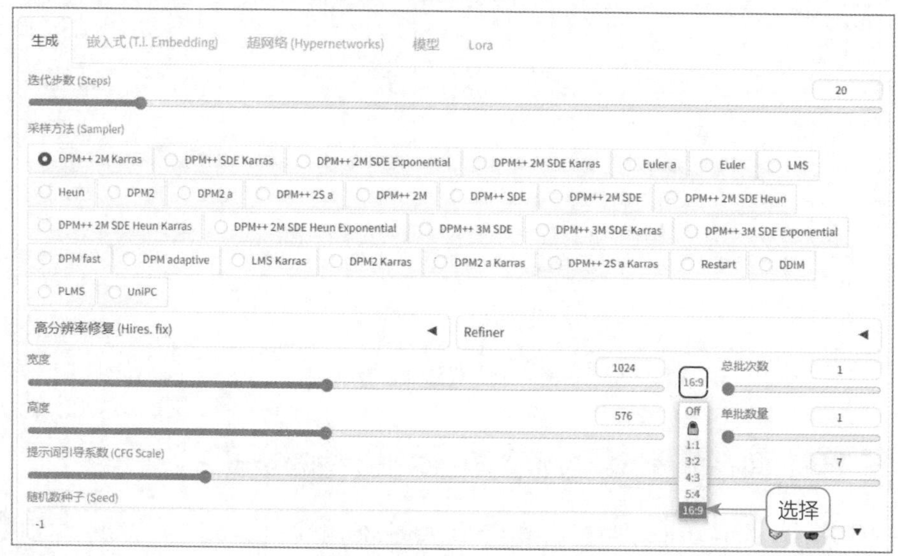

图 8.65 选择 16:9 选项

步骤 03 单击“生成”按钮，即可生成横纵比固定为 16:9 的图像，效果如图 8.63 所示。

8.4 综合实例：使用 Depth 还原画面中的空间景深关系

扫一扫，看视频

Depth 能够从图像中提取物体的前景和背景关系，并生成深度图，在图像中的前后物体关系不明显的情况下，可以利用该模型进行辅助控制。例如，通过深度图可以有效还原画面中的空间景深关系，原图与效果图对比如图 8.66 所示。

图 8.66 原图与效果图对比

下面介绍使用 Depth 还原画面中的空间景深关系的操作方法。

步骤 01 进入“文生图”页面，选择一个写实类的大模型，输入相应的提示词，指定生成图像的画面内容，如图 8.67 所示。

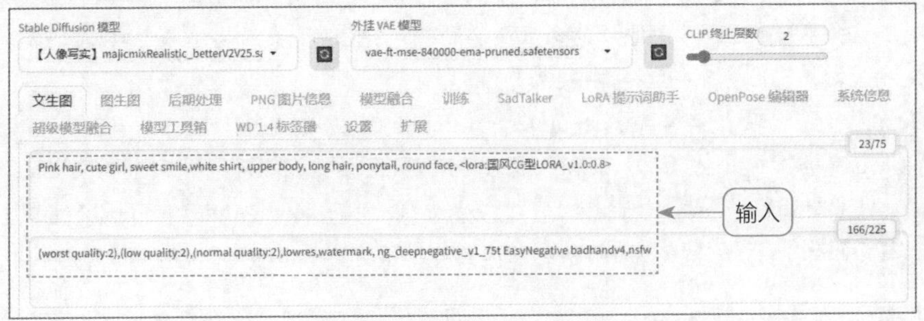

图 8.67 输入相应的提示词

步骤 02 展开 ControlNet 选项区，上传一张原图，选中“启用”复选框、“完美像素模式”复选框、“允许预览”复选框，如图 8.68 所示。

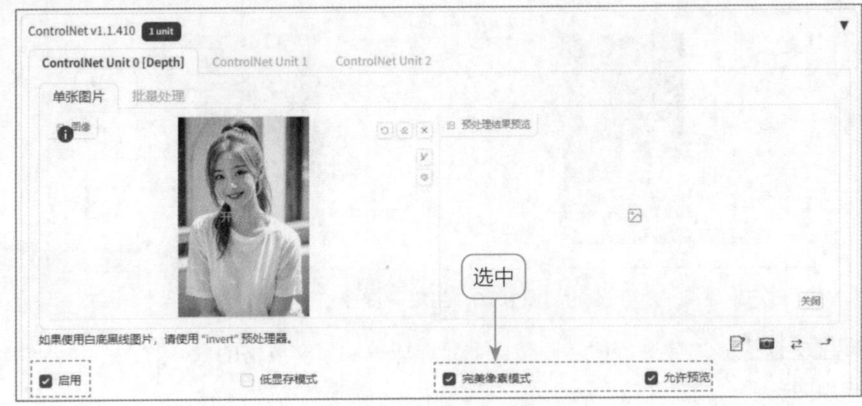

图 8.68 选中相应的复选框

步骤 03 在 ControlNet 选项区下方，选中“Depth（深度）”单选按钮，然后选择 depth_leres++（LeReS 深度图估算 ++）预处理器和相应的模型，如图 8.69 所示。该模型能够提取出细节层次非常丰富的深度图。

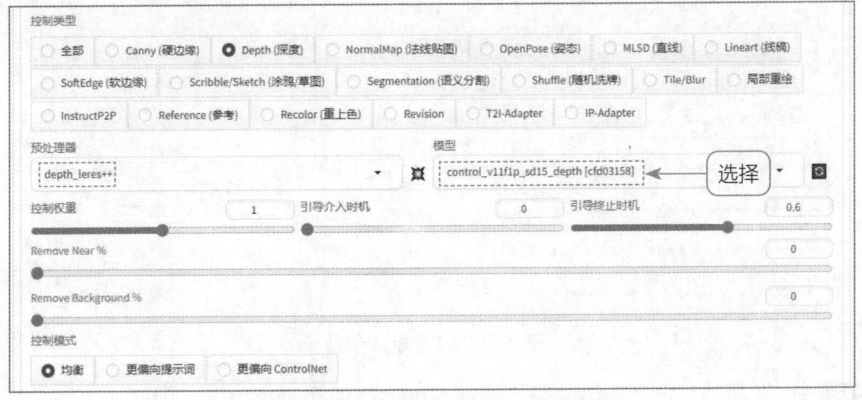

图 8.69 选择预处理器和模型

【知识拓展】认识深度图与 Depth 的预处理器

深度图又称为距离影像，是一种以像素值表示图像采集器到场景中各点距离（深度）的图像，能够直观地反映图像中物体的三维深度关系。对于了解三维动画知识的用户来说，深度图应该并不陌生，这类图像仅包含黑白两种颜色，靠近镜头的物体颜色较浅（偏白色），而远离镜头的物体颜色则较深（偏黑色）。

Depth 的预处理器有 4 种：depth_leres（LeRes 深度图估算）、depth_leres++、depth_midas（MiDas 深度图估算）、depth_zoe（ZoE 深度图估算）。其中，depth_leres++ 是 depth_leres 的升级版，提取细节层次的能力会更强一些；depth_midas 和 depth_zoe 则更适合处理复杂场景，能够强化画面的景深层次感。

步骤 04 单击 Run preprocessor 按钮，即可生成深度图，比较完美地还原场景中的景深关系，如图 8.70 所示。

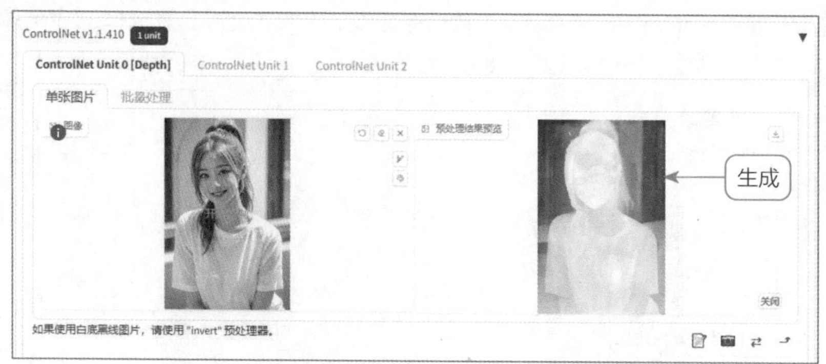

图 8.70　生成深度图

步骤 05 对生成参数进行适当调整，主要选择一种写实风格的采样方法，并将图像尺寸设置为与原图一致，如图 8.71 所示。

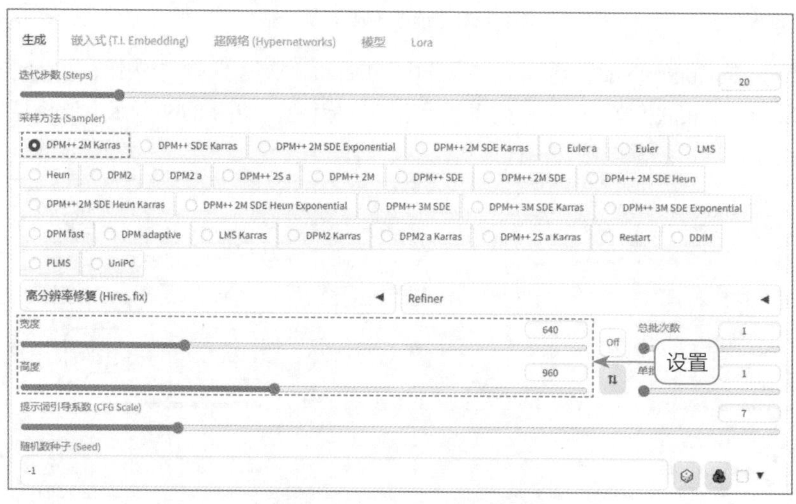

图 8.71　设置相应参数

步骤 06 单击“生成”按钮，即可根据深度图中的灰阶色值反馈的区域元素前后关系，生成相应的新图，效果如图 8.66（右图）所示。

本章小结

本章主要介绍了 Stable Diffusion 的相关扩展插件，具体内容包括掌握 ControlNet 插件的使用方法，如安装 ControlNet 插件，以及 Canny、MLSD、NormalMap、OpenPose、Scribble/Sketch、Segmentation、Depth 等模型的控图技巧；掌握其他扩展插件的使用方法，如 prompt-all-in-one、ADetailer、Cutoff、Ultimate SD Upscale、Aspect Ratio Helper 等插件。通过对本章的学习，读者能够更好地掌握各种 Stable Diffusion 扩展插件的使用技巧。

课后习题

1. 使用 ControlNet 插件生成线稿轮廓图，原图与效果图对比如图 8.72 所示。

扫一扫，看视频

图 8.72　原图与效果图对比

2. 使用 Stable Diffusion 生成横纵比为 3:2 的图像，效果如图 8.73 所示。

扫一扫，看视频

图 8.73　横纵比为 3:2 的图像效果

第 09 章 Stable Diffusion AI 绘画实战

本章将通过 6 个典型的 Stable Diffusion AI 绘画综合实例，帮助读者更好地掌握这种先进的 AI 技术，成为 AI 绘画高手。这些实例涵盖了不同的行业和应用领域，通过这些实例，读者可以了解 Stable Diffusion 的基本原理和操作方法，并掌握各种 AI 绘画作品的生成技巧和操作要点。

本章要点

- 综合实例：小清新人像
- 综合实例：机甲少女
- 综合实例：室内设计
- 综合实例：黑白线稿
- 综合实例：唯美动漫
- 综合实例：首饰模特

9.1 综合实例：小清新人像

本实例主要介绍“小清新人像”作品的生成技巧，画面中的人物效果非常逼真，不仅人物的神态、动作十分自然，而且皮肤的纹理细节栩栩如生，不再是过去那种让人一眼就能看穿的“AI 脸”。本实例的最终效果如图 9.1 所示。

扫一扫，看视频

图 9.1 效果展示

9.1.1 绘制主体效果

下面先选择一个写实类的大模型，然后输入相应的提示词，绘制出主体效果，具体操作方法如下。

步骤 01 进入“文生图”页面，选择一个写实类的大模型，主要用于生成人像照片，如图 9.2 所示。

图 9.2 选择一个写实类的大模型

步骤 02 输入相应的提示词，包括通用起手式、画面主体和背景描述等，如图 9.3 所示。

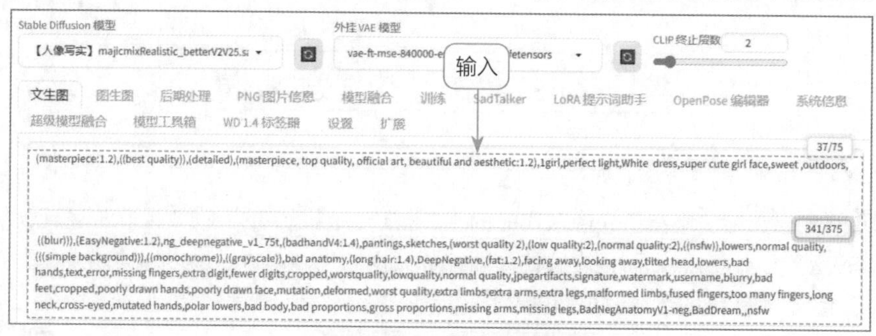

图 9.3　输入相应的提示词

步骤 03 适当设置生成参数，单击“生成”按钮，生成相应的图像效果，如图 9.4 所示，画面中的人物具有较强的真实感，但细节不够丰富。

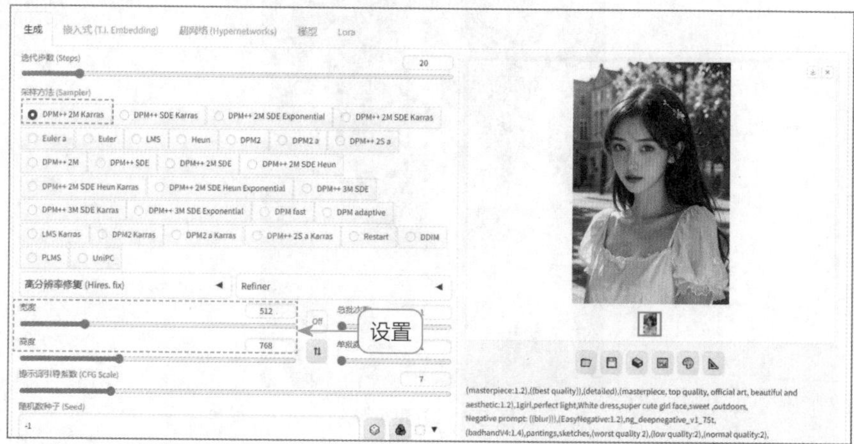

图 9.4　生成相应的图像效果

9.1.2　添加摄影风格

下面主要通过添加更多的摄影风格提示词，提升 AI 生成的图像画质效果，具体操作方法如下。

步骤 01 在“文生图”页面中，在正向提示词后面添加一些摄影类提示词，如图 9.5 所示。

图 9.5　添加相应的提示词

专家提示

wide-angle lens（广角镜头）这个提示词可以引导 AI 模拟广角镜头的拍摄效果，以获得更广阔的视野和更强的透视效果。lens flare（镜头光斑）这个提示词可以引导 AI 在画面中故意引入镜片光斑，以增强照片的艺术感和视觉效果。ultra high definition（超高清）这个提示词可以引导 AI 尽可能生成更细腻、更清晰的照片效果。

步骤 02 其他参数保持默认设置，单击两次“生成”按钮，生成相应的图像，可以提高图像的质量和表现力，效果如图 9.6 所示。

图 9.6　生成相应的图像效果

9.1.3　增强人像效果

下面主要在提示词中添加一个改变人物发型效果的 Lora 模型，并叠加一个生成小清新画风的 Lora 模型，让画面效果显得更加清新、自然，具体操作方法如下。

步骤 01 切换至 Lora 选项卡，选择“发型 1_v1.0”Lora 模型，该 Lora 模型能够生成特定的女生发型效果，将该 Lora 模型添加到提示词输入框中，将 Lora 模型的权重值设置为 0.8，适当降低 Lora 模型对 AI 的影响，如图 9.7 所示。

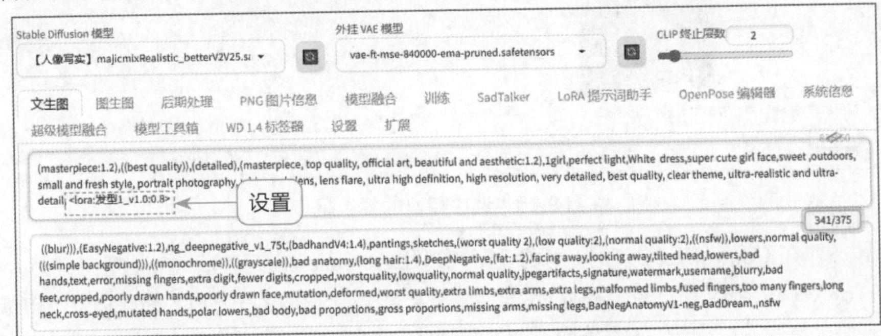

图 9.7　添加 Lora 模型并设置其权重值

步骤 02 其他生成参数保持不变，单击“生成”按钮，生成相应的图像，即可改变人物的发型，效果如图 9.8 所示。

步骤 03 继续添加一个“小清新画风 _v1.0”Lora 模型，将其权重值设置为 0.8，再次单击“生成”按钮，即可生成具有清新感的图像，效果如图 9.9 所示。

图 9.8　改变人物的发型效果

图 9.9　生成具有清新感的图像效果

9.1.4　更换背景效果

下面使用 ControlNet 中的 Reference（参考）来更换人物的背景，同时保持人物形象不变，具体操作方法如下。

步骤 01 展开 ControlNet 选项区，上传一张原图，选中“启用”复选框、“完美像素模式”复选框、“允许预览”复选框，如图 9.10 所示。

图 9.10　选中相应的复选框

步骤 02 在 ControlNet 选项区下方，选中“Reference（参考）”单选按钮，然后选择 reference_only（仅参考输入图）预处理器，如图 9.11 所示。这个预处理器的最大作用就是通过一张给定的参考图，可以延续生成一系列相似的图片，这样就给一个角色生成系列图提供了可能性。

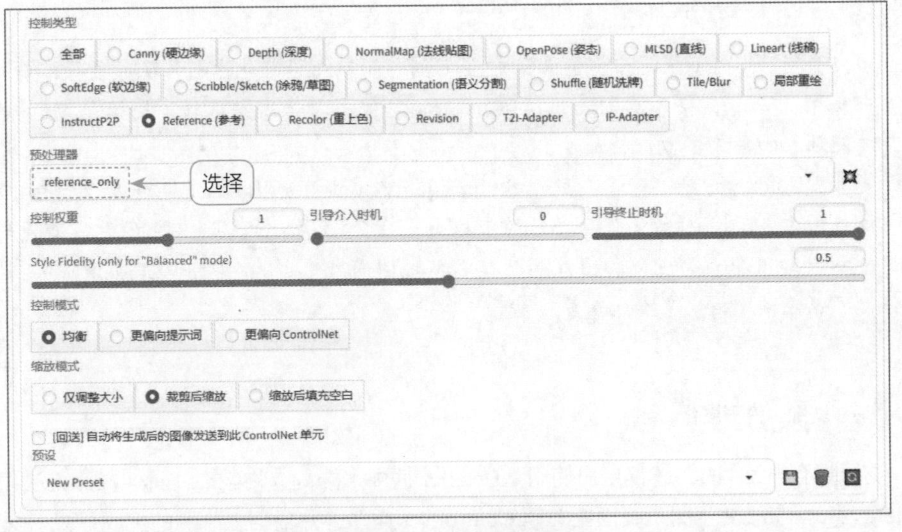

图 9.11　选择预处理器

步骤 03 单击 Run preprocessor 按钮，即可对原图进行预处理，固定人物的脸型。适当修改提示词，如添加一些背景环境的提示词，单击“生成”按钮，即可生成不同背景下的系列人物图片，效果如图 9.12 所示。

图 9.12　不同背景下的系列人物图片效果

【技巧提示】Reference 的控图技巧

用户可以将 Reference 理解为“高仿”，它的作用就是根据一张图片生成另一张看起来非常相似的图片。需要注意的是，使用 Reference 控图时一定要选择“均衡”控制模型，这样才能让人物形象尽量保持一致。

另外，Reference 还有一个参数为 Style Fidelity（only for "Balanced" mode）（样式保真度），仅适用于“平衡”模式。这个参数的值越小，生成的图片就越接近使用的大模型的风格；而这个参数的值越大，生成的图片就越接近参考图的风格。0.5 是 Style Fidelity 的一个平衡值，可以兼顾风格忠实度和图片质量。

9.1.5 修复人物脸部

在生成人物照片时，建议用户使用 ADetailer 插件来修复人物脸部，具体操作方法如下。

步骤 01 在“文生图”页面中关闭 ControlNet 插件，并根据上一例的生成效果对提示词进行适当调整，让 AI 生成的图像效果更精美，如图 9.13 所示。

图 9.13　对提示词进行适当调整

步骤 02 展开 ADetailer 选项区，选中“启用 After Detailer”复选框，启用该插件，在“After Detailer 模型”列表框中选择 mediapipe_face_full 选项。该模型适合修复真实人脸，如图 9.14 所示。

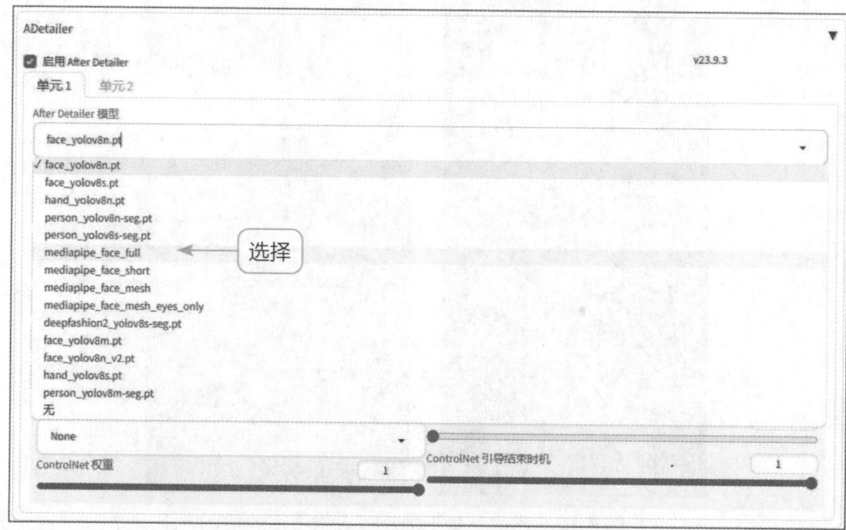

图 9.14　选择 mediapipe_face_full 选项

步骤 03 其他生成参数保持不变，单击“生成”按钮，即可生成相应的图像，在图像下方单击“发送图像和生成参数到图生图选项卡”按钮，如图 9.15 所示。

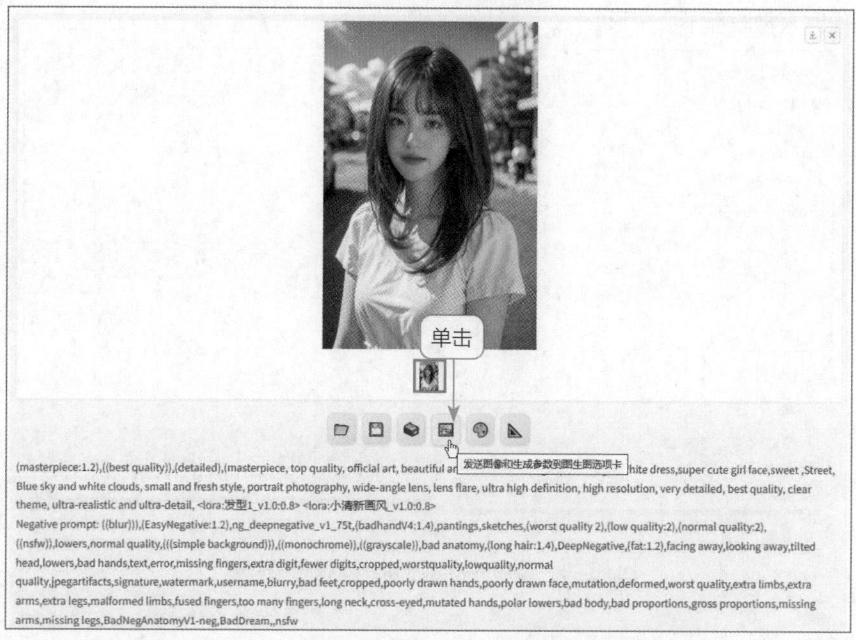

图 9.15　单击“发送图像和生成参数到图生图选项卡”按钮

步骤 04 执行操作后，进入“图生图”页面，同时会将图像和生成参数发送过来，在页面下方设置“采样方法”为 DPM++ 2M Karras、“重绘幅度”为 0.5，让出图效果尽量与原图保持一致，如图 9.16 所示。

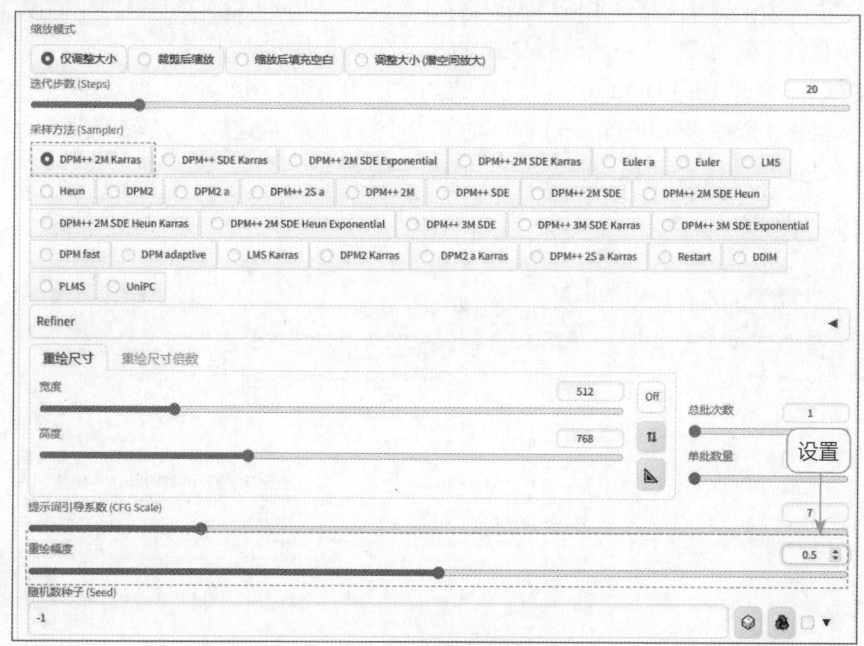

图 9.16　设置相应参数

步骤 05 再次展开 ADetailer 选项区，选中“启用 After Detailer”复选框，启用该插件，并设置“After Detailer 模型”为 mediapipe_face_full，如图 9.17 所示，用于确保在图生图中放大图像时人物脸部不会变形。

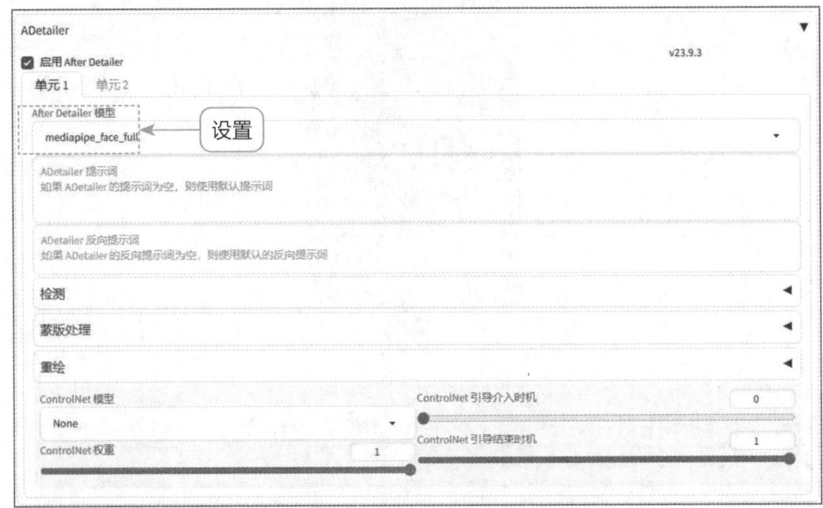

图 9.17　设置“After Detailer 模型”参数

9.1.6　放大图像效果

Tiled Diffusion 插件的放大原理与文生图中的高分辨率修复功能相似，其本质原理是重绘。然而，它们之间的区别在于 Tiled Diffusion 插件采用分区块绘制的方式，这样可以显著降低显存的压力。另外，结合 Tiled VAE 插件，可以进一步降低显存的消耗。下面通过 Tiled Diffusion 插件来放大图像，生成清晰的图像效果，具体操作方法如下。

步骤 01 展开 Tiled Diffusion 选项区，选中“启用 Tiled Diffusion”复选框，开启 Tiled Diffusion 插件，选择 4x-UltraSharp 放大算法，这个算法的响应速度快、放大效果好，将“放大倍数”设置为 2，表示将原图放大 2 倍，如图 9.18 所示。

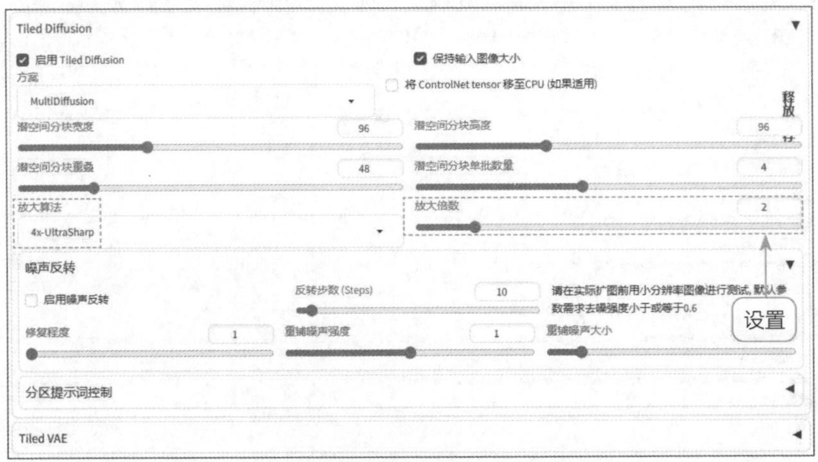

图 9.18　设置相应参数

步骤 02 单击“生成”按钮，即可高清放大图像，图像 size（大小）变成了 1024px × 1536px 的分辨率，刚好是原图分辨率（512px × 768px）的 2 倍，当图像的分辨率增加时，每个像素可以包含更多的信息，从而使图像看起来更加清晰，效果如图 9.1 所示。

9.2 综合实例：机甲少女

本实例主要介绍“机甲少女”作品的生成技巧，通过将科技与艺术等元素融合在一起，展现出独特的视觉效果和艺术魅力。本案例的最终效果如图 9.19 所示。

扫一扫，看视频

图 9.19 效果展示

9.2.1 绘制主体图像

下面主要通过输入提示词，然后使用写实类的大模型来观察提示词的生成效果，具体操作方法如下。

步骤 01 进入“文生图”页面，选择一个 2.5D 动画类的大模型，输入相应的提示词，指定生成图像的画面内容，如图 9.20 所示。

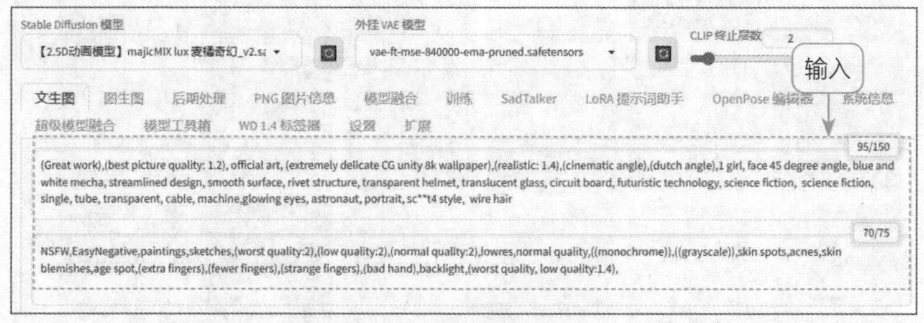

图 9.20 输入相应的提示词

步骤 02 设置“采样方法”为 DPM++ 2M Karras、“宽度”为 512、“高度”为 768，提升画面的生成质量，并指定画面尺寸，单击“生成”按钮，生成相应的图像，但画面中只是简单呈现出一个穿着机甲的人，效果如图 9.21 所示。

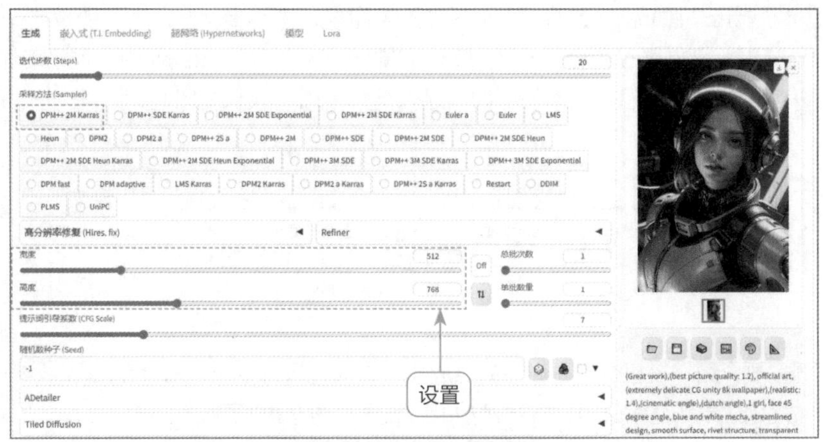

图 9.21　生成相应的图像效果

专家提示

DPM++ 2M Karras 采样器以其出色的色彩采样能力而受到广泛赞誉。随着采样次数的增加，DPM++ 2M Karras 能够逐步增强人物和背景的细节，为用户带来更加丰富、细腻的出图效果。

9.2.2　增强机甲风格

下面在提示词中添加一个机甲风格的 Lora 模型，主要用于增加机甲人物的细节和真实感，具体操作方法如下。

步骤 01 切换至 Lora 选项卡，选择“机甲 – 未来科技机甲面罩 _v1.0”Lora 模型，如图 9.22 所示。该 Lora 模型可以画出具有科技感、未来感的机甲人物效果。

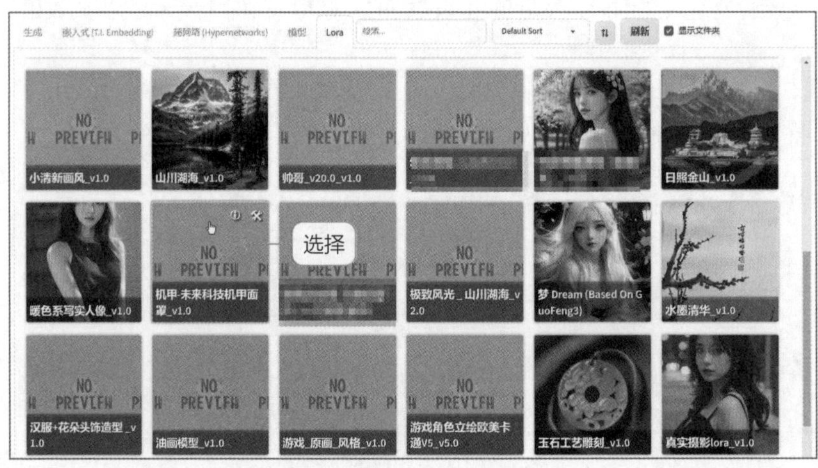

图 9.22　选择“机甲 – 未来科技机甲面罩 _v1.0”Lora 模型

步骤 02 执行操作后，将 Lora 模型添加到提示词输入框中，设置其权重值为 0.66，适当降低 Lora 模型对 AI 的影响，如图 9.23 所示。

图 9.23 添加 Lora 模型并设置其权重值

【知识拓展】Lora 模型的组成部分

Lora 模型可以看作一种小型化的 Stable Diffusion 模型，通过对 Checkpoint 模型的交叉注意力层进行细微的调整，可使其体积大大缩小，仅为 Checkpoint 模型的 1/100 至 1/10。同时，由于 Lora 模型的文件大小一般为 2 ~ 500MB，使得它在实际应用中具有更高的便携性和灵活性。

Lora 模型通常由三部分组成：lora_down.weight、lora_up.weight 和 alpha。

❶ lora_down.weight：这是 Lora 模型的下行权重。在 Lora 模型中，下行权重用于将输入数据从高分辨率空间映射到低分辨率空间，这通常涉及卷积操作，以减少特征的数量和计算复杂度。

❷ lora_up.weight：这是 Lora 模型的上行权重。上行权重用于将低分辨率空间的数据映射回高分辨率空间，这通常涉及反卷积或上采样操作，以恢复特征的空间细节。

❸ alpha：这是权重更新时的缩放系数。在 Lora 模型的训练过程中，权重更新是通过梯度下降算法来实现的。缩放系数 alpha 用于控制权重更新的步长，以防止在训练过程中出现过大或过小的更新。

这三个部分共同构成了 Lora 模型，并在训练过程中通过优化算法不断更新权重，以实现模型性能的提升。

步骤 03 设置“总批次数”为 2，单击“生成”按钮，即可生成两张图片，画面中的机甲元素会更加丰富，效果如图 9.24 所示。

图 9.24 生成两张图片效果

9.2.3　检测边缘轮廓

下面使用 SoftEdge（软边缘）检测图像的边缘轮廓，提取出原图中的重要信息，如形状和结构，帮助 AI 更好地处理图像中的边缘信息，具体操作方法如下。

步骤 01 展开 ControlNet 选项区，上传一张原图，选中“启用”复选框、“完美像素模式”复选框、“允许预览”复选框，如图 9.25 所示。

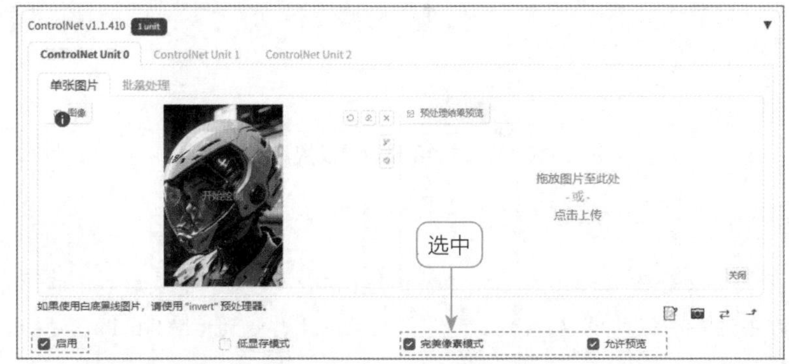

图 9.25　选中相应的复选框

步骤 02 在 ControlNet 选项区下方，选中“SoftEdge（软边缘）”单选按钮，然后选择 softedge_pidinet（软边缘检测 –PiDiNet 算法）预处理器和相应的模型，如图 9.26 所示。该模型可以提高边缘轮廓检测的精度和稳定性。

图 9.26　选择相应的预处理器和模型

步骤 03 单击 Run preprocessor 按钮 💥，即可生成边缘线稿图，其中包含更加模糊、柔性的边缘信息，如图 9.27 所示。

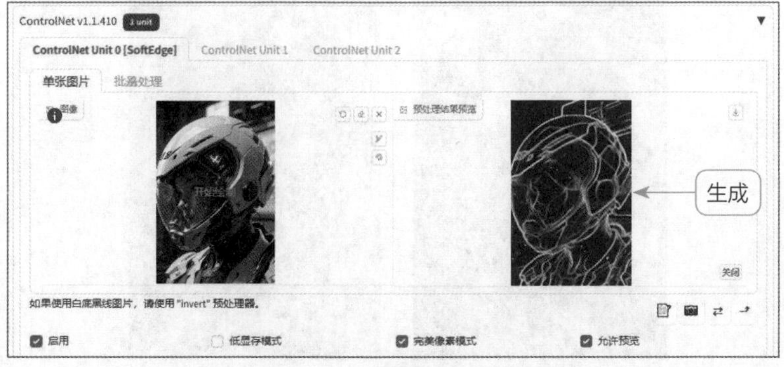

图 9.27　生成边缘线稿图

步骤 04 单击“生成”按钮，即可生成两张机甲人物图片，效果如图 9.28 所示。其中的机甲元素变得更加丰富，视觉冲击力更强。

图 9.28　机甲人物图片效果

9.2.4　图像局部上色

下面选择一张比较满意的图像效果，将其发送到图生图页面，通过涂鸦重绘功能给图像中的机甲局部上色，具体操作方法如下。

步骤 01 生成满意的效果图后，在图像下方单击“发送图像和生成参数到图生图选项卡”按钮，进入“图生图”页面，切换至“涂鸦重绘”选项卡，上传一张原图，如图 9.29 所示。

步骤 02 将笔刷颜色设置为红色（RGB 参数值分别为 255、0、0），在图 9.29 中的相应位置处进行涂抹，创建红色蒙版，如图 9.30 所示。

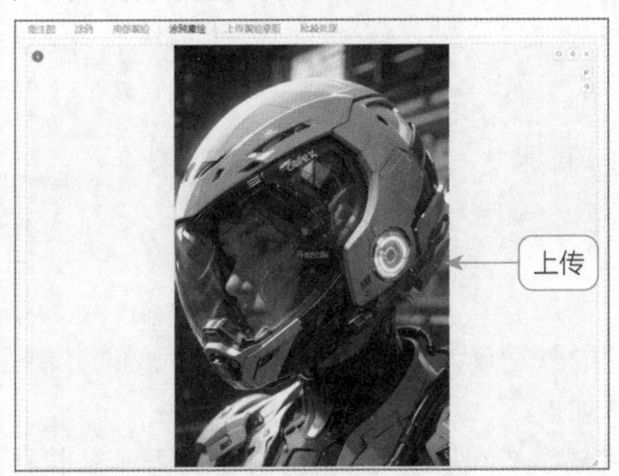

图 9.29　上传一张原图

图 9.30　创建红色蒙版

步骤 03 设置“重绘幅度”为 0.5，让图像产生较小的细节变化，其他设置如图 9.31 所示。

步骤 04 单击“生成”按钮，即可生成相应的新图，同时能够给机甲局部添加一些颜色，增强图像的视觉层次感和吸引力，新图效果如图 9.32 所示。

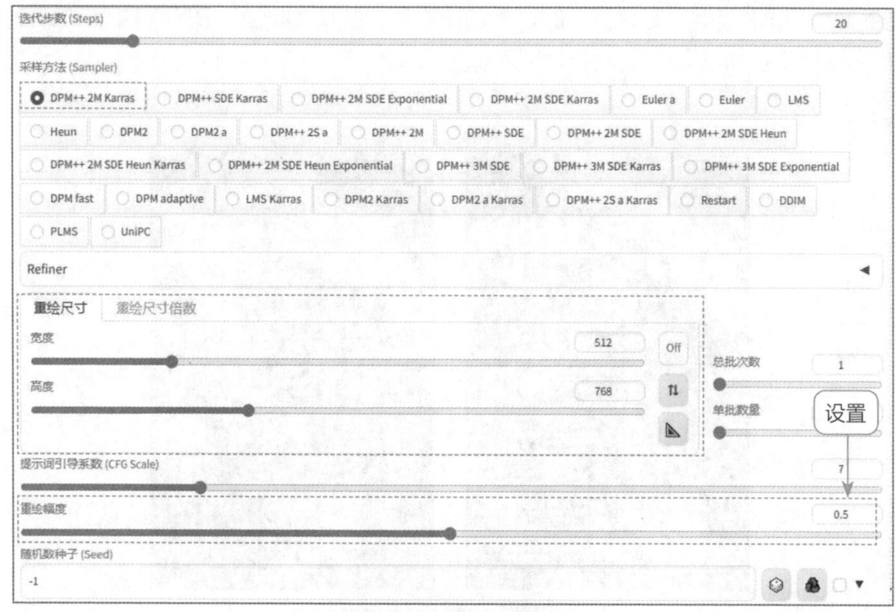

图 9.31　设置“重绘幅度”参数

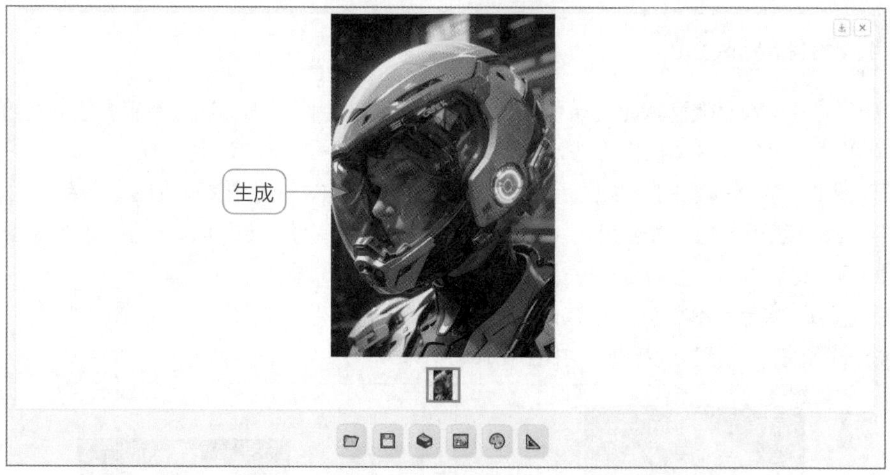

图 9.32　新图效果

9.2.5　放大图像效果

下面利用 Stable Diffusion 的“后期处理”功能快速放大图像，可以直接将生成的效果图放大两倍，让图像细节更加清晰，具体操作方法如下。

步骤 01 在图像下方单击“发送图像和生成参数到后期处理选项卡”按钮，执行操作后，进入“后期处理”页面，设置“缩放比例”为 2、“放大算法 1”为 R-ESRGAN 4x+，如图 9.33 所示。使用 R-ESRGAN 4x+ 将原图放大两倍之后，仍能充分保留原图细节的连贯性。

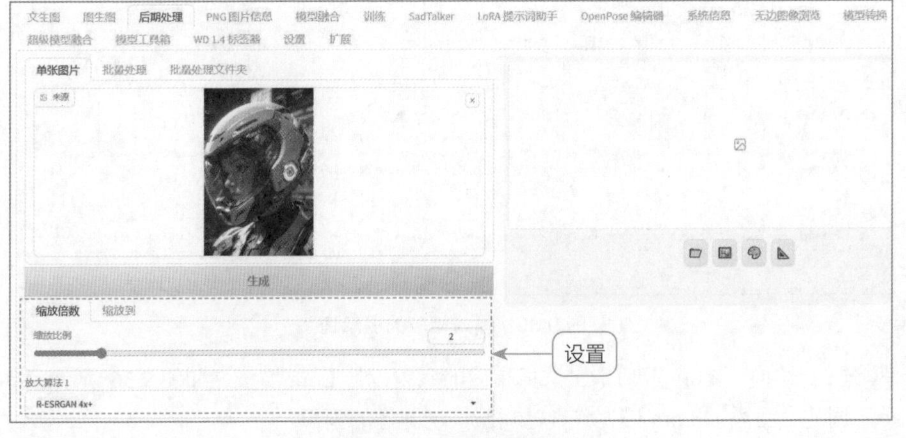

图 9.33　单击相应按钮

步骤 02 单击“生成”按钮，即可将图像放大两倍，效果如图 9.19 所示。

9.3　综合实例：室内设计

扫一扫，看视频

本实例主要介绍如何使用 Stable Diffusion 设计室内装修效果图，通过模拟真实的照明、材质和颜色，提供了一种逼真的视觉体验，让客户和设计师都能清晰地预见最终的卧室装修效果，如图 9.34 所示。

图 9.34　效果展示

下面介绍生成“室内设计”作品的操作方法。

步骤 01 进入“文生图”页面，选择一个室内设计风格的大模型，输入相应的正向提示词和反向提示词，描述画面的主体内容并排除某些特定的内容，为图像带来更逼真的视觉效果，如图 9.35 所示。

图 9.35　输入相应的提示词

步骤 02 切换至 Lora 选项卡，选择相应的室内设计 Lora 模型，如图 9.36 所示，即可在正向提示词的后面添加 Lora 模型参数，用于控制图像的画风。

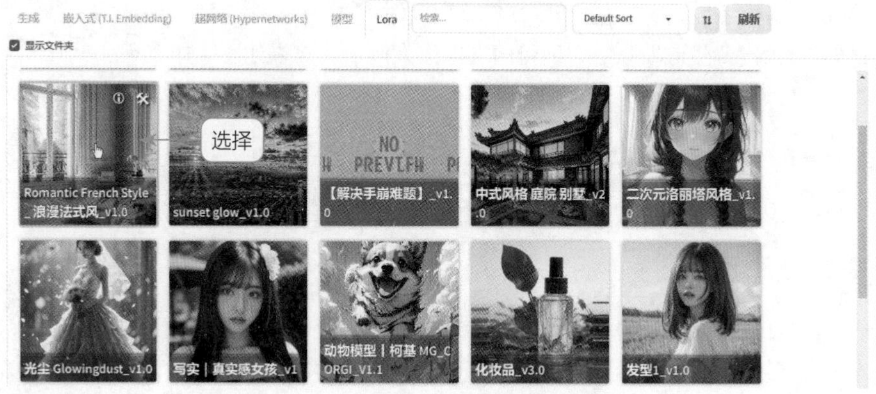

图 9.36　选择相应的室内设计 Lora 模型

步骤 03 在页面下方设置“迭代步数”为 36、“采样方法”为 DPM++ 2M Karras、“宽度”为 512、“高度”为 768、“总批次数”为 2，让图像细节更丰富、精细，并将画面比例调整为竖图，如图 9.37 所示。

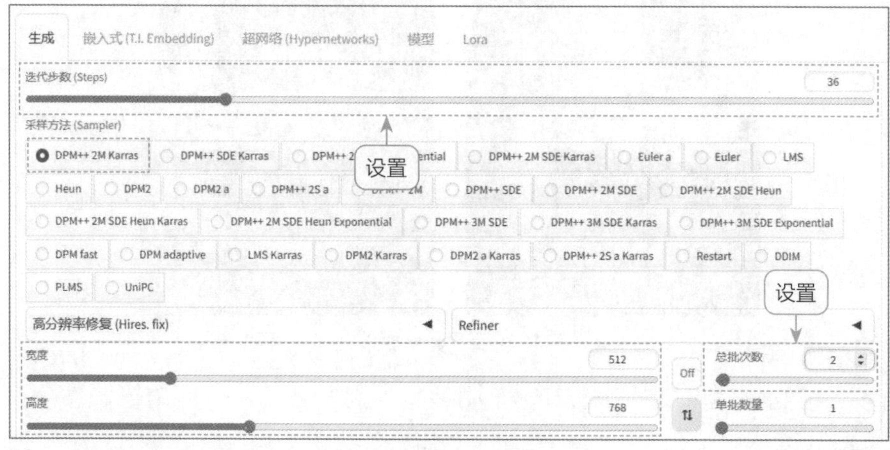

图 9.37　设置相应参数

步骤 04 单击“生成”按钮，即可同时生成两张室内设计效果图，通过柔和的暖色调营造温馨、浪漫的氛围，让人感到舒适和放松，效果如图 9.34 所示。

9.4 综合实例：黑白线稿

本实例主要介绍使用 Stable Diffusion 生成只有线条轮廓的图像效果，适合用于插画、素描等艺术形式，最终效果如图 9.38 所示。

扫一扫，看视频

图 9.38 效果展示

下面介绍生成“黑白线稿”作品的操作方法。

步骤 01 进入“文生图”页面，选择一个国风类的大模型，如图 9.39 所示。

步骤 02 输入相应的提示词，描述画面主体内容并排除某些特定的内容，如图 9.40 所示。

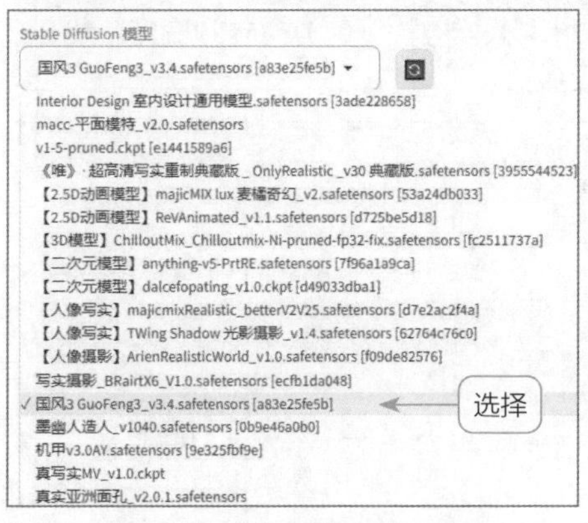

图 9.39 选择国风类的大模型

图 9.40 输入相应的提示词

步骤 03 切换至 Lora 选项卡，选择相应的线稿 Lora 模型，如图 9.41 所示，可以让 AI 生成线稿风格的图像。

步骤 04 执行操作后，即可在正向提示词的后面添加 Lora 模型参数，并将其权重值设置为 0.6，降低 Lora 模型的权重，如图 9.42 所示。

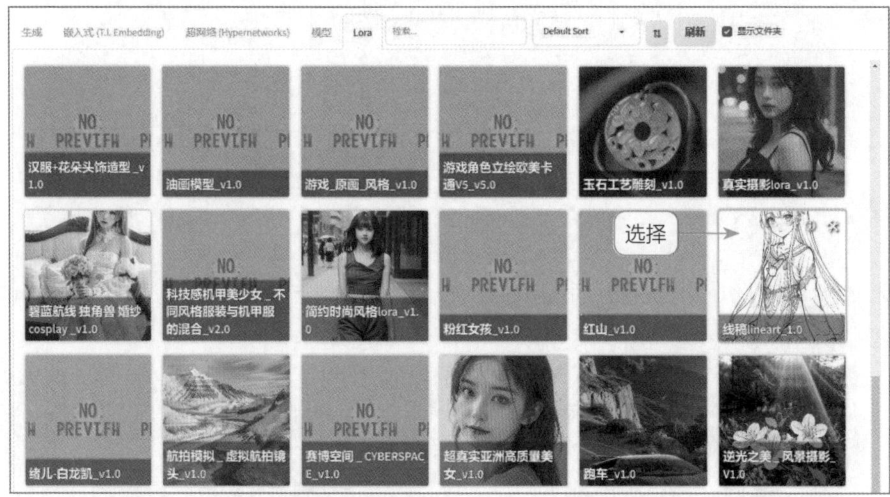

图 9.41　选择相应的线稿 Lora 模型

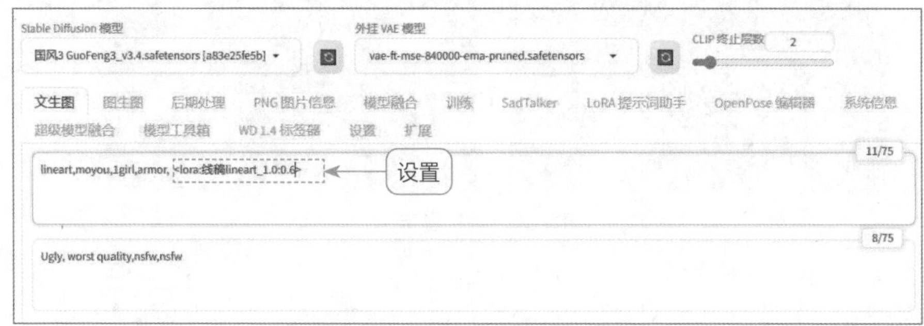

图 9.42　设置 Lora 模型的权重值

步骤 05 在页面下方设置“迭代步数”为 28、“采样方法”为 DDIM、“宽度”和“高度”均为 768，让图像细节更丰富、精细，如图 9.43 所示。

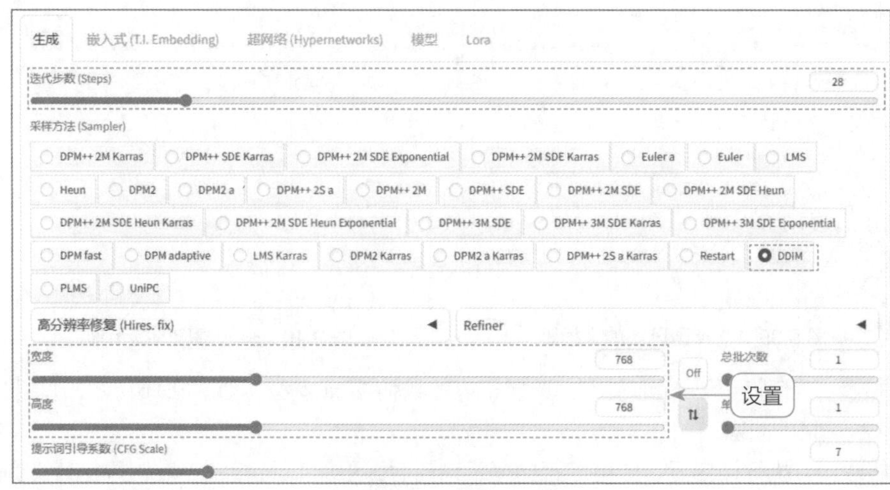

图 9.43　设置相应参数

步骤 06 单击两次“生成”按钮，即可生成两张黑白线稿图，效果如图 9.38 所示。

9.5 综合实例：唯美动漫

本实例主要介绍如何使用 Stable Diffusion 生成唯美的动漫人物，画风简单、清新、可爱，人物洋溢着青春、活力，效果如图 9.44 所示。

扫一扫，看视频

图 9.44　效果展示

下面介绍生成“唯美动漫”作品的操作方法。

步骤 01 进入“文生图”页面，选择一个二次元风格的大模型，输入相应的提示词，描述画面主体内容并排除某些特定的内容，加入小清新的画面元素，同时在正向提示词后面添加小清新画风的 Lora 模型参数，如图 9.45 所示。

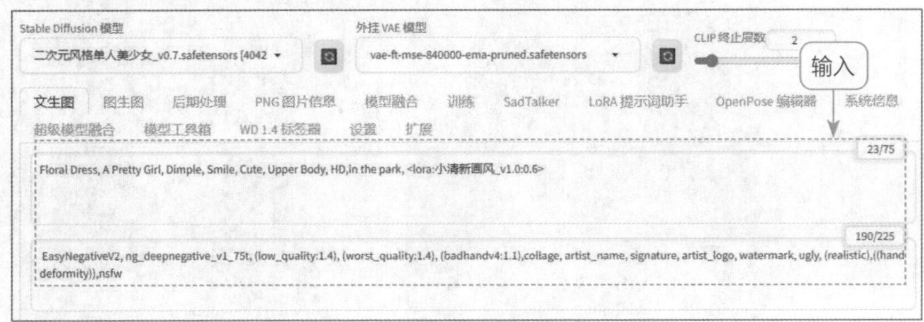

图 9.45　输入相应的提示词

步骤 02 在页面下方设置“迭代步数”为 30、“采样方法”为 Euler a、“宽度”为 768、“高度”为 512，将画面尺寸调整为横图，并提升图像效果的精细度，如图 9.46 所示。

步骤 03 单击“生成”按钮，即可生成小清新风格的漫画图像，效果如图 9.44 所示。

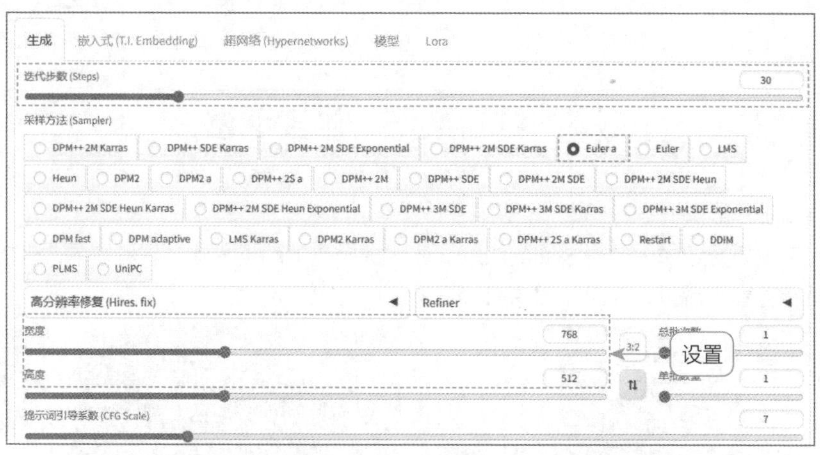

图 9.46　设置相应参数

9.6　综合实例：首饰模特

本实例主要介绍如何使用 Stable Diffusion 给首饰添加 AI 模特，更好地展示首饰的上身效果，从而吸引消费者的注意，效果如图 9.47 所示。

扫一扫，看视频

图 9.47　效果展示

下面介绍生成“首饰模特”作品的操作方法。

步骤 01 进入“图生图”页面，选择一个写实类的大模型，输入相应的提示词，描述画面的主体内容并排除某些特定的内容，同时在其中添加一个用于生成特定发型效果的 Lora 模型参数，增强模特的表现力，如图 9.48 所示。

步骤 02 切换至“上传重绘蒙版”选项卡，上传相应的首饰原图和蒙版，如图 9.49 所示。

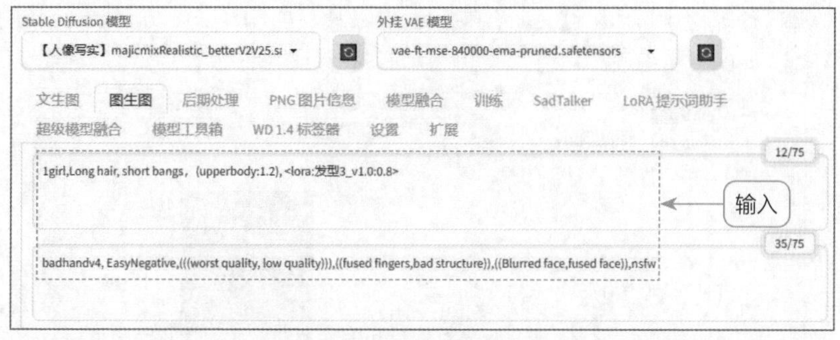

图 9.48　输入相应的提示词

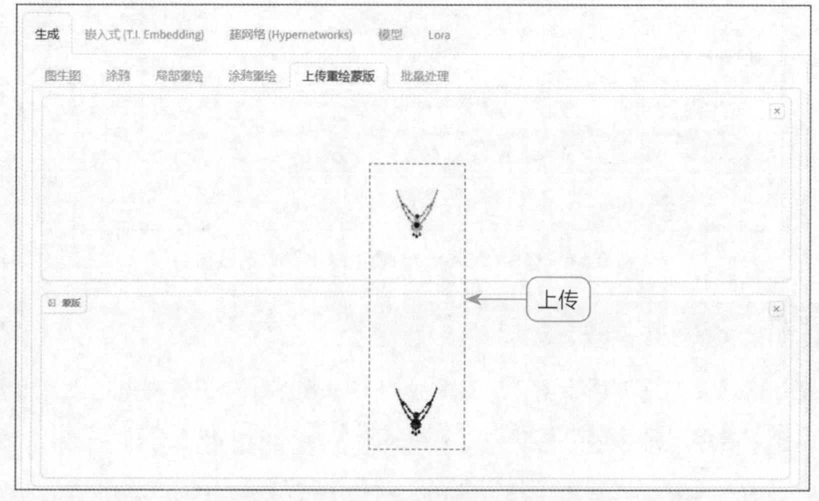

图 9.49　上传相应的首饰原图和蒙版

步骤 03 在页面下方设置“采样方法”为 DPM++ 2M Karras、“重绘幅度”为 0.95，让图片产生更大的变化，同时将尺寸设置为与原图一致，如图 9.50 所示。

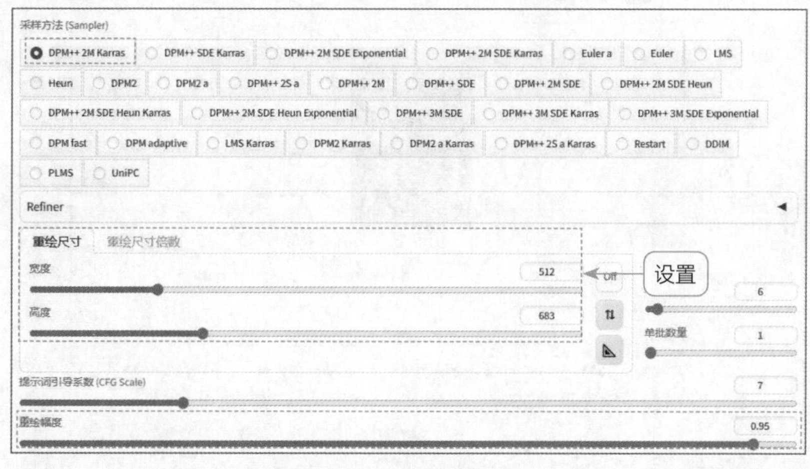

图 9.50　设置相应参数

步骤 04 展开 ControlNet 选项区，在 ControlNet Unit 0 选项卡中上传首饰原图，选中“启用”复选框、“完美像素模式”复选框、“允许预览”复选框、“上传独立的控制图像”复选框，在“控制类型”选项区中选中“Canny（硬边缘）”单选按钮，并运行预处理器，用于固定首饰的样式不变，如图 9.51 所示。

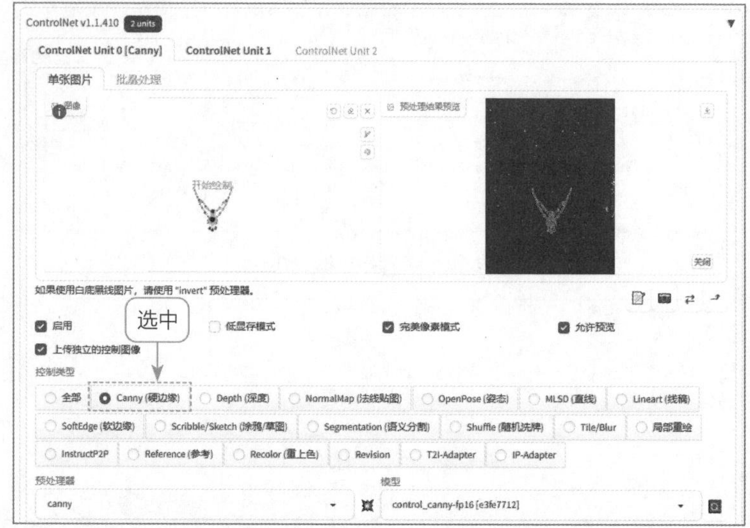

图 9.51　选中“Canny（硬边缘）”单选按钮

专家提示

需要注意的是，在“图生图”页面中使用 ControlNet 时，需要先选中“上传独立的控制图像”复选框，才能上传原图，否则看不到图像的上传入口。

步骤 05 切换至 ControlNet Unit 1 选项卡，上传人物的动作姿势图，选中“启用”复选框“完美像素模式”复选框、“上传独立的控制图像”复选框，设置“模型”为 control_openpose-fp16 [9ca67cc5]，用于固定人物的动作姿势，如图 9.52 所示。

图 9.52　设置“模型”参数

步骤 06 单击两次“生成”按钮，即可生成相应的 AI 模特，效果如图 9.47 所示。